长江上游流域跨界污染治理及其生态补偿研究

鲁祖亮 著

西南交通大学出版社
·成 都·

图书在版编目（CIP）数据

长江上游流域跨界污染治理及其生态补偿研究 / 鲁祖亮著. —成都：西南交通大学出版社，2023.5

ISBN 978-7-5643-9278-9

Ⅰ. ①长… Ⅱ. ①鲁… Ⅲ. ①长江流域 - 上游 - 水污染防治 - 研究②长江流域 - 上游 - 区域生态环境 - 补偿机制 - 研究 Ⅳ. ①X522.06②X321.2

中国国家版本馆 CIP 数据核字（2023）第 078406 号

Changjiang Shangyou Liuyu Kuajie Wuran Zhili Ji Qi Shengtai Buchang Yanjiu

长江上游流域跨界污染治理及其生态补偿研究

鲁祖亮　著

责任编辑	孟秀芝
封面设计	原谋书装
出版发行	西南交通大学出版社 （四川省成都市金牛区二环路北一段 111 号 西南交通大学创新大厦 21 楼）
发行部电话	028-87600564　028-87600533
邮政编码	610031
网址	http://www.xnjdcbs.com
印刷	成都勤德印务有限公司
成品尺寸	170 mm × 230 mm
印张	13.25
字数	202 千
版次	2023 年 5 月第 1 版
印次	2023 年 5 月第 1 次
书号	ISBN 978-7-5643-9278-9
定价	58.00 元

PREFACE **前 言**

伴随着长期高强度的开发活动，长江经济带生态环境形势严峻，面临着突发环境事件频发、诱发原因复杂等生态环境问题。2016年，习近平在推动长江经济带发展座谈会上指出：推动长江经济带发展必须从中华民族长远利益考虑，把修复长江生态环境摆在压倒性位置，共抓大保护，不搞大开发。长江流域的环境污染治理已成为我国政府和学术界关注的热点与难点，跨界污染治理与生态补偿则是污染治理的重中之重。长江上游流域是长江流域的重要生态屏障，也是生态环境相对脆弱的区域，其生态环境质量关系到整个长江流域的可持续发展，因此探讨长江上游流域的跨界污染治理及其生态补偿具有重要的意义。

本书以长江上游流域为实例，实现跨界污染问题和基于干中学的跨界污染问题的数值模拟，建立了无政府监管和政府监管下的水资源管理问题的演化博弈模型，分析了流域水污染治理的成本分摊和区域联盟问题，研究了基于排污权交易和三支决策理论的流域生态补偿，构建了流域政企间生态补偿，讨论了企业污染治理战略联盟的随机演化博弈，厘清跨界污染机理，构建了跨界污染治理和生态补偿模式，这一研究成果对长江经济带的经济发展具有重要的理论和实践意义。

全书内容共14章。第1章是绪论，主要阐述了研究背景和意义、国内外研究现状、主要内容和创新点。第2章是长江上游流域污染现状分析，主要分析了长江上游流域概况、跨流域污染问题和流域生态补偿发展趋势。第3章是基础理论知识，重点介绍了微分博弈理论、演化博弈理论和最优控制理论。第4章是生态补偿理论，介绍了生态补偿基本理论、国内外生态补偿研究状况、生态补偿的主要构成要素和流域跨界污染问题的生态补偿机理。第5章研究了长江上游流域跨界污染问题，给出了跨界污染问题的微分博弈模型，利用拟合有限体积法进行数值模拟，基于重庆市5个区县的污染数据开展实证分析，并给出相应的管理学意义。第 6 章研究了基于干中学的长江上游流域跨界污染问题，介绍了干中学理论，给出了基于干中学的跨界污染问题的合作型与非合作型微分博弈模型，并基于重庆市和湖北省的污染数据进行了实证分析，分析了各参数变化对污染库存的影响。第 7 章研究了长江上游流域水资源管理问题的演化博弈模型，讨论了水资源配置参与主体，分析了无政府监管和政府监管下的水资源管理问题的演化博弈模型，并讨论了两种情况下的演化稳定策略。第 8 章研究了长江上游流域跨界水污染治理的成本分摊模型，介绍了传统的夏普利值法、班扎夫指数法等成本分摊常用方法，基于多重线性扩展方法构建了成本分摊模型，对几类成本分摊方法进行对比分析，并基于重庆市万州区、长寿区、涪陵区的实际数据进行了实证分析。第 9 章研究了长江上游流域水污染治理区域联盟，构建了流域水污染治理区域联盟的微分博弈模型，对各种区域联盟进行对比分析，并结合四川省、重庆市、湖北省的实际数据进行了实证分析。第 10 章讨论了基于水排污权交易的跨流域生态补偿，给出了水排污权交易概念、水排污权交易市场的基本要素、生态补偿市场交易模式，构建了基于水排污权交易的跨流域生态补偿，并针对长江上游流域青海省、西藏自治区和云南省的实际数据进行了实证分析。第 11 章研究了基于三支决策理论的长江上游流域生态补偿，结合演化博弈理论和三支决策理论来预测不同策略场景的均衡结果，并建立了流域生态补偿模型，从生态效益、名誉边际效益和损失、机会成本、直接成本、补偿费等方面给出反映上游政府和下游政府决策演变过程的一系列指标。第 12 章研究了基于微分博弈的长江上游流域政企间生态补偿，建立了政企间生态补偿的微分博弈模型，分析了影子价格，并基于长江上游流域部分区域的实际数据进行了实证分析。第 13 章研究了企业污染治理战略联盟的随机演化博弈，建立了企业污染治理战略联盟的演化博弈模型，在影响因素中加入随机项，构建了随机演化博弈模型，并对该模型进行了数值模拟。第 14 章主要总结了本书的重点工作，梳理了获得的核心观点，并展望了下一步可以继续研究的重点方向。

由于作者水平有限，书中难免存在疏漏不妥之处，敬请读者批评指正。

作 者

2022 年 9 月

CONTENTS 目录

第1章 绪论

本章介绍了研究背景、研究意义、国内外研究现状、主要内容和创新点，并对本书涉及的相关概念进行阐释和界定，提炼出本书的研究思路。本书的研究对象是长江上游流域，主要是指三峡库区及其上游流域，研究问题是长江上游流域污染治理和生态补偿中的微观问题，研究目的是保护长江上游流域的环境，促进长江经济带的可持续发展。

1.1 研究背景和意义

随着我国全面建成小康社会，国家提出“绿水青山就是金山银山”的口号已深入人心。我国的经济也从追求高速发展转向高质量发展。回顾以往高速的经济发展模式，大都是以牺牲生态环境、高能耗、高污染为代价的，研究发现原有的经济增长模式已经逐渐显现出其弊端，生态环境问题也日益突出，成为阻碍经济发展和社会进步的首要问题。面对赖以生存的家园遭到破坏和污染，我们绝不能坐以待毙，要依靠大家用实际行动来保护环境。

长江又名扬子江，发源于“世界屋脊”——青藏高原，虽然没有“母亲河”的美誉，但是“父亲河”是当之无愧的，这也充分体现了长江在我国有着举足轻重的地位。长江流域拥有森林、淡水、矿产等资源优势和良好的社会基础。长江沿线流经地域广，从我国西部开始到东部结束流入大海，经过的主要城市包括宜宾、重庆、万州、宜昌、武汉、上海等大中型城市，因此长江流域的经济和生态发展状况将影响我国经济的可持续发展。伴随着我国经济的高速发展，长江上游流域的生态问题愈来愈严重，流域经济的发展又反过来受到生态环境问题的制约，使得长江上游流域的生态环境保护迫在眉睫。然而长江上游流域的生态环境建设却始终是低效的，究其原因主要是生态环境建设的外部性和市场驱动等两个主要的经济学因素，当然也有区域之间存在各种矛盾的社会因素。

1.1.1　长江流域污染的总体情况

全国政协联合中国发展研究院对长江干流总体的水质情况进行了考察，研究表明，长江流域每年的污水排放量超过 250 亿吨。25 年以前，长江流域Ⅰ类水河长约 2 500 km，Ⅴ类水河长约 300 km，没有出现劣Ⅴ类河流。15 年以前，长江流域Ⅰ类水河长减少到约 500 km，Ⅴ类水河长增加到约 2 300 km，劣Ⅴ类水河长快速增加到约 4 500 km。近些年，长江流域各类别水质评价比例如图 1.1 所示。随着我国各项生态环境治理政策的落实落地，长江流域的环境污染得到了一定程度的缓解，水污染治理取得了一定的成效，水环境质量持续向好，但仍然存在许多问题，需要持续加强治理。

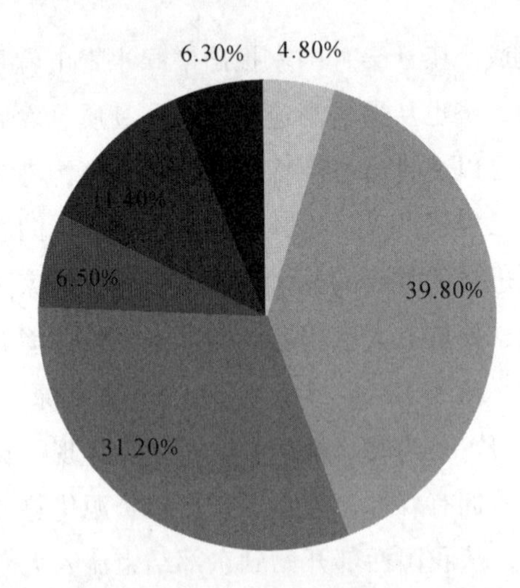

图 1.1　近年来长江流域各类别水质评价比例

1.1.2 长江上游流域的污染状况

长江上游流域主要指三峡库区及其上游流域，地处我国西部，包括从四川省宜宾市到湖北省宜昌市的长江主要干流江段，总面积约80万平方千米。长期以来，由于长江上游流域重点关注区域经济发展，忽视了环境污染治理，导致区域生态环境破坏比较严重，水环境质量不断恶化。虽然近些年长江上游流域的水污染治理取得了明显的成效，各地区水质有所改善，但是历史遗留的许多流域污染隐患依然存在，高污染企业仍然大量存在，各种新污染源不断出现，环境治理的压力不断增大，各类污染风险的不确定性显著增强。

总之，虽然长江上游流域环境持续改善，但是依然存在较严重的污染问题，需要加强对整个流域的综合治理，优化区域的生态补偿，有效改善流域的生态环境。

1.2 国内外研究现状

1.2.1 国外研究动态

近些年来，已经有不少国外学者研究跨界污染问题，他们主要从微分博弈模型和生态补偿方面进行研究。

（1）跨界污染问题的微分博弈模型研究。有学者研究了芬兰和俄罗斯之间的跨界污染问题，给出跨界污染问题的微分博弈模型，将博弈的合作解和非合作解进行比较，以评估双边的合作效益。有学者研究了跨界污染问题的合作微分博弈模型，建立了政府部门合作、生产部门相互竞争的微分博弈模型。有学者利用微分博弈理论研究了跨界污染问题与贸易自由化的内在联系，为博弈参与主体制定决策提供理论依据，并通过实证分析证明合作博弈比非合作博弈有更大的优势。有学者研究了罗马尼亚和乌克兰之间的跨界污染问题，利用动态战略框架分析了罗马尼亚和乌克兰两个国家的非合作博弈。有学者研究表明，在非合作的跨界污染博弈中，当污染的初始存量相对较大且污染的自然衰减率相对较小时，清洁技术的反弹效应最强。为了达到一个共同的环境质量目标，各国开始致力于研究跨界污染博弈，分析大污染国家的异质战略行为。

（2）跨界污染问题的生态补偿研究。生态补偿是一种将外在的不具有市场价值的环境资源转化为能为各参与者提供生态系统服务的激励机制，已经引起了众多专家学者的广泛关注。有学者研究了生态补偿的补偿方式，包括直接补偿和间接补偿，研究表明，当补偿金额有限时，间接补偿的激励效果比直接补偿更明显。有学者研究了工业化与生态补偿之间的协同效应，表明生态补偿的具体金额应大于生态系统服务提供者需要付出的成本，小于生态系统服务使用者所获得的收益。

1.2.2 国内研究动态

相对国外始于20世纪90年代跨界污染问题的研究工作，我国对跨界污染问题的研究才刚刚起步。纵观国内学者的研究工作，主要集中于跨界污染问题的动态博弈模型、最优排放路径和生态补偿等三方面。

（1）跨界污染问题的动态博弈模型研究。有学者建立流域跨界污染问题的微分博弈模型，并求微分博弈模型的均衡解。有学者构建上游流域的排污企业、政府监管方和下游流域的污染受害者的演化博弈模型。有学者应用最优控制理论研究污染治理的一般动态均衡模型，获得稳态均衡特性、排放权交易及污染控制的最优水平。

（2）跨界污染问题的最优排放路径研究。有学者利用最优控制理论研究了两个相邻国家之间跨界工业污染问题微分博弈模型的最优排放路径，使该地区的净收入折现流最大化。有学者研究了跨界工业污染问题的随机微分博弈模型，导出值函数的哈密尔顿-雅可比-贝尔曼方程组，并利用最优控制理论分别研究了合作博弈和非合作博弈下的最优排放路径与最优污染控制策略。

（3）跨界污染问题的生态补偿研究。有学者建立流域内各地区政府参与的博弈模型，通过调控排污量和污染物的转移量使各地区的经济效益最大化，建立生态补偿模式，促进地区生态环境改善。有学者从理论层面分析排放权交易市场运行机制，建立基于排放权交易机制的流域生态补偿。有学者通过对三峡库区的各类自然和经济条件的比较分析，构建了该区域的生态补偿模型，计算出各区域的生态补偿标准。

1.2.3 国内外研究动态简评

综上所述，不少国内外专家学者从微分博弈模型、最优排放路径、生态补偿等方面研究跨界污染问题，获得了一定的研究成果。但在分析跨界污染机理时，多数成果停留在理论层面，缺乏对跨界污染问题的高效数值模拟。在生态补偿研究方面，大部分成果是描述性分析，很少有成果利用实际污染数据进行实证分析。在研究方法方面，大多数文献利用的是定性分析方法，很少有文献使用定量分析方法，这些值得深入和拓展之处正是本研究的切入点，也为本书提供了研究空间。

1.3 主要内容和创新点

本书综合应用管理学、计算数学、环境工程的理论和方法，以长江上游流域为实例，研究了跨界污染问题和基于干中学的跨界污染问题，建立了无政府监管和政府监管下水资源管理问题的演化博弈模型，研究了流域水污染治理的成本分摊和区域联盟问题，构建了基于排污权交易和三支决策理论的流域生态补偿，给出了流域政企间生态补偿模式，分析了企业污染治理战略联盟的随机演化博弈。

本书共 14 章，主要包括如下内容：

第 1 章是绪论，介绍了研究背景和研究意义，并阐述了研究的主要内容和创新点。

第 2 章是长江上游流域污染现状分析，主要分析了长江上游流域概况、跨流域污染问题和流域生态补偿发展趋势。

第 3 章是基础理论知识，介绍了微分博弈理论和演化博弈理论的简介、分类和应用，并分析了动态规划理论和 HJB 方程等最优控制理论。

第 4 章是生态补偿理论，给出了生态补偿、环境污染的外部性等概念，分析了国内外生态补偿的研究情况，讨论了生态补偿的三类主要构成要素，介绍了流域跨界污染问题的生态补偿机理。

第 5 章是长江上游流域跨界污染问题研究，构建了长江上游流域跨界污染问题的合作型微分博弈模型，利用拟合有限体积法进行数值模拟，基于长江上游流域内重庆市 5 个区县（涪陵、忠县、万州、丰都、云阳）的污染数据开展实证分析，并给出相应的管理学意义。

第 6 章是基于干中学的长江上游流域跨界污染问题研究，给出了干中学理论，建立了基于干中学的长江上游流域跨界污染问题的合作型与非合作型微分博弈模型，并基于重庆市和湖北省的污染数据进行了实证分析，分析了各参数变化对污染库存的影响。

第 7 章是长江上游流域水资源管理问题的演化博弈研究，分析了长江上游流域水资源配置的各个参与主体，建立了无政府监管和政府监管下的水资源管理问题的演化博弈模型，并给出了两种情况下的演化稳定策略。

第 8 章是长江上游流域跨界水污染治理的成本分摊研究，介绍了传统的 Shaply 值法、Banazhaf 指数法等成本分摊常用方法，基于多重线性扩展方法构建了流域跨界水污染治理的成本分摊模型，并利用长江上游流域的重庆市万州区、长寿区、涪陵区的实际数据进行了实证分析。

第 9 章是长江上游流域水污染治理区域联盟的微分博弈研究，构建了流域水污染治理区域联盟的微分博弈模型，对各种区域联盟进行对比分析，并结合四川省、重庆市、湖北省的实际数据进行了实证分析。

第 10 章是基于排污权交易的长江上游流域生态补偿研究，介绍了水排污权交易概念、水排污权交易市场的基本要素、生态补偿市场交易模式，构建了基于水排污权交易的跨流域生态补偿，并针对长江上游流域青海省、西藏自治区和云南省的实际数据进行了实证分析。

第 11 章是基于三支决策理论的长江上游流域生态补偿研究，基于演化博弈理论和三支决策理论来预测不同策略场景的均衡结果，建立了长江上游流域生态补偿模型，从生态效益、名誉边际效益和损失、机会成本、直接成本、补偿费等方面给出反映上游政府和下游政府决策演变过程的一系列指标。

第 12 章是基于微分博弈的长江上游流域政企间生态补偿研究，建立了政企间流域生态补偿的微分博弈模型，分析了影子价格对各参数的影响，并基于长江上游流域部分区域的实际数据进行了实证分析。

第 13 章是企业污染治理战略联盟的随机演化博弈研究,构建了企业污染治理战略联盟的演化博弈模型，在影响因素中加入随机项，构建了随机演化博弈模型，并对该模型进行了数值模拟。

第 14 章是总结与展望，主要总结了本书的重点工作，梳理了获得的核心观点，并展望了下一步可以继续研究的重点方向。

本书的主体是第 5 章至第 13 章，分为三个部分：

第 5 ~ 6 章是第一部分，重点对长江上游流域跨界污染问题及基于干中学的长江上游流域跨界污染问题进行分析。

第 7 ~ 9 章是第二部分,主要研究长江上游流域水资源管理与水污染治理问题。第 7 章针对长江上游流域水资源管理问题，建立了无政府监管和政府监管下的水资源管理问题的演化博弈模型。第 8 ~ 9 章主要分析了长江上游流域水污染治理的成本分摊和区域联盟问题。

第 10 ~ 13 章是第三部分。第 10 章和第 11 章重点研究了基于排污权交易和基于三支决策理论的长江上游流域生态补偿。第 12 章研究了长江上游流域政企间的生态补偿。第 13 章研究了企业污染治理战略联盟的随机演化博弈。

本书的主要创新点体现在以下六个方面：

（1）深度融合微分博弈理论、干中学理论、三支决策理论、演化博弈理论、多重线性扩展方法等理论方法求解跨界污染和生态补偿问题，实现了几类问题的数值模拟和实证分析，具有潜在的学术价值和应用价值，对其他类似实际问题的解决也具有重要的借鉴意义。

（2）多种研究方法融合，多学科交叉。采用理论分析与数值模拟相结合、模式构建与机制设计相结合、实证分析与对策研究相结合等研究方法，突破单一研究方法的局限性，形成了较为系统的研究方法，较有特色和新意，同时开展管理学、计算数学和环境工程的交叉研究，也将促进多学科交叉融合。

（3）在研究环境决策背后的生态补偿时，用微分博弈对行政区内污染控制主体（政府和企业）进行连续时间下的决策分析，能够同时考虑到参与者面对环境政策的理性反应，较为真实地模拟参与者的行为，可以为政府决策提供参考。

（4）研究方法上，在跨界污染问题和生态补偿方面应用微分博弈、演化博弈理论开展研究的并不多见，更没有运用三支决策理论研究生态补偿的相关研究工作，本书首次创新性地运用三支决策理论研究生态补偿，是跨界污染和生态补偿重要的理论创新。

（5）结合长江上游流域的区域特色，发挥省级科研平台的资源和数据优势，开展协同创新，建立基于排放权交易机制和干中学理论的碳排放跨界污染问题模型，有利于更加深刻地理解长江上游流域的跨界污染机理。

（6）在研究长江上游流域生态补偿时，引入生态效益、名誉边际效益和损失，在其他的跨界污染和生态补偿相关文献中，没有使用过政府的生态效益、名誉边际效益和名誉边际损失的概念，这是本书的一个重要理论创新。

第 2 章
长江上游流域污染现状分析

本章主要分析长江上游流域概况和污染现状，简要介绍了一些跨界污染和生态补偿的定义及发展趋势，包括跨流域、跨地区污染问题，以及流域生态补偿的发展趋势。

2.1　长江上游流域概况

长江上游流域主要指三峡库区及其上游流域，包括西藏、青海、云南、贵州、四川、重庆、湖北等省（自治区、直辖市）所辖的部分陆域和水域。流域面积约 80 万平方千米，惠及近 2 亿人，地区生产总值约 3 万亿元，人均生产总值相对较低，约为全国人均生产总值的 60%，大部分地区属于经济欠发达的区域。

长江上游流域地处长江上游，生态功能非常重要，该流域的环境污染治理对我国经济发展，特别是长江经济带发展具有重要的意义。2020 年以来，我国经济正从追求发展速度向追求发展质量转变，一些高科技企业发展态势良好，但是一些重污染企业的环境污染问题仍然非常严重，需要我们寻求一些污染治理的新模式和新方法。

长江上游流域大致可以分为三部分，包括三峡库区上游区、三峡库区、三峡库区影响区，有 300 余个区县。三峡库区上游区约 66 万平方千米，三峡库区约 6 万平方千米，三峡库区影响区约 6 万平方千米，主要涉及库区 26 个区县，影响区 47 个区县，上游区 242 个区县，划分结果见表 2.1。因为青海省和西藏自治区包括的长江上游流域面积占比很小，所以没有统计在内。

表 2.1　长江上游流域主要省市的面积分布　　单位：万平方千米

省市名	面积
云南	11.72
贵州	9.1
四川	46.53
重庆	8.99
湖北	1.86
小计	78.2

2.2　长江上游流域污染现状

经过各级政府的共同努力，长江上游流域生态环境持续向好。2005 年，各级省控检测断面数据显示，Ⅰ～Ⅱ类水质比例约为 40%，Ⅳ～Ⅴ水质比例约为 39%。到 2010 年，Ⅰ～Ⅱ类水质比例上升到 45%左右，Ⅳ～Ⅴ水质比例降低到 27%左右。近年来，大部分地区的生态环境有所改善，但也有部分地区的生态环境恶化，需要进一步加强治理。

近年来，为了有效控制大江大河的环境污染，我国全面实施河长制和湖长制，各省市先后出台相关实施细则，有效提升大江大河的环境污染治理体系和治理能力，长江上游流域的生态环境大幅改善，有效构筑了长江的生态屏障。经过各地区的共同努力，环境保护取得了很多成效，流域内各断面水质优良比例为 80%。

长江上游流域正积极构建协调联动机制，相关省市积极对接签订协同治污的协议，不断深化沟通合作，协调互动更加密切，协作层次不断提高，跨地区环境保护治理成效更加明显，通过联防联控、协调配合，长江上游流域污染治理的整体性和系统性不断提升。

2.3　流域跨界污染问题

2.3.1　流域跨界污染的定义

流域跨界污染问题是一种典型的流域污染。流域污染一般是指流域上游区域的某种污染物随某种介质传播到下游，下游地区的污染物一般不会影响到上游地区。流域跨界污染问题也是一类特殊的跨界污染。跨界污染是指某种污染物从一个地区跨区域污染到另外一个地区,影响另一个地区的经济和生产生活。跨界污染一般有两种形式：一种是单向跨界污染，另一种是双向跨界污染。单向跨界污染中，其中一个地区一直向另一个地区释放污染，但是不会产生反向污染，对受污染的一方经济影响较大。双向跨界污染中，两个区域之间可以相互释放污染，对双方的经济都有影响。

2.3.2　跨界污染的成因分析

在跨界污染问题的实证分析研究中，最早进行的是地区污染程度的差异化研究，学者们发现区域边界的污染比区域内部更为严重。Lipscomb 以巴西的河流水质作为研究对象，基于污染物浓度的衰减函数对水质情况进行数值模拟，研究结果发现水污染函数在各区域边界位置会出现明显的突变，揭示了跨界污染的存在性。近年来，许多学者发现污染物的跨区域传播与政府的决策密切相关，许多政府更关注本区域的污染治理，对可能引起的跨界污染风险控制很少，导致在很多区域出现跨界污染现象。

在流域跨界污染的研究工作中，如何刻画流域跨界污染问题的特征是一个需要解决的重要问题。流域跨界污染问题的特征有：一是流域各区域边界处的污染物浓度会明显高于各区域内部的污染浓度；二是上游地区边界的污染物浓度明显高于下游地区边界的污染物浓度。

2.3.3　跨界污染中的生态补偿

生态补偿是解决跨界污染的一种重要途径。一直以来，我国逐步推广生态补偿制度，生态补偿的投入力度不断增强，生态补偿方式更加多元化，生态补偿制作体系逐渐完善，最终目标是建立中央、省、市、县四级联动的一种有效的生态补偿机制。

（1）生态补偿的投入力度不断增强。近年来，我国各级政府对山地、平原、草地、湿地、森林等生态系统的生态补偿标准正在逐步提高，各类环境治理和生态修复投入力度不断增强，各种税收中用于生态补偿的比重也在逐渐增大。

（2）生态补偿方式更加多元化。过去很多年，国家和省级政府的生态补偿方式主要以从上向下的纵向生态补偿和同级政府之间的横向生态补偿为主，近年来又引入了市场资本投资生态补偿，形成了市场化的生态补偿方式，生态补偿方式更多，生态补偿形式更加多元化。

（3）生态补偿制度体系更加完善。各级政府先后出台了很多生态补偿制度，2021年中共中央办公厅、国务院办公厅印发了《关于深化生态保护补偿制度改革的意见》，国家发改委正在积极推动《生态保护补偿条例》尽快出台，明确了生态补偿的基本原则、补偿对象、补偿范围、补偿标准等，整个生态补偿的制度体系更加完善，污染治理能力更强。

本章通过整理和阅读相关文献资料，查找相关数据，系统讨论了长江上游流域概况和污染现状，给出了跨界污染问题的概念和成因分析，并分析了生态补偿的定义和主要发展趋势。

第 3 章 基础理论知识

在本书中，大部分的研究内容都是以微分博弈理论为基础，微分博弈理论又以最优控制理论和博弈论为基础，是这两个理论的综合与应用，而演化博弈理论是微分博弈理论的进一步深化。基于此，本章将主要介绍微分博弈理论、演化博弈理论和最优控制理论及相关的理论知识。

3.1 微分博弈理论

3.1.1 微分博弈理论简介

博弈论起源于诺依曼和摩根斯坦合作编著的《博弈论与经济行为》，这本书综述性地囊括了当时博弈论的最新研究成果，包括多人博弈和合作博弈，并将整个博弈论框架应用于经济学领域，给出了严密的数学证明，奠定了博弈论的理论基础。

纳什基于不动点定理推导了均衡点的存在性，定义了纳什均衡的概念，给出了均衡存在定理，促进了博弈理论的一般化，加速了博弈论的发展。泽尔腾和海萨尼的研究工作也推动了博弈论的发展。

随后，贝尔曼、庞特里亚金、伊萨克等人又深化和发展了微分博弈理论，20 世纪 80 年代以后，主从微分博弈理论成为博弈论的研究热点。

微分博弈理论是在前期博弈论的基础上演化和发展起来的。微分博弈理论即在一个关于时间连续的系统里面，有多个参与者持续开展博弈，希望使各自的目标达到最优化，获得各个参与者自身随着时间演变的策略，并最终达到纳什均衡。当前微分博弈理论已发展成为一门非常完备的学科，但是整个学科还处于不断发展之中，需要广大学者继续努力，促进它的可持续发展。

3.1.2　微分博弈的分类

关于微分博弈的种类，不同的评判标准和分类方法得出的结论不一样。根据有没有支付函数来分，可以分为定量微分博弈和定性微分博弈，定量微分博弈又可以分为零和微分博弈、非零和微分博弈。根据博弈的信息结构来分，可以分为无信息微分博弈、不完全信息微分博弈和完全信息微分博弈。根据博弈信息的确定性来分，可以分为确定型微分博弈和随机型微分博弈。根据博弈参与者的多少来分，可以分为一人微分博弈、二人微分博弈和多人微分博弈。根据博弈参与者的合作动机来分，可以分为合作微分博弈和非合作微分博弈。根据博弈中是否有占据领导地位的参与者来分，可以分为主从微分博弈和非主从微分博弈等等。

3.1.3　微分博弈的应用

微分博弈理论最早被应用于美国空军开展的军事对抗中的双方追逃问题。随着微分博弈理论的不断发展，种类更加多元化，求解方法更加完善，它已经被广泛应用于经济金融、环境科学、管理学、国防军事、社会生活等越来越多的实际应用领域。

3.2　演化博弈理论

3.2.1　演化博弈理论简介

传统博弈理论一般假定参与者是完全理性的，且参与者的任何行为都是在完全信息条件下完成的，但是对于现实生活中的参与者来说，参与者的完全理性和完全信息的条件是很难实现的。在参与者进行合作竞争的过程中，参与者往往是千差万别的，博弈环境和问题的复杂性会导致各种信息的不对称、不完全，参与者的完全理性也很难达到，所以经济学家提出了有限理性的概念。基于有限理性的思想，博弈理论也开始做一些改进，最终演变成演化博弈理论。

演化博弈理论假设所有的参与者都是有限理性的，在博弈过程中，会通过不断尝试，纠正错误，最终达到博弈均衡。演化博弈理论最终的均衡会受博弈条件、均衡过程、经验等方面因素的影响。由于演化博弈理论具有有限理性假设，更加贴近实际，在生命科学、经济金融、管理科学、环境科学等领域都发挥了重要作用。

3.2.2　演化博弈理论的应用

演化博弈理论在许多不同的学科领域都有广泛的应用。理论形成之初，演化博弈理论主要被应用于生物学领域，之后慢慢被应用于经济学、金融学、管理学、政治学、社会学等各个领域，特别是在经济金融和管理科学研究中得到了广泛应用，也促进了演化博弈理论的快速发展。有学者运用演化博弈理论研究企业合作伙伴之间的信任关系，结果表明建立和完善有效的信任约束机制对合作伙伴的长期合作非常重要。Tomassini 研究了合作过程中的信任问题，基于演化博弈理论构建社会动态网络新模型，研究表明，如果一个参与者允许解除与自己不满意的合作者的合作关系，并可以与其他参与者合作，合作就会成为一个常态且有很好的稳定性。Dekkers 发现，演化博弈理论忽略了个体间的组织关系和决策去中心化等基本动态性，基于此，他构建了基于个体的发展、个体间的联系、沟通合作的动态形式的共同演化模型。Hodgson 研究演化博弈理论和演化经济学之间的关系，指出两种理论的合作将促进现实问题的解决。

3.3　最优控制理论

3.3.1　动态规划理论

动态规划理论属于运筹学的范畴。美国数学家贝尔曼首次提出了动态规划的概念，并出版了著作《动态规划》，简明介绍了动态规划的基本理论和方法。动态规划理论是建立在最优化理论的基础上的，它基于多阶段决策问题的特点，把多阶段决策问题转变为一系列彼此关联的单阶段决策问题，然后逐个解决。

最优化是动态规划理论的显著特征，在整个计划期间内的每一时刻都需要考虑选择什么样的变量作为最优值。整个动态规划过程中，无论它的初始状态和初始决策是怎样的，它后面形成的各个策略对于之前的决策而言必须是最优策略。下面我们介绍动态规划的最优性定理：

假设多阶段决策过程的阶段数为 n，各个阶段的编号为 $k=0,1,\cdots,n-1$，容许策略 $p_{1,n-1}^{*}=(u_0^{*},\ u_1^{*},\cdots,\ u_{n-1}^{*})$ 是最优策略的充分必要条件是对于任意的 k，$0<k<n-1$ 和 $s_0\in S_0$ 有

$$V_{0,n-1}(s_0,p_{0,n-1}^{*})=\underset{p_{0,k-1}\in p_{0,k-1}(s_0)}{\text{opt}}\{V_{0,n-1}(s_0,p_{0,n-1}^{*})+\underset{p_{0,n-1}\in p_{k,n-1}(\tilde{s}_k)}{\text{opt}}V_{0,n-1}(\tilde{s}_k,p_{k,n-1})\},\tag{3.1}$$

其中 $p_{0,n-1}=(p_{0,k-1},\ p_{k,n-1}),\tilde{s}_k=T_{k-1}(s_{k-1},u_{k-1})$，$\tilde{s}_k$ 是依据初始状态 s_0 和子策略 $p_{0,k-1}$ 确定的 k 段状态。当 V 是收益函数时，opt 为 max；当 V 是损失函数时，opt 为 min。

3.3.2 贝尔曼方程

在研究最优控制问题时，贝尔曼方程与最优控制问题解的存在性和该问题的求解密不可分。下面，我们研究目标函数的极值问题：

$$\begin{aligned}&V[x(t),t]=\max\left\{s(x(T),T)+\int_0^T(x(\tau),u(\tau),\tau)\mathrm{d}\tau\right\},\\&\text{s.t. }\dot{x}(t)=F_t(x(t),u(t),t)=f(x(t),u(t),t),\end{aligned}$$

其中 $x(t)$ 为状态变量，$u(t)$ 为控制变量。假设关于时间 t 的增量为 Δt，这时有

$$\begin{aligned}V[x(t),t]&=\max\left\{V(x(t+\Delta t),t+\Delta t)+\int_t^{t+\Delta t}F(x(\tau),u(\tau),\tau)\mathrm{d}\tau\right\}\\&=\max\{V(x(t+\Delta t),t+\Delta t)+F(x(t),u(t),t)\Delta t\}+o(\Delta t).\end{aligned}\tag{3.2}$$

如果 $V[x(t+\Delta t),t+\Delta t]$ 是关于 x 和 t 连续且可导的函数，则在时刻 t 它的泰勒展开式为

$$V(x(t+\Delta t),t+\Delta t)=V(x(t),t)+\{V_x(x(t),t)\dot{x}(t)+V_t(x(t),t)\Delta t\}+o(\Delta t).\tag{3.3}$$

将（3.2）和（3.3）两式联立，代入 $\dot{x}(t)$，同时关于 t 求导数，将时间的高阶无穷小视为 0，可以得到

$$0=\max\{F(x(t),u(t),t)+V_x(x(t),t)f(x(t),u(t),t)+V_t(x(t),t)\Delta t\}.$$

由上面的推导，构造哈密尔顿函数，用 H 表示，具体定义如下：

$$\begin{aligned}H(x(t),u(t),V_x(x(t),t),t)&=-V_t(x(t),t)\\&=F(x(t),u(t),t)+V_x(x(t),t)f(x(t),u(t),t).\end{aligned}$$

式（3.4）就是贝尔曼方程：

$$0=\max\left\{H(x(t),u(t),V_x(x(t),t),t)+V_t(x(t),t)\right\}. \tag{3.4}$$

3.3.3　最大值原理

最大值原理是最优控制理论中最重要的工具，也被称为庞特里亚金最大值原理，它作为一阶必要条件，要求每个时点都选择控制变量 u 使得哈密尔顿函数 H 达到最大值。在贝尔曼方程中，哈密尔顿函数 H 既包括控制变量 u，也包括状态变量 y 和共态变量 λ，这就需要知道 y 和 λ 是如何随着时间变化的。假设一个时间周期内的收益最大化问题，在任何一个时间 t，选择控制变量 $u(t)$，它可以通过状态方程来影响状态变量 $x(t)$，$x(t)$ 又影响收益函数，这样得到最优控制问题：

$$\begin{aligned}&\max\left\{\int_0^T F(x(t),u(\tau),\tau)\mathrm{d}\tau\right\},\\&\text{s.t. } \dot{x}(t)\equiv x'=f(x(t),u(t),t),\ x(0)=x_0,\end{aligned} \tag{3.5}$$

其中 $u(t)\in U,\ \forall t\in[0,T]$。

最大值原理是最优控制问题的必要条件，这与利用拉格朗日系数求最大值问题解的方法比较相似。最优化目标是在条件为 $\dot{x}(t)=f[x(t),u(t),t],\ x(0)=x_0$ 的情况下获得下面形式的最大值：

$$\max\left\{\int_0^T F(x(\tau),u(\tau),\tau)\right\}. \tag{3.6}$$

微分系统可以表示为

$$\begin{aligned} &H(x(t),u(t),\lambda(t),t)=F(x(t),u(t),t)+\lambda(t)\cdot f(x(t),u(t),t), \\ &\text{s.t. } \dot{x}(t)=f(x(t),u(t),t),\ \ x(0)=x_0. \end{aligned} \tag{3.7}$$

当状态变量为 $x^*(t)$ 时，为了使控制变量 $\lambda^*(t)$ 满足微分系统（3.7），并使最大化目标（3.6）成立，必须存在共态变量 $\lambda(t)$ 满足下列条件：

$$\dot{x}(t)=\frac{\partial H^*(x^*(t),u^*(t),\lambda(t),t)}{\partial\lambda(t)},\quad \lambda(t)=\frac{\partial H^*(x^*(t),u^*(t),\lambda(t),t)}{\partial\lambda(t)},$$

$$H^*(x^*(t),u^*(t),\lambda(t),t)\geqslant H(x^*(t),u(t),\lambda(t),t),\quad u(t)\in U\ ,$$

$$\lambda(t)=0,$$

$$x(0)=x_0.$$

在上述条件中，第二个条件表明控制变量的最优值 $u^*(t)$ 使得哈密尔顿函数 H 达到最大值。如果哈密尔顿函数 H 关于 u 可微，令哈密尔顿函数对 u 求偏导数，可以得到第二个条件的另外一种形式：

$$\frac{\partial H}{\partial u}=0.$$

但是就最大值原理结论本身而言，哈密尔顿函数 H 关于 u 可以是不可微的，并不要求哈密尔顿函数 H 关于 u 一定可微。

本章大致介绍了本书需要的主要基础理论知识。首先介绍了博弈论，然后在博弈论的基础之上给出了微分博弈理论和演化博弈理论，并简要介绍了它们的应用，最后分析了最优控制理论，包括动态规划理论、贝尔曼方程和最大值原理，这些基础理论知识将在后面的研究工作中发挥重要的作用。

第 4 章
生态补偿理论

4.1　生态补偿基本理论

4.1.1　生态补偿概念

关于生态补偿研究，国外起步较早，且研究较为成熟，国内对生态补偿的研究相对较晚，很多研究工作才刚刚起步。在国内外研究工作中，对生态补偿的概念理解也不一样。在国外的文献中，关于生态补偿概念大多以经济学里面公共物品的外部性为理论基础，并将环境因素考虑到决策过程的方法中。在国内的文献中，关于生态补偿概念现在还没有比较权威的定义，从不同的学科领域可以得到不同的理解。最初生态补偿起源于生物科学中的自然生态补偿，是生物体、种群、生态系统受到外界影响时表现出来的调整身体状态来维持自身生存的能力。叶文虎（1998）将生态补偿定义为自然生态系统对生态环境破坏所产生的应急缓冲和补偿作用。

从经济学的角度来看生态补偿，相关研究是由浅入深逐步深入的，当前还主要在理论层面开展研究。国内的生态补偿概念早期主要表现为征收生态环境补偿费。政府征收生态环境补偿费是环境已经遭受破坏之后，为了补偿生态环境价值而采取的一种行政手段，它的主要功能是增加具有负外部性的生产者的成本，减少负外部性带来的影响。生态补偿一般是指经济开发、利用生态环境资源过程中需要支付的费用，污染补偿一般是指污染排放者由于向环境中排放污染物而支付的补偿费用。在我国处于以经济建设为中心的发展路线上时，既要保护生态环境，又不能对国家经济发展造成较大的影响，所以当时采用了征收生态环境补偿费的措施，这一定程度上控制了环境污染，但是效果不是很明显。

有学者认为，生态补偿可以被认为是生态重建补偿，是为了解决地区生态重建中存在的一些不合理情况，如少数人投入、多数人受益，欠发达地区投入、发达地区受益，上游投入、下游受益，对区域生态重建给予一定的经济补偿，以实现各地区生态环境与经济协调发展。也有学者认为，生态补偿是生态环境保护的一种经济手段，将生态补偿视为调动生态环境建设积极性的有效工具，积极推动生态环境保护的激励机制和协调机制建设。大部分学者认为，生态补偿是指为了保护生态环境，对破坏环境的行为进行收费或者征税，对保护环境的行为进行补偿，提高破坏环境的成本，增加保护环境的收益，激励破坏环境的主体减少因其行为带来的外部不经济性，奖励保护环境的主体增加因其行为带来的外部经济性。生态补偿的基本原则是谁破坏、谁恢复，谁受益、谁补偿，谁污染、谁治理，也就是说，将市场和行政手段相结合，形成保护者收益、污染者受损的局面。

从不同的视角来看生态补偿，可以发现它有各种不同的名称，例如生态价值补偿、生态服务补偿、生态环境补偿、生态效益补偿等。从法理的角度来看，生态补偿是指社会主体之间相互约定的对破坏环境的行为主体进行收费，对保护环境的主体给予补偿，以达成保护环境目的的过程。

国外专家一般用生态服务付费来描述生态补偿的概念，体现了学者们希望利用市场经济机制调节生态环境的理念。生态服务付费是指当生态服务的拥有者提供生态服务时，购买者购买有效的界定明确的生态服务的交易行为。Engel（2008）总结了生态服务付费的概念，他指出生态服务付费是将具有外部性但是没有市场价值的环境转化为经济收益，督促环境保护者提供生态服务的手段。

生态服务付费的实施有三条基本原则：① 能有效保护生态环境的多样性，促进生态的可持续发展。② 能建立经济上自我造血的发展模式，使地方政府、社会组织和个人等都可以参与其中。③ 能充分照顾到妇女、儿童、老人、残疾人、穷人等弱势群体的利益。

生态服务包括水资源、森林、能源等其他存在生态价值的各种资源。生态服务付费机制的设计主要需要确定生态服务的类型、生态服务的范围、生态服务的计量方法、生态服务的提供方和购买方，生态服务付费可以有效地利用市场机制保护生态环境，并使生态服务的买卖双方都获得收益。

国内学者更加注重环境受污染之后的惩罚和补救方法，更多时候体现的是政府的行政行为。

综上所述，生态补偿的概念涉及环境保护的方方面面，从各个角度来看，定义不完全相同，但是生态服务付费的理念是不会改变的。

4.1.2　外部性

外部性是由马歇尔最早提出的，他对外部性的定义进行了粗略的概括，之后许多经济学家对其进行了补充。

外部性是环境被破坏的主要原因，大部分研究外部性的文献都是关注环境问题。例如 Siebert 的研究发现，环境的零价格使用导致私人与社会成本之间的差异、生产要素的非最优配置，最后导致对环境有害的产品过多，不能再生资源被过分利用，以及环境过度破坏。一般来说可以制定相关制度，让破坏环境者支付一定的成本，为他们引发的环境负外部性买单。

庇古提出庇古税理论来处理外部性，将外部性分为外部经济和外部不经济，它的主要想法是让政府制定相关政策来抵消外部性造成的影响。当外部经济时，政府为外部性制造者给予奖励，补偿其支付的成本；当外部不经济时，政府对外部性制造者给予惩罚，征收一定的税额，抵消其获得的部分收益。庇古税理论主要是调整外部性制造者的自身成本和社会成本的差值，不让社会资源被白白浪费。

有很多专家学者分别研究了外部性。科斯更多关注于负外部性内部化的相关手段，他最早提出科斯定律，认为各方产权不清晰是外部性产生的主要原因，提出外部性问题能够利用市场来解决，如果将产权清晰界定，交易费用又非常小，这时可以通过市场交易机制实现外部性问题内部化，当各种潜在的收益都能够获得的时候，外部性就没有了。科斯进一步提出了第二科斯定律，认为当交易费用是一个非常小的正值时，能够利用法律权益的初始界定让资源配置的效率更高，外部效应充分内部化，当在现实操作过程中，如果只依赖于市场机制可能会受制于交易成本，如果只依赖于政府干预市场机制可能不发生作用。接下来，戴尔斯提出排污权的概念，希望将市场和政府的作用有机融合，发挥它们两者的作用，如果政府是假定的环境所有者，它有权确定排污权的价格和数量，而作为外部性制造者的企业，能够利用市场机制对排污权进行交易，尽可能减弱外部性的影响。

目前，庇古税理论已经在生态补偿领域得到广泛的应用，已经成为政府部门实施生态补偿的主要理论基础。科斯定律基于产权界定，希望通过市场化手段来解决外部性问题，这也成为通过市场机制实现生态补偿的理论基础。陶希格和塞尼卡从发展与环境的关系研究了生态补偿问题的发展论。这些理论推动了外部性的形成与发展，并应用于环境保护等相关领域。

4.2 国内外生态补偿探索

4.2.1 国外生态补偿研究

国外对生态补偿的研究起步较早，成果比较丰富。研究国外的生态补偿项目及支付手段，对我国开展生态补偿探索具有参考价值，将对我国的生态补偿的构建发挥重要作用。

荷兰的高速路网生态补偿项目是一个典型的生态补偿实践。荷兰的高速路网发展非常迅速，建设规模非常大，这给当地的自然生态造成了严重影响，动物的栖息地不断减少，一些物种因此灭绝，之后荷兰采取行之有效的生态补偿措施，通过各种手段，改善当地的自然环境，使得生态得以修复，这是一个成功的经验，值得其他国家学习借鉴。

津巴布韦的野生动物生态补偿项目也是一个典型的例子。津巴布韦建立以社区为单位的自然资源管理计划，将区域内的野生动物都纳入市场进行管理，根据确定的比例，将运营收入按比例分配给当地农民，使当地的总收入增加了近两千万美元，产生了很好的生态效益。这种生态补偿项目制度简单易行，实施有效，在保护野生动物方面达到了预期的效果。

印度主要利用财政转移的方式进行生态补偿。研究结果显示，财政转移机制适合小区域的地方政府进行生态补偿，实现环境公共品的外部性内部化；但是对于一个国家或者大的流域，为了改善生态环境而进行的地方政府之间的简单财政转移，就不一定能够保证实现最优的生态补偿效果，必须通过构建生态补偿和适当分配体系，才有可能实现生态环境资源的最优配置。

厄瓜多尔也有很多生态补偿项目，部分项目运行时间非常长，有很高的研究价值。厄瓜多尔是一个自然资源非常丰富的国家，很多资源问题需要进行生态补偿，比较出名的有 Pimampiro 流域保护计划和 PROFAFOR 碳封存计划，都达到了预期的环境保护目标。这两个项目成功的主要原因是项目的机制设计高度关注环境服务质量和参与者的充分制约。虽然项目设计之初，没有将增加参与者的经济收入作为重要目标，但是研究结果显示，绝大部分参与者都通过参加生态补偿项目提高了经济收入。

4.2.2　国内生态补偿研究

国内关于生态补偿的研究起步相对较晚。国内学者主要结合我国国情，针对流域生态补偿、森林生态补偿、排污权交易等方面做了一些具体的探索与实践，后期也延伸到湿地的生态补偿、矿产资源、自然生态保护等领域。例如：

1）排污权交易试点

在我国，碳市场建设从地方试点起步，在北京、天津、上海、重庆、湖北、陕西、江苏、浙江、天津等 11 个地区开展排污权交易试点，目前已经过去十余年，各个省市都形成了初具特色的排污权交易体系，但是离建立全国性的排放权交易市场还有一段距离。

2）退耕还林

退耕还林是我国提出的保护生态环境的一个重要措施，在恢复生态方面发挥了非常重要的作用，但是依然存在着一些问题，如贯彻生态目标不到位和相关的补偿不到位等问题。生态目标不到位主要体现在护林环节，农民保护生态的动力不够，相关措施不到位；补偿不到位主要体现在相关经济补偿没有完全兑现，西部地区部分农村的贫困人口增加，部分退耕还林地区出现反复，如果上述这两个问题不能得到有效处理，将直接影响退耕还林的实施效果。

4.3　生态补偿的主要构成要素

4.3.1　生态服务提供方

生态服务提供方包括政府、土地所有者等，潜在的卖方主要是能够提供生态服务的土地所有者，但是值得注意的是，土地所有者只是土地的管理者，实际的土地拥有者还是政府，所以一般来说政府也是当然的土地所有者。例如，在很多生态服务项目中，政府也是以土地所有者的形象出现的。

4.3.2　生态服务需求方

生态服务需求方目前是一个不太明确的概念，没有明确的定义。一般而言，生态服务需求方包括生态服务的直接受益者和政府或其他组织等第三方，政府是生态系统服务的购买者，这体现了生态系统服务的公共物品属性。近些年来，人们对生态服务价值的理解和认识不断深入，很多企业、私人及非政府组织都愿意为生态系统服务支付一定的费用，以避免生态破坏造成的环境损失。这样生态补偿的需求方就包括两个大类：一个是政府购买的部分，另一个是企业、私人及非政府组织购买的部分。

4.3.3　生态服务的经济价值

生态服务的经济价值一直是专家学者讨论的热点领域，它的经济价值主要包括：非市场估值、市场价值、其他优化后的市场估值。

1）非市场估值

生态环境的价值是巨大的，很多时候很难通过市场交易来体现，比如水土保持、对生物多样性的保护等，如果只用市场价值简单评估生态服务的价值是不全面的，需要将生态资源的非市场价值和市场价值结合起来研究。

最常用的非市场估值法是条件评估法，它主要指向人们了解愿意支付的环境质量改善的费用的最大值，或者因舍弃环境质量改善而愿意接受的最少补偿费用。Kontogianni 改进了条件评估法，提出了服务提供单位的定义，他认为这是将生态服务价值标准化的重要步骤，通过对人们的民意调查，分析调研结果，进一步把生态服务数量和人类幸福感结合起来，用来衡量人们愿意承担的生态服务费用。

2）市场价值

生态资本的市场价值估计的主要方法包括成本法、逆算法、市场法、影子价格法和边际机会成本法等。其中边际机会成本法讨论的内容更全面，它综合考虑了生态资源的开发和利用的外部性，目前使用得更加广泛。边际机会成本（*MOC*）法主要是从机会成本角度来计算生态资源开发和利用对社会福利的影响，其计算公式为

$$MOC = MUC + MPC + MEC$$

其中 *MUC* 为边际使用成本，*MPC* 为边际生产成本，*MEC* 为边际外部环境成本。

3）其他优化后的市场估值

除非市场估值和市场价值之外，有时候还要考虑补偿主体和外部环境的支付意愿与受益程度等，因此将生态服务定价模型与社会发展阶段系数结合起来，例如将恩格尔系数纳入生态服务定价模型，当生态服务获益者的恩格尔系数很低时，获益者能够承担的生态服务费用就会越高。

4.4 流域跨界污染问题的生态补偿

跨界污染一般表示跨越行政辖区管理边界的外部性。跨界污染的生态补偿都应该遵守生态补偿的一般原则，通过对破坏生态环境的行为收取一定的费用，对保护生态环境的行为支付一定的补偿，使破坏生态环境的主体变少，保护生态环境的主体变多，从而达到保护环境的目的。

长江上游流域的生态补偿是指长江上游流域通过建立生态补偿机制，加强流域各区域的信息共享，避免因为跨界污染产生的纠纷。长江上游生态补偿包括生态建设补偿和生态破坏补偿。这里生态破坏补偿是指对长江上游流域的生态环境产生破坏的制造者应当对它造成的生态环境破坏进行补偿；生态建设补偿是指长江上游流域的生态受益者对恢复生态、保护生态环境等建设工作给予的经济补偿。根据现有的生态补偿原则，跨界污染的生态补偿机理如图 4.1 所示。

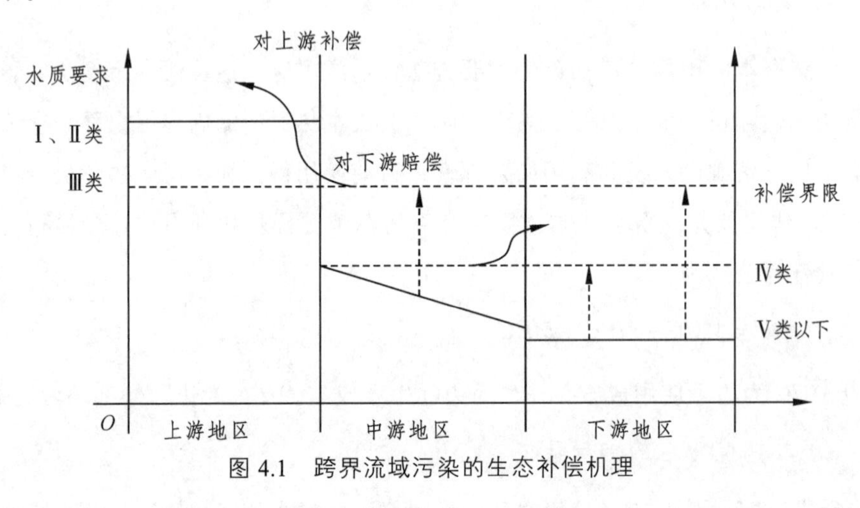

图 4.1　跨界流域污染的生态补偿机理

本章在生态补偿背景下，主要介绍了生态补偿基本理论，介绍了国内外生态补偿的相关研究工作，给出了生态补偿的主要构成要素（生态服务提供方、生态服务需求方、生态服务的经济价值），最后介绍了长江上游流域跨界污染问题的生态补偿的概念和机理。

第5章 长江上游流域跨界污染问题研究

跨界污染问题是一类比较普遍的环境污染问题，已经引起众多专家学者的重视。这一章，重点研究长江上游流域跨界污染问题，构建多区域跨界污染问题的微分博弈模型，利用拟合有限体积法进行数值模拟，并基于长江上游流域内重庆市5个区县（涪陵、丰都、忠县、万州、云阳）的经济和污染数据进行实证分析，这对跨界污染问题的研究具有重要的理论和实践意义。

5.1 跨界污染问题概况

随着经济和科技的迅速发展，跨界污染问题已成为我国重要的污染问题之一，对人们健康、社会财产、工农业生产和环境等造成了很大的伤害。跨界污染问题是指一个地区所产生的污染物通过空气运动或水流动传播影响其他地区人们的生产生活。跨界污染物将对被扩散地区人们的生产生活和财产安全造成了巨大的损害。如果不能有效解决这个问题，不但将危害当地人们的身心健康，而且将阻碍周边地区的可持续发展。碳污染排放主要来源于两个方面：一方面是人们的日常活动；另一方面是工农业生产。碳污染排放会造成温室效应，但是如果全面减少碳排放又会阻碍经济的发展。因此，寻求一种有效处理跨界污染问题的方法是非常必要的，需要各行各业专家学者的共同努力。

近些年，越来越多的学者开始研究跨界污染问题。Yeung（2007）研究了合作微分博弈中的时间均衡解及随机微分博弈框架下的污染管理问题。Youssef（2009）考虑了非合作国家的博弈问题，研究表明投资研发的溢出效应和公司之间的竞争可以促进非合作国家更好地将跨界污染问题国际化。Benchekroun 等（2014）分析了非合作跨界污染博弈以及采用清洁技术带来的影响。Li（2016）在 Yeung 提出理论的基础之上，考虑了排放权交易机制对各博弈者决策的影响。

在处理跨界污染问题时，经常存在地区政府间责任不清，无法采取正确应对措施的情况。本章将利用数值方法对长江上游流域部分区域污染数据进行数值模拟，从而界定跨界污染区域各自对二氧化碳的贡献量，帮助政府采取有效的应对措施。为了分析方便，本章将主要选取长江上游流域重庆市的 5 个区县（涪陵、丰都、忠县、万州、云阳）的经济和污染数据进行研究，并采用自适应共振理论将 5 个区县划分为 3 个片区。

5.2 跨界污染问题的微分博弈模型

这一节，将讨论长江上游流域多区域跨界污染的随机微分博弈框架和哈密尔顿-雅可比-贝尔曼方程。假定这个微分博弈模型涉及长江上游流域的 3 个片区。

令 $Q_i(t)(i=1,2,3)$ 代表在时间 $[0,T]$ 内区域 i（$i=1,2,3$，表示 3 个片区）的产品数量，T 表示博弈的时间期限。该产品导致了大量的副产品，即排放量 $E_i(t)$，由产品引起的区域 i 的净收益可以由单调递增的凹函数 $R_i(Q_i(t))$ 来描述。假定生产和排放两者之间的关系是线性的，且生产收益函数可以根据排放量由下列的二次方程的形式表达：

$$R_i(E_i(t)) = A_i E_i(t) - \frac{1}{2}E_i^2(t), \tag{5.1}$$

其中 $A_i(i=1,2,3)$ 是一个正常数。

在排放权交易过程中，初始配额 E_{i0} 是一个正常数，根据祖父原则或拍卖原则，区域 i 的排权交易量为

$$Y_i(t) = E_i(t) - E_{i0}\,. \tag{5.2}$$

假设排放权价格 $S(t)$ 是随机的，并且遵循几何布朗运动：

$$\mathrm{d}S(t) = \mu_S S(t)\mathrm{d}t + \sigma_S S(t)\mathrm{d}W_S, \tag{5.3}$$

其中 μ_S 和 σ_S 是两个常量，分别表示排放权价格的波动性和漂移率；$\mathrm{d}W_S$ 代表布朗运动的增量。

在 t 时刻，伴随着随机动态价格过程，区域 i 的工业净收益可表示为

$$\begin{aligned} H_i(E_i(t)) &= A_iE_i(t)-\frac{1}{2}E_i^2(t)-S(t)(E_i(t)-E_{i0}) \\ &= (A_i-S(t))E_i(t)-\frac{1}{2}E_i^2(t)-S(t)E_{i0}. \end{aligned} \tag{5.4}$$

令 $P(t)$ 表示在时间 t 的污染库存，污染库存的动态过程可以表示为如下随机微分方程：

$$\mathrm{d}P(t)=\left[\left(\sum_{i=1}^{3}E_i(t)-\theta_P P(t)\right)\mathrm{d}t+\sigma_P P(t)\right]\mathrm{d}W_P, \tag{5.5}$$

其中 $E_1(t)$，$E_2(t)$ 和 $E_3(t)$ 分别代表片区 1、2、3 的排放量。在求解问题的过程中，我们分别取 $A_2=\alpha_1A_1$，$A_3=\alpha_2A_2$，$D_2=\beta_1D_1$，$D_3=\beta_2D_2$。

区域 i 的目标是找到最优方案使预期瞬时净收益流最大化。因此，区域 i 的目标函数和约束条件如下：

$$\max_{E_i(t)} E\left\{\int_0^T \mathrm{e}^{-rt}[A_i-S(t)E_i(t)-\frac{1}{2}E_i^2(t)+S(t)E_{i0}-D_iP(t)]\mathrm{d}t\right\}-g_i(P(t)-\overline{P}_i)\mathrm{e}^{-rT},$$

$$\text{s.t.}\begin{cases}\mathrm{d}P(t)=\left(\sum_{i=1}^{3}E_i(t)-\theta_P P(t)\right)\mathrm{d}t+\sigma_P P(t)\mathrm{d}W_P,\ P(0)=P_0,\\ \mathrm{d}S(t)=\mu_S S(t)\mathrm{d}t+\sigma_S S(t)\mathrm{d}W_S,\ S(0)=S_0,\end{cases} \tag{5.6}$$

其中 r 是社会无风险折现率。

假设价值函数 $V_C(P,S,t)$ 是一个关于 P 和 S 的二阶连续可微函数，通过运用动态规划方法去求解随机最优化问题，可以获得价值函数 $V_C(P,S,t)$ 的贝尔曼方程：

$$\begin{aligned} \max_{E_{c_i}(t)}\Bigg\{&\frac{\partial V_C}{\partial t}+\left(\sum_{i=1}^{3}E_{C_i}-\theta_P P\right)\frac{\partial V_C}{\partial S}+\frac{1}{2}\sigma_P^2P^2\frac{\partial^2V_C}{\partial P^2}+\mu_S S\frac{\partial V_C}{\partial S}+\frac{1}{2}\sigma_S^2S^2\frac{\partial^2V_C}{\partial S^2}+ \\ &\rho\sigma_P\sigma_S PS\frac{\partial^2V_C}{\partial S\partial P}-rV_C+F_C(P,S,E_{C_1},E_{C_2},E_{C_3},t)\Bigg\}=0, \end{aligned} \tag{5.7}$$

其终止条件为

$$V_C(P,S,T)=-\sum_{i=1}^{3}g_i(P(T)-\overline{P_i}), \tag{5.8}$$

其中

$$F_C(P,S,E_{C_1},E_{C_2},E_{C_3},t)=\sum_{i=1}^{3}(A_i-S)E_{C_i}-\sum_{i=1}^{3}\frac{E_{C_i}^2}{2}+\left(\sum_{i=1}^{3}E_{i0}\right)S-\left(\sum_{i=1}^{3}D_i\right)P. \tag{5.9}$$

5.3 拟合有限体积法

由于贝尔曼方程无法用解析法求解，这一节，将利用拟合有限体积法来求解贝尔曼方程。

（1）利用 $E_{C_1}^*(t)$ ， $E_{C_2}^*(t)$ 和 $E_{C_3}^*(t)$ 来定义最优排放路径。

由一阶最优性条件可知，方程（5.7）可以被分成如下耦合方程组：

$$\frac{\partial V_C}{\partial t}+(E_{C_1}^*(t)+E_{C_2}^*(t)+E_{C_3}^*(t)-\theta_P P)\frac{\partial V_C}{\partial P}+\frac{1}{2}\sigma_P^2P_2\frac{\partial^2V_C}{\partial p^2}+\mu_S S\frac{V_C}{\partial S}+$$
$$\frac{1}{2}\sigma_S^2S\frac{\partial^2V_C}{\partial S^2}+\rho\sigma_P\sigma_S PS\frac{\partial^2V_C}{\partial P\partial S}-rV_C+F_C(P,S,E_{C_1}^*(t),E_{C_2}^*(t),E_{C_3}^*(t),t)=0, \tag{5.10}$$

$$E_{C_1}^*(P,S,t)=A_1-S+\frac{\partial V_C}{\partial P},\quad E_{C_2}^*(P,S,t)=A_2-S+\frac{\partial V_C}{\partial P},$$
$$E_{C_3}^*(P,S,t)=A_3-S+\frac{\partial V_C}{\partial P}. \tag{5.11}$$

（2）介绍用于空间离散化的拟合有限体积法。

首先，将区间 I_P 和 I_S 分别分成 N_P 和 N_S 个子区间：

$$I_{Pi}:=(P_i,P_{i+1}),I_{S_i}:=(S_i,S_{i+1}),\quad i=0,1,\cdots,N_P-1,\ j=0,1,\cdots,N_S-1,$$

其中

$$P_{\min}=P_0<P_1<\cdots<P_{N_P}=P_{\max},\ S_{\min}=S_0<S_1<\cdots<S_{N_P}=S_{\max}.$$

这样，在 $I_P\times I_S$ 上就定义了一个网格线都垂直于轴线的网格。

其次，定义一个 $I_P \times I_S$ 的划分。令

$$P_{i-\frac{1}{2}} = \frac{P_{i-1}+P_i}{2},\ P_{i+\frac{1}{2}} = \frac{P_i+P_{i+1}}{2},\ S_{j-\frac{1}{2}} = \frac{S_{j-1}+S_j}{2},\ S_{j+\frac{1}{2}} = \frac{S_j+S_{j+1}}{2},$$

其中 $i=0,1,\cdots,N_P-1,\ \ j=0,1,\cdots,N_S-1$。

为了保持完整性，定义：

$$P_{-\frac{1}{2}} = P_{\min}, P_{N_{P+\frac{1}{2}}} = P_{\max},\ S_{-\frac{1}{2}} = S_{\min}, S_{N_{S+\frac{1}{2}}} = S_{\max},$$

步长为

$$h_{P_i} = P_{i+\frac{1}{2}} - P_{i-\frac{1}{2}},\ \ h_{S_i} = S_{j+\frac{1}{2}} - S_{j-\frac{1}{2}},$$

其中 $i=0,1,\cdots,N_P$， $j=0,1,\cdots,N_S$。

将方程（5.10）转变为如下形式：

$$-\frac{\partial V_C}{\partial t} - \nabla\cdot(A\nabla V_C + \underline{b}V_C) + cV_C = F_C, \qquad (5.12)$$

其中

$$A = \begin{pmatrix} a_{11} & a_{12} \\ a_{21} & a_{22} \end{pmatrix} = \begin{pmatrix} \frac{1}{2}\sigma_P^2 P^2 & \frac{1}{2}\rho\sigma_P\sigma_S PS \\ \frac{1}{2}\rho\sigma_P\sigma_S PS & \frac{1}{2}\sigma_S^2 S^2 \end{pmatrix},$$

$$\underline{b} = \begin{pmatrix} b_1 \\ b_2 \end{pmatrix} = \begin{pmatrix} E_{C_1}^* + E_{C_2}^* + E_{C_3}^* - \theta_P P - \sigma_P^2 P - \frac{1}{2}\rho\sigma_P\sigma_S P \\ \mu_S S - \sigma_S{}^2 S - \frac{1}{2}\rho\sigma_P\sigma_S S \end{pmatrix}, \qquad (5.13)$$

$$c = r + \mu_S + 2\frac{\partial^2 V_C}{\partial P^2} - \theta_P - \sigma_P^2 - \sigma_S^2 - \rho\sigma_P\sigma_S.$$

定义：

$$M_{i,j} = [S_{i-\frac{1}{2}}, S_{i+\frac{1}{2}}] \times [\sigma_{j-\frac{1}{2}}, \sigma_{j+\frac{1}{2}}]$$

在区间 $M_{i,j}$ 上，针对积分方程（5.12），利用中点积分公式得到

$$-\frac{\partial V_{C_{i,j}}}{\partial t}R_{i,j}-\int_{M_{i,j}}\nabla\cdot(A\nabla V_C+\underline{b}V_C)\mathrm{d}P\mathrm{d}S+c_{i,j}V_{C_{i,j}}R_{i,j}=F_{c_{i,j}}R_{i,j},\tag{5.14}$$

其中

$$i=1,2,\cdots,N_P-1,\ j=1,2,\cdots,N_S-1\text{，}\quad R_{i,j}=(P_{i+\frac{1}{2}}-P_{i-\frac{1}{2}})\times(S_{j+\frac{1}{2}}-S_{j-\frac{1}{2}}),$$

$$c_{i,j}=c(P_i,S_j,t),\ V_{C_{i,j}}=V_C(P_i,S_j,t)\text{，}\quad F_{C_{i,j}}=F_C(P_i,S_j,E_{C_1}^*,E_{C_2}^*,E_{C_3}^*,t)\,.$$

方程（5.14）中第二项的近似是数值方法中的关键，根据 $A\nabla V_C+bV$ 的定义和分部积分，有

$$\begin{aligned}&\int_{M_{i,j}}\nabla\cdot(A\nabla V_C+\underline{b}V_C)\mathrm{d}S\mathrm{d}\delta=\int_{\partial M_{i,j}}(A\nabla V_C+\underline{b}V_C)\cdot l\mathrm{d}s\\&=\int_{\left(P_{i+\frac{1}{2}},S_{j-\frac{1}{2}}\right)}^{\left(P_{i+\frac{1}{2}},S_{j+\frac{1}{2}}\right)}\left(a_{11}\frac{\partial V_C}{\partial P}+a_{12}\frac{V_C}{\partial S}+b_1V_C\right)\mathrm{d}S-\\&\int_{\left(P_{i-\frac{1}{2}},S_{j-\frac{1}{2}}\right)}^{\left(P_{i-\frac{1}{2}},S_{j+\frac{1}{2}}\right)}\left(a_{11}\frac{\partial V_C}{\partial P}+a_{12}\frac{\partial V_C}{\partial S}+b_1V_C\right)\mathrm{d}S+\\&\int_{\left(P_{i-\frac{1}{2}},S_{j+\frac{1}{2}}\right)}^{\left(P_{i+\frac{1}{2}},S_{j+\frac{1}{2}}\right)}\left(a_{21}\frac{\partial V_C}{\partial P}+a_{22}\frac{\partial V_C}{\partial S}+b_2V_C\right)\mathrm{d}P-\\&\int_{\left(P_{i+\frac{1}{2}},S_{j-\frac{1}{2}}\right)}^{\left(P_{i-\frac{1}{2}},S_{j-\frac{1}{2}}\right)}\left(a_{21}\frac{\partial V_C}{\partial P}+a_{22}\frac{\partial V_C}{\partial S}+b_2V_C\right)\mathrm{d}P,\end{aligned}\tag{5.15}$$

其中 l 代表单位向量到 $\partial R_{i,j}$ 的外法向量。

可以用一个常量近似逼近方程（5.15）的第一个积分：

$$\int_{\left(P_{i+\frac{1}{2}},\ S_{j-\frac{1}{2}}\right)}^{\left(P_{i+\frac{1}{2}},\ S_{j+\frac{1}{2}}\right)}\left(a_{11}\frac{\partial V_C}{\partial P}+a_{12}\frac{\partial V_C}{\partial S}+b_1V_C\right)\mathrm{d}S\approx\left.\left(a_{11}\frac{\partial V_C}{\partial P}+a_{12}\frac{\partial V_C}{\partial S}+b_1V_C\right)\right|_{\left(P_{i+\frac{1}{2}},S_j\right)}\cdot h_{S_j}\,.$$

（3）推导 $\left(a_{11}\frac{\partial V_C}{\partial P}+a_{12}\frac{\partial V_C}{\partial S}+b_1V_C\right)$ 在区间 I_{P_i} 中点 $(P_{i+\frac{1}{2}},S_j)\ (i=0,1,\cdots,N_P-1)$ 的近似值。

$a_{11}\frac{\partial V_C}{\partial P}+b_1V_C$ 可以近似为一个常数，这意味着它的导数等于 0，由此

$$\left[\frac{1}{2}\sigma_P^2P^2\frac{\partial V_C}{\partial P}+\left(E_{C_1}^*+E_{C_2}^*+E_{C_3}^*-\theta_P P-\sigma_P^2P-\frac{1}{2}\rho\sigma_P\sigma_S P\right)V_C\right]'$$

$$=\left(aP^2\frac{\partial V_C}{\partial P}+b_1^{i+\frac{1}{2},j}V_C\right)'=0, \tag{5.16}$$

$$V_C(P_i,S_j)=V_{C_{i,j}},\quad V_C(P_{i+1},S_j)=V_{C_{i+1,j}}, \tag{5.17}$$

其中 $a=\frac{1}{2}\sigma_P^2=b_1^{i+\frac{1}{2},j}$, $b_1(P_{i+\frac{1}{2}},S_j)$，$V_{C_{i,j}}$ 和 $V_{C_{i+1,j}}$ 分别代表 V_C 在 (P_i,S_j) 和 (P_{i+1},C_j) 的值，一阶微分方程可以由方程（5.16）两边同时积分得到：

$$aP^2\frac{\partial V_C}{\partial P}+b_1^{i+\frac{1}{2},j}V_C=C_1,$$

其中 C_1 是任意常量且可以由方程（5.17）的边值条件所决定：

$$C_1=b_1^{i+\frac{1}{2},j}\frac{V_{C_{i+1,j}}\mathrm{e}^{-\frac{\alpha_{i,j}}{P_{i+1}}}-V_{C_{i,j}}\mathrm{e}^{-\frac{\alpha_{i,j}}{P_i}}}{\mathrm{e}^{-\frac{\alpha_{i,j}}{P_{i+1}}}-\mathrm{e}^{-\frac{\alpha_{i,j}}{P_i}}},$$

其中 $\alpha_{i,j}=\frac{b_1^{i+\frac{1}{2},j}}{\alpha}$。

$\frac{\partial V_C}{\partial S}$ 的导数可以用向前差分 $\frac{V_{C_{i,j+1}}-V_{C_{i,j}}}{h_{S_j}}$ 近似逼近，因此得到

$$\left(a_{11}\frac{\partial V_C}{\partial P}+a_{12}\frac{\partial V_C}{\partial S}+b_1V_C\right)\Bigg|_{\left(P_{i+\frac{1}{2}},S_j\right)}\cdot h_{S_j}$$

$$\approx\left(b_1^{i+\frac{1}{2},j}\frac{V_{C_{i+1,j}}\mathrm{e}^{-\frac{\alpha_{i,j}}{P_{i+1}}}-V_{C_{i,j}}\mathrm{e}^{-\frac{\alpha_{i,j}}{P_i}}}{\mathrm{e}^{-\frac{\alpha_{i,j}}{P_{i+1}}}-\mathrm{e}^{-\frac{\alpha_{i,j}}{P_i}}}+d_{i,j}\frac{V_{C_{i,j+1}}-V_{C_{i,j}}}{h_{S_j}}\right)\cdot h_{S_j}, \tag{5.18}$$

其中 $d=\frac{1}{2}\rho\sigma_P\sigma_S PS,\ d_{i,j}=d(P_i,S_j)$。

对方程（5.15）的其他三项用类似的方法，可以得到如下结果：

$$\left(a_{11}\frac{\partial V_C}{\partial P}+a_{12}\frac{CV_C}{\partial S}+b_1V_C\right)\Bigg|_{\left(P_{i-\frac{1}{2}},S_j\right)}\cdot h_{S_j}$$

$$\approx\left(b_1^{i-\frac{1}{2},j}\frac{V_{C_{i,j}}\mathrm{e}^{-\frac{\alpha_{i-1,j}}{P_i}}-V_{C_{i-1,j}}\mathrm{e}^{-\frac{\alpha_{i-1,j}}{P_{i-1}}}}{\mathrm{e}^{-\frac{\alpha_{i-1,j}}{P_i}}-\mathrm{e}^{-\frac{\alpha_{i-1,j}}{P_{i-1}}}}+d_{i,j}\frac{V_{C_{i,j+1}}-V_{C_{i,j}}}{h_{S_j}}\right)\cdot h_{S_j}, \tag{5.19}$$

$$\left(a_{21}\frac{V_C}{\partial P}+a_{22}\frac{\partial V_C}{\partial S}+b_2V_C\right)\Bigg|_{\left(P_i,S_{j+\frac{1}{2}}\right)}\cdot h_{P_i}$$

$$\approx S_{j+\frac{1}{2}}\left(\bar{b}_{i,j+\frac{1}{2}}\frac{S_{j+1}^{\bar{\alpha}_{i,j}}V_{C_{i+1,j}}-S_j^{\bar{\alpha}_{i,j}}V_{C_{i,j}}}{S_{j+1}^{\bar{\alpha}_{i,j}}-S_j^{\bar{\alpha}_{i,j}}}+\bar{d}_{i,j}\frac{V_{C_{i,j+1}}-V_{C_{i,j}}}{h_{P_i}}\right)\cdot h_{Pi},\tag{5.20}$$

$$\left(a_{21}\frac{V_C}{\partial P}+a_{22}\frac{\partial V_C}{\partial S}+b_2V_C\right)\Bigg|_{\left(P_i,S_{j+\frac{1}{2}}\right)}\cdot h_{P_i}$$

$$\approx S_{j-\frac{1}{2}}\left(\bar{b}_{i,j-\frac{1}{2}}\frac{S_j^{\bar{\alpha}_{i,j}}V_{C_{i,j}}-S_{j-1}^{\bar{\alpha}_{i,j-1}}V_{C_{i,j-1}}}{S_j^{\bar{\alpha}_{i,j-1}}-S_{j-1}^{\bar{\alpha}_{i,j-1}}}+\bar{d}_{i,j}\frac{V_{C_{i,j+1}}-V_{C_{i,j}}}{h_{P_i}}\right)\cdot h_{P_i},\tag{5.21}$$

其中 $\bar{\alpha}_{i,j}=\dfrac{\bar{b}_{i,j+\frac{1}{2}}}{\bar{\alpha}_i},\bar{\alpha}=\dfrac{1}{2}\sigma_S^2,\bar{b}=\mu-\sigma_S^2-\dfrac{1}{2}\rho\sigma_P\sigma_S,\bar{d}_{i,j}=\dfrac{1}{2}\rho\sigma_P\sigma_S P_i$。

因此，结合方程式（5.15）、式（5.16）、式（5.18）、式（5.21），得到如下方程：

$$-\frac{\partial V_{C_{i,j}}}{\partial t}R_{i,j}+e_{i-1,j}^{i,j}V_{C_{i-1,j}}+e_{i,j-1}^{i,j}V_{C_{i,j-1}}+e_{i,j}^{i,j}V_{C_{i,j}}+e_{i,j+1}^{i,j}V_{C_{i,j+1}}+e_{i+1,j}^{i,j}V_{C_{i+1,j}}=F_{C_{i,j}}R_{i,j},\tag{5.22}$$

其中

$$e_{i-1,j}^{i,j}=-b_1^{i-\frac{1}{2},j}\frac{e^{-\frac{\alpha_{i-1,j}}{P_{i-1}}}h_{S_j}}{e^{-\frac{\alpha_{i-1,j}}{P_i}}-e^{-\frac{\alpha_{i-1,j}}{P_{i-1}}}},\quad e_{i,j-1}^{i,j}=-S_{j-\frac{1}{2}}\bar{b}_{i,j-\frac{1}{2}}\frac{S_{j-1}^{\bar{\alpha}_{i,j-1}}h_{P_i}}{S_j^{\bar{\alpha}_{i,j-1}}-S_{j-1}^{\bar{\alpha}_{i,j-1}}},\tag{5.23}$$

$$e_{i,j}^{i,j}=h_{S_j}\left(\frac{b_1^{i+\frac{1}{2},j}e^{-\frac{\alpha_{i,j}}{P_i}}}{e^{-\frac{\alpha_{i,j}}{P_{i+1}}}-e^{-\frac{\alpha_{i,j}}{P_i}}}+\frac{b_1^{i-\frac{1}{2},j}e^{-\frac{\alpha_{i-1,j}}{P_i}}}{e^{-\frac{\alpha_{i-1,j}}{P_i}}-e^{-\frac{\alpha_{i-1,j}}{P_{i-1}}}}+\bar{d}_{i,j}\right)+$$
$$h_{P_i}\left(S_{j+\frac{1}{2}}\frac{\bar{b}_{i,j+\frac{1}{2}}S_j^{\bar{\alpha}_{i,j}}}{S_{j+1}^{\bar{\alpha}_{i,j}}-S_j^{\bar{\alpha}_{i,j}}}+S_{j-\frac{1}{2}}\frac{\bar{b}_{i,j-\frac{1}{2}}S_j^{\bar{\alpha}_{i,j-1}}}{S_j^{\bar{\alpha}_{i,j-1}}-S_{j-1}^{\bar{\alpha}_{i,j-1}}}\right)+c_{i,j}R_{i,j},\tag{5.24}$$

$$e_{i,j+1}^{i,j}=-S_{j+\frac{1}{2}}\bar{b}_{i,j+\frac{1}{2}}\frac{S_{j+1}^{\bar{\alpha}_{i,j}}h_{P_i}}{S_{j+1}^{\bar{\alpha}_{i,j}}-S_j^{\bar{\alpha}_{i,j}}},\quad e_{i+1,j}^{i,j}=-b_1^{i+\frac{1}{2},j}\frac{e^{-\frac{\alpha_{i,j}}{P_{i+1}}}h_{S_j}}{e^{-\frac{\alpha_{i,j}}{P_{i+1}}}-e^{-\frac{\alpha_{i,j}}{P_i}}}-h_{S_j}\bar{d}_{i,j},\tag{5.25}$$

其中 $i=1,2,\cdots,N_P-1,\ j=1,2,\cdots,N_S-1$，当 $m\neq i-1,i,i+1,\ n\neq j-1,j,j+1$ 时，其他元素 $e_{m,n}^{i,j}$ 均等于 0。显然，方程（5.22）的系统矩阵是五对角矩阵。

（4）对系统（5.22）进行时间离散化。

为了达到这个目的，先把方程（5.22）表示为

$$-\frac{\partial V_{C_{i,j}}}{\partial t}R_{i,j}+D_{i,j}V_C=F_{C_{i,j}}R_{i,j},\tag{5.26}$$

其中

$$D_{i,j}=(0,\cdots,0,e_{i-1,j}^{i,j},0,\cdots,0,e_{i,j-1}^{i,j},e_{i,j}^{i,j},e_{i,j+1}^{i,j}0,\cdots,0,e_{i+1,j}^{i,j},0,\cdots,0)\ ,$$

其中 $i=1,2,\cdots,N_P-1,\ j=1,2,\cdots,N_S-1$。

令 $T=t_0,t_M=0$，在区间 $[0,T]$ 内选择 $M-1$ 个点且编号从 t_1 到 t_{M-1}，获得一个分割 $T=t_0>t_1>\cdots>t_m=0$。然后，定义一个分裂参数 $\theta\in\left[\frac{1}{2},1\right]$，运用两阶隐式时间步进法，可以获得方程（5.26）的全离散形式：

$$\begin{aligned}&(\theta D(P,S,E_{C_1}^*(t^{m+1}),E_{C_2}^*(t^{m+1}),E_{C_3}^*(t^{m+1}),t^{m+1})+G^m)V_C^{m+1}\\&=\theta F_C(P,S,E_{C_1}^*(t^{m+1}),E_{C_2}^*(t^{m+1}),E_{C_3}^*(t^{m+1}),t^{m+1})+\\&(1-\theta)F_C(P,S,E_{C_1}^*(t^m),E_{C_2}^*(t^m),E_{C_3}^*(t^m),t^m)+\\&(G^m-(1-\theta)D(P,S,E_{C_1}^*(t^m),E_{C_2}^*(t^m),E_{C_3}^*(t^m),t^m))V_C^m,\end{aligned}\tag{5.27}$$

其中

$$V_C{}^m=(V_{C_{1,1}}^m,\cdots,V_{C_{1,N_S-1}}^m,V_{C_{2,1}}^m,\cdots,V_{C_{2,N_S-1}}^m,\cdots,V_{C_{N_P-1,N_S-1}}^m),$$

$$G^m=\mathrm{diag}\left(\frac{-R_{1,1}}{\Delta t_m},\cdots,\frac{-R_{N_P-1,N_S-1}}{\Delta t_m}\right)^{\mathrm{T}},$$

其中 $m=0,1,\cdots,M-1$，$\Delta t_m=t_{m+1}-t_m<0$，V_C^m 表示 V_C 在时间 $t=t_m$ 的近似。

5.4　实证分析

这一节，讨论跨界污染问题的实证分析。为了研究方便，选取长江上游流域内重庆市的涪陵、丰都、忠县、万州、云阳等 5 个区县为代表进行研究。2021 年，这 5 个区县的经济数据如表 5.1 所示。

表 5.1　2021 年各区县生产总值

地区	生产总值/亿元
涪陵	1 402
丰都	375
忠县	488
万州	1 144
云阳	528

其中 GDP 代表各地区生产总值，5 个区县的碳排放交易价格是 0 ~ 30 元，二氧化碳总排放量是 100 ~ 1 000 万吨。

根据前面的数据，选定跨界污染问题的各个参数：

$$T = 7.5, A_1 = 5, \alpha = 1.56, \alpha_1 = 0.25, E_{i0} = 5, E_{j0} = 8, E_{k0} = 1.26,$$

$$\theta = 0.06, P_{\min} = 100, P_{\max} = 1\,000, S_{\min} = 0, S_{\max} = 30, \sigma_P = 0.3,$$

$$\sigma_P = 0.3, \sigma_S = 0.3, \mu_S = 0.2, \rho = 0.5, D_1 = 0.1, \beta = 1.2, \gamma = 0.08,$$

$$g_i = 3, g_j = 4.7, g_k = 0.75, \overline{P_i} = 1100, \ \overline{P_j} = 1\,700, \overline{P_k} = 300.$$

本书主要研究重庆市的 5 个区县之间的跨界污染问题，利用自适应共振理论具有无监督自主分类的特点，将 5 个区县近似缩小至 1、2、3 三个片区，其分类结果如表 5.2 所示。

表 5.2　自适应共振理论对 5 个区县的分类结果

迭代分类	5 个区县				
	涪陵	万州	云阳	忠县	丰都
1	1	1	2	1	2
2	1	1	2	2	3
3	1	1	2	3	3
4	1	1	2	3	3
5	1	1	2	3	3

由表 5.2 可以看出，5 个区县的跨界污染问题便可转换为 1、2、3 三个片区的跨界污染问题，3 个片区的划分为：涪陵和万州为片区 1，云阳为片区 2，

丰都和忠县为片区 3。利用拟合有限体积法，求解合作型哈密尔顿-雅可比-贝尔曼方程，获得表 5.3 和表 5.4 所示的相关数据结果，分别得到 $t=0$ 和 $t=5$ 时污染库存、排放权价格、价值函数、排放水平及市场交易量，交易量 Y 由分别对区域 1、2、3 使用方程 $Y_i(t)=E_i(t)-E_{i0}$ 计算得到。

表 5.3　$t=0$ 时各数值计算结果

P	S	V_C	E_{C1}	E_{C2}	E_{C3}	Y_{C1}	Y_{C2}	Y_{C3}
400	15	4 591.3	− 12.39	− 9.592	− 16.14	− 17.39	− 17.59	− 17.4
	20	3 359.2	− 13.41	− 10.61	− 17.16	− 18.41	− 18.61	− 18.42
	25	2 189	− 12.11	− 9.313	− 15.86	− 17.11	− 17.31	− 17.12
550	15	4 419	− 10.98	− 8.184	− 14.73	− 15.98	− 16.18	− 15.99
	20	3 761.6	− 12.68	− 9.879	− 16.43	− 17.68	− 17.88	− 17.69
	25	3 245.5	− 14.66	− 11.86	− 18.41	− 19.66	− 19.86	− 19.67
700	15	4 108.3	− 13.59	− 10.79	− 17.34	− 18.59	− 18.79	− 18.6
	20	3 851.9	− 16.53	− 13.73	− 20.28	− 21.53	− 21.73	− 21.54
	25	3 659.2	− 20.11	− 17.31	− 23.86	− 25.11	− 25.31	− 25.12

表 5.4　$t=5$ 时各数值计算结果

P	S	V_C	E_{C1}	E_{C2}	E_{C3}	Y_{C1}	Y_{C2}	Y_{C3}
400	15	8 288	− 14.32	− 11.52	− 18.07	− 19.32	− 19.52	− 19.33
	20	8 105	− 14.87	− 12.07	− 18.62	− 19.87	− 20.07	− 19.88
	25	7 519.4	− 13.22	− 10.42	− 16.97	− 18.22	− 18.42	− 18.23
550	15	7 488.2	− 16.24	− 13.44	− 19.99	− 21.24	− 21.44	− 21.25
	20	7 717.9	− 19.74	− 16.94	− 23.49	− 24.74	− 24.94	− 24.75
	25	7 769.7	− 22.34	− 19.54	− 26.09	− 27.34	− 27.54	− 27.35
700	15	6 400.5	− 18.46	− 15.66	− 22.21	− 23.46	− 23.66	− 23.47
	20	6 747.1	− 23.27	− 20.47	− 27.02	− 28.27	− 28.47	− 28.28
	25	6 972.9	− 28.11	− 25.31	− 31.86	− 33.11	− 33.31	− 33.12

从表 5.3 和表 5.4 可以看出，当初始限额 E_{10}，E_{20} 和 E_{30} 都非常大，且排放水平未超过限额时，这 3 个片区都会出售自己闲置的排放权，净收益 V 会随着排放权价格的提高而不断减少。由一阶条件表明，这三个片区的最佳排放水平可以表示为

$$E_{C_i}^* = A_i - S + \frac{\partial V_{C_i}}{\partial P},$$

其中 $i=1,2,3$ 。从上面的方程可以清楚地看到，要减少排放水平，应该逐渐增加排放权价格。这意味着在碳排放权交易的博弈中排放权价格将影响参与者的决策。

图 5.1 给出了总价值函数随污染量和排放权价格的变化图像，图 5.2 给出了片区 1 的碳排放量随污染量和排放权价格的变化图像，片区 2 和片区 3 的变化图像走势与片区 1 的走势基本类似。

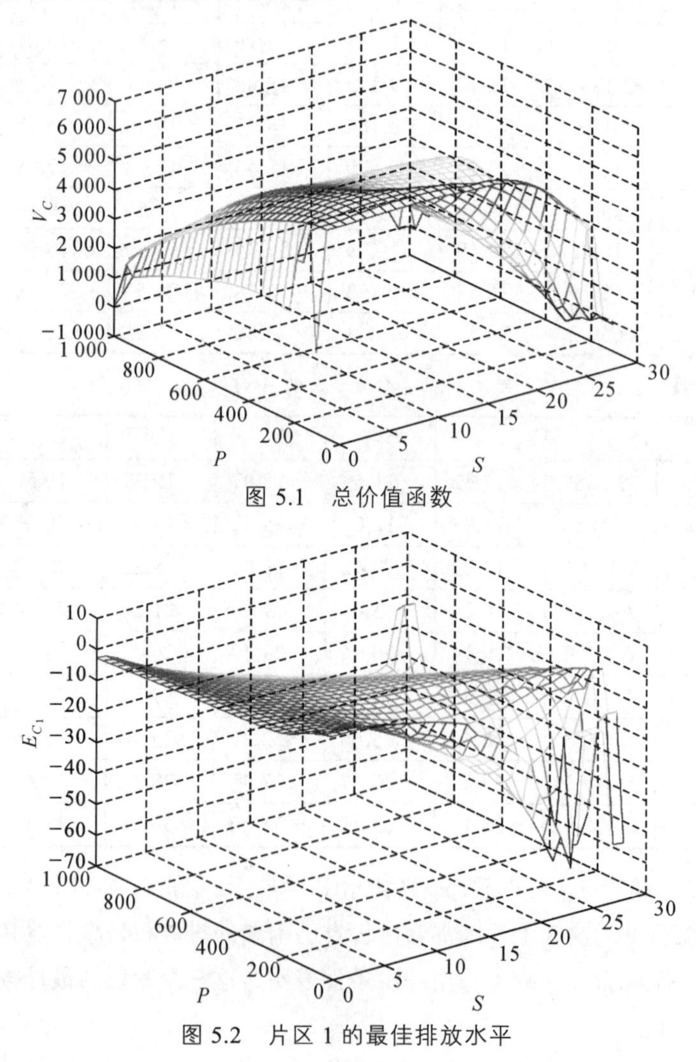

图 5.1　总价值函数

图 5.2　片区 1 的最佳排放水平

从图 5.1 ~ 图 5.2 可以看出，随着碳排放价格增加，产生的价值也会有所增加，当价格增长至一定时刻后会有一定的下降趋势，排放权交易量会随着碳排放价格的增加而减小，这实质上验证了模型的有效性。

为了更好地验证价值函数的有效性，抽取 $t=0$ 时（碳排放量为 400 万吨）与 $t=5$ 时（碳排放量为 400 万吨）的价值函数数据，如图 5.3 所示。从图 5.3 可知，$t=0$ 时的价值函数会明显小于 $t=5$ 时的价值函数，这与理论分析是完全吻合的。

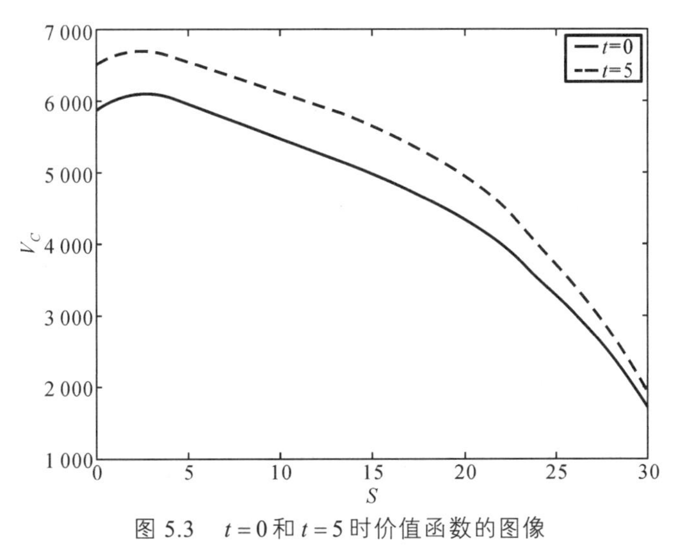

图 5.3　$t=0$ 和 $t=5$ 时价值函数的图像

本章主要利用自适应共振理论研究多区域跨界污染问题，在不确定和复杂情况下对各个区域进行相似性辨识，将多区域的跨界污染问题转化为三区域的跨界污染问题，利用拟合有限体积法研究跨界污染问题，给出基于排放权交易的三区域跨界污染问题的随机微分博弈，获得跨界污染微分博弈中最优策略问题的合作型的贝尔曼方程组，并利用拟合有限体积法求解该方程组，实现对多区域跨界污染问题的数值模拟，给出算法的有效性分析。

结果表明：当碳排放的价格较低、排放量较大时，产生的价值较低，随着碳排放价格增加，产生的价值也有所增加，但到碳排放价格增长后期价值会有下降的趋势，同时在 $t=0$ 时的价值要明显低于 $t=5$ 时的价值，特别是随着碳排放价格的增长，各个地区的排放量也有所下降，当碳排放价格一定时，污染量与各个地区的排放量成正比。

第 6 章
基于干中学的长江上游流域跨界污染问题研究

在第 5 章研究长江上游流域跨界污染问题的基础上，本章主要引入干中学理论，研究基于干中学的长江上游流域跨界污染问题，构建基于干中学的流域跨界污染问题的合作型与非合作型微分博弈模型，并基于重庆市和湖北省的污染数据进行实证分析，讨论各参数变化对污染库存的影响。本章首先讨论干中学理论。

6.1 干中学理论

1962 年，阿罗提出干中学的概念，将工业生产过程中的经验积累、技术改进和劳动生产率提高称之为“干中学”。干中学理论认为，人们在社会生产过程中，通过不断学习获得新知识，进行技术改进，技术改进是知识更新的结果，学习又促使不断总结经验，进行技术创新。“干中学”的经济学解释可以表述为：干中学是对一般经济增长模型的优化，可以归结为技术内生化增长模型。技术创新被视为内生变量，是由于技术创新是科技发展的重要原动力，可以不断通过生产实践逐渐完善和改进。在整个工业生产过程中，通过干中学可以持续加速技术创新与经验积累，促进经济可持续发展。

在整个干中学理论中，学习和经验是核心因素，是实现技术创新内生化最重要的原因。干中学理论认为，学习是技术创新的源泉，只有重视知识的积累与更新，突出技术改进，才能更好地促进科技的发展和进步。干中学有很多表现形式，比如在职人员的技术培训、高科技产品的技术引进、产品生产链管理手段的输入等，通过这样一些技术培训、技术引进和管理手段输入，可以优化和改进技术，促进产品产量、质量和效益的提升。

6.2　基于干中学的跨界污染问题

6.2.1　问题概况

跨界污染问题是指一个地区所产生的环境污染通过空气运动或水流动的传播影响其他地区生产生活。跨界污染会对被传播扩散地区人们的生产生活造成严重的影响。越来越多的专家和学者开始关注跨界污染问题。近年来，已经有大量的文献从可再生资源、清洁技术、减排成本等方面研究了跨界污染问题。Yeung 最早提出了跨界工业污染的合作微分博弈模型。根据 Yeung 的模型，李寿德将排放权交易纳入微分博弈模型。张书华等将该工作推广到随机情况，并给出求解该模型的数值方法。前面这些关于跨界污染问题的文献都只考虑了排放权交易和减排成本，这两个因素在一定程度上影响了最优策略。本节在此基础上引入干中学理论，考虑基于干中学的跨界污染问题。

6.2.2　基于干中学的跨界污染问题

在本节中，假设跨界污染问题的参与者包含两个区域 i $(i=1,2)$，$E_i(t)$ 表示区域 i 的污染物排放量。假设区域 i 在 t 时刻的产品收益函数用 $R_i(E_i(t))$ 来表示，则产品收益函数可以表示成排放量的二次方程形式：

$$R_i(E_i(t)) = A_i E_i(t) - \frac{1}{2}E_i^2(t), \tag{6.1}$$

其中 A_i $(i=1,2)$ 是一个正常数。设 $A_1 = A,\ A_2 = \alpha A$，其中 α 为正常数，它度量的是两个参与者从产品中获得收益能力的差异。

由于排放权可以交易，设 S 为排放权的价格，E_{i0} 为初始排放配额，则某一个 t 时刻排放权交易的收益 $Q_i(E_i(t))$ 可以表示为

$$Q_i(E_i(t)) = S(E_i(t) - E_{i0}), \tag{6.2}$$

其中$Q_i(E_i(t))>0$表示区域i向市场购买排放权需要支付的费用，$Q_i(E_i(t))<0$表示区域i通过卖出多余排放权获得的收益。

接下来，用$P(t)$表示在t时刻环境中的污染库存，则污染库存的动态变化过程可以用下面的微分方程表示：

$$\frac{\mathrm{d}P}{\mathrm{d}t}=E_1(t)-a_1(t)+E_2(t)-a_2(t)-\theta P(t),\ P(0)=P_0,\ P(t)>0, \tag{6.3}$$

其中$E_i(t)$表示区域i的排放水平，θ表示污染的指数衰减率，$a_i(t)$表示在t时刻的减排水平，初始值$a_i(0)=a_0$。$D_iP_i(t)$表示区域i在t时刻由污染库存造成的损害，D_i是正常数。不失一般性，假设$D_1=D$，$D_2=\beta D$，这里β是一个正常数，它度量的是两个参与者所能承受污染库存损害能力的差异。

注意到，只有在劳动力和技术充分投入的情况下，才有可能实现污染治理，所以我们考虑那些可能会减少净收益的减排成本。假设将减排成本表示成二次形式$\frac{1}{2}C_ia_i^2(t)$，C_i为正常数。令$C_1=C$，$C_2=\eta C$，其中η是一个正常数，它度量的是两个区域掌握减排技术能力的差异。应用污染减排技术的经验$Z(t)$可表示为

$$Z_i(t)=Z_{0i}+b_i\int_0^t a_i(s)\mathrm{d}s,\ Z_i(0)=Z_{0i}, \tag{6.4}$$

其中Z_{0i}表示区域i应用污染减排技术的初始经验水平。同理，设$b_1=b$，$b_2=\mu b$，μ是正常数，它代表两个区域积累经验能力的差异。依据干中学理论可知，经验积累能够造成单位成本的下降。区域i当前的目标是如何优化排放路径和减排水平，从而最大限度地提高当前净收入的预期流量，其目标函数为

$$\max_{E_i(t),\,a_i(t)}\int_0^\infty \mathrm{e}^{-rt}\left[R_i(E_i(t))+Q_i(E_i(t))-D_iP(t)-\frac{1}{2}C_ia_i^2(t)+(Z_i(t)-Z_{0i})\right]\mathrm{d}t,$$

将式（6.1）和式（6.2）代入上述模型，得到区域i的目标函数和约束条件：

$$\max_{E_i(t),\,a_i(t)}\int_0^\infty \mathrm{e}^{-rt}\left[(A_i-S)E_i(t)-\frac{1}{2}E_i^2(t)+SE_{i0}-D_iP(t)-\frac{1}{2}C_ia_i^2(t)+b_i\int_0^t a_i(s)ds\right]\mathrm{d}t,$$

$$\text{s.t. }\frac{\mathrm{d}P}{\mathrm{d}t}=E_1(t)-a_1(t)+E_2(t)-a_2(t)-\theta P(t),\ P(0)=P_0. \tag{6.5}$$

6.3 微分博弈模型

6.3.1 非合作微分博弈模型

在非合作博弈情况下，每一个参与者都会选择最优排放路径与最优减排水平以尽可能最大化净收益。在非合作型跨界污染问题中，与区域 2 的目标函数分别如下：

区域 1 的目标函数：

$$\max_{E_1(t),\ a_1(t)} \int_0^{\infty} \mathrm{e}^{-rt} \left[(A-S)E_1(t) - \frac{1}{2}E_1^2(t) + SE_{10} - DP(t) - \frac{1}{2}Ca_1^2(t) + b\int_0^t a_1(s)\mathrm{d}s \right] \mathrm{d}t,$$

约束条件：

$$\frac{\mathrm{d}P}{\mathrm{d}t} = E_1(t) - a_1(t) + E_2(t) - a_2(t) - \theta P(t),\ \ P(0) = P_0, \tag{6.6}$$

区域 2 的目标函数：

$$\max_{E_2(t),\ a_2(t)} \int_0^{\infty} \mathrm{e}^{-rt} \left[(\alpha A-S)E_2(t) - \frac{1}{2}E_2^2(t) + SE_{20} - \beta DP(t) - \frac{1}{2}\eta Ca_2^2(t) + \mu b\int_0^t a_2(s)\mathrm{d}s \right] \mathrm{d}t,$$

约束条件：

$$\frac{\mathrm{d}P}{\mathrm{d}t} = E_1(t) - a_1(t) + E_2(t) - a_2(t) - \theta P(t),\ \ P(0) = P_0. \tag{6.7}$$

基于最大值原理，可以获得最优控制问题的最优性条件，这个最优控制问题当前现值的哈密尔顿函数为

$$\begin{aligned} H_1 = {} & (A-S)E_1(t) - \frac{1}{2}E_1^2(t) + SE_{10} - DP(t) - \frac{1}{2}Ca_1^2(t) + b\int_0^t a_1(s)\mathrm{d}s + \\ & \lambda_1(t)[E_1(t) - a_1(t) + E_2(t) - a_2(t) - \theta P(t)], \end{aligned} \tag{6.8}$$

$$\begin{aligned} H_2 = {} & (\alpha A-S)E_2(t) - \frac{1}{2}E_2^2(t) + SE_{20} - \beta DP(t) - \frac{1}{2}\eta Ca_2^2(t) + \mu b\int_0^t a_2(s)\mathrm{d}s + \\ & \lambda_2(t)[E_1(t) - a_1(t) + E_2(t) - a_2(t) - \theta P(t)], \end{aligned} \tag{6.9}$$

这里$\lambda_1(t)$与$\lambda_2(t)$是关于$\frac{\mathrm{d}P}{\mathrm{d}t}$的状态方程的动态共轭变量，$\lambda_1$与$\lambda_2$又叫作影子价格，是一个拉格朗日乘子，表示两个参与者价值函数的导数，其经济学含义指增加一个单位污染库存对两个参与者未来利润的影响。一个单位正的影子价格意味着参与者可以通过降低排放水平、提高减排水平从当前的污染库存中获益，换句话说，该参与者为了将来的收益损失了当前的收益。哈密尔顿函数H_1与H_2表示瞬时均衡条件，求解上面最优控制问题的必要条件是：

通过适当选取排放水平E_1，E_2和减排水平a_1，a_2，使得H_1与H_2最大化，于是得到如下必要条件：

$$\frac{\partial H_1}{\partial E_1(t)} = A - S - E_1(t) + \lambda_1(t) = 0, \tag{6.10}$$

$$\frac{\partial H_1}{\partial a_1(t)} = -Ca_1(t) + \frac{ba_1(t)\mathrm{d}t}{\mathrm{d}a_1(t)} - \lambda_1(t) = 0, \tag{6.11}$$

$$\frac{\partial H_1}{\partial P(t)} = -D - \theta\lambda_1, \tag{6.12}$$

$$\frac{\mathrm{d}\lambda_1(t)}{\mathrm{d}t} = r\lambda_1(t) - \frac{\partial H_1}{\partial P(t)} = (r+\theta)\lambda_1 + D, \tag{6.13}$$

$$\frac{\mathrm{d}P}{\mathrm{d}t} = E_1(t) - a_1(t) + E_2(t) - a_2(t) - \theta P(t)\,. \tag{6.14}$$

由式（6.10），可以得到

$$\lambda_1(t) = S + E_1(t) - A, \tag{6.15}$$

将式（6.15）代入式（6.13），可以得到

$$\frac{\mathrm{d}\lambda_1(t)}{\mathrm{d}t} = (r+\theta)\lambda_1 + D = (r+\theta)(S + E_1(t) - A) + D\,. \tag{6.16}$$

接下来，研究微分方程（6.14）与（6.16）。由方程形式可知，其稳定状态条件是$\frac{\mathrm{d}P(t)}{\mathrm{d}t} = \frac{\mathrm{d}\lambda_1(t)}{\mathrm{d}t} = 0$，因此可以得到

$$E_1(t)-a_1(t)+E_2(t)-a_2(t)-\theta P(t)=0, \tag{6.17}$$

$$(r+\theta)(S+E_1(t)-A)+D=0. \tag{6.18}$$

相似地，对哈密尔顿函数 H_2，有

$$\frac{\partial H_2}{\partial E_2(t)}=\alpha A-S-E_2(t)+\lambda_2(t)=0, \tag{6.19}$$

$$\frac{\partial H_2}{\partial a_2(t)}=-\eta C a_2(t)+\frac{\mu b a_2(t)\mathrm{d}t}{\mathrm{d}a_2(t)}-\lambda_2(t)=0, \tag{6.20}$$

$$\frac{\partial H_2}{\partial P(t)}=-\beta D-\theta\lambda_2, \tag{6.21}$$

$$\frac{\mathrm{d}\lambda_2(t)}{\mathrm{d}t}=r\lambda_2(t)-\frac{\partial H_2}{\partial P(t)}=(r+\theta)\lambda_2+\beta D, \tag{6.22}$$

$$(r+\theta)(S+E_2(t)-\alpha A)+\beta D=0. \tag{6.23}$$

由方程（6.13）与（6.22）及其稳定状态条件 $\frac{\mathrm{d}\lambda_1(t)}{\mathrm{d}t}=\frac{\mathrm{d}\lambda_2(t)}{\mathrm{d}t}=0$，可以得出下面结论：

$$\lambda_1=\frac{-D}{r+\theta}, \tag{6.24}$$

$$\lambda_2=\frac{-\beta D}{r+\theta}. \tag{6.25}$$

根据一阶最优性条件，用上标“*”表示在稳定状态下的最优污染减排水平与最优排放水平，将式（6.24）和式（6.25）分别代入式（6.10）和式（6.18），可以得到

$$E_1^*(t)=A-S-\frac{D}{r+\theta},\qquad \frac{\mathrm{d}a_1^*(t)}{\mathrm{d}t}=\frac{b a_1^*(t)}{C a_1^*(t)-\frac{D}{r+\theta}},$$

$$E_2^*(t)=\alpha A-S-\frac{\beta D}{r+\theta},\qquad \frac{\mathrm{d}a_2^*(t)}{\mathrm{d}t}=\frac{\mu b a_2^*(t)}{\eta C a_2^*(t)-\frac{\beta D}{r+\theta}}.$$

从上述方程可知，虽然无法求出 $\frac{\mathrm{d}a_1^*(t)}{\mathrm{d}t}$ 和 $\frac{\mathrm{d}a_2^*(t)}{\mathrm{d}t}$ 的精确解，但是能够利用龙格-库塔方法数值求解该微分方程，获得它们的近似解。

6.3.2 合作型微分博弈模型

前面考虑了非合作博弈，但是在实际污染控制问题中，各地区之间经常通过达成某种合作协议来实现污染治理的最优化，这就是典型的合作型微分博弈。合作博弈是一种因为各个参与者开展合作而产生的博弈。在合作型博弈过程中，各地区应遵循协议规定的原则，相互合作实现优化目标，其共同的目标函数和约束条件如下：

$$\max_{E_{Ci(t)},\, a_{Ci(t)}\ (i=1,2)}\left\{\int_0^{\infty}\mathrm{e}^{-rt}\left[(A-S)E_{C1}(t)+(\alpha A-S)E_{C2}(t)-\frac{E_{C1}^2(t)+E_{C2}^2(t)}{2}+\right.\right.$$
$$S(E_{10}+E_{20})-(1+\beta)DP(t)-\frac{1}{2}Ca_{C1}^2(t)-\frac{1}{2}\eta Ca_{C2}^2(t)+$$
$$\left.\left.b\int_0^t a_{C1}(s)\mathrm{d}s+\mu b\int_0^t a_{C2}(s)\mathrm{d}s\right]\mathrm{d}t\right\},\tag{6.26}$$

$$\text{s.t. } \frac{\mathrm{d}P}{\mathrm{d}t}=E_{C1}(t)-a_{C1}(t)+E_{C2}(t)-a_{C2}(t)-\theta P(t),\ P(0)=P_0,\tag{6.27}$$

其中 $E_{C1}(t)$ 和 $E_{C2}(t)$ 分别表示区域 1 和区域 2 的排放水平，$a_{C1}(t)$ 和 $a_{C2}(t)$ 分别表示区域 1 和区域 2 的减排水平。于是可以从上述最优控制问题中得出当前现值的哈密尔顿函数：

$$H=(A-S)E_{C1}(t)+(\alpha A-S)E_{C2}(t)-\frac{E_{C1}^2(t)+E_{C2}^2(t)}{2}+S(E_{10}+E_{20})-$$
$$(1+\beta)DP(t)-\frac{1}{2}Ca_{C1}^2(t)-\frac{1}{2}\eta Ca_{C2}^2(t)+b\int_0^t a_{C1}(s)\mathrm{d}s+\mu$$
$$b\int_0^t a_{C2}(s)\mathrm{d}s+\lambda(t)(E_{C1}(t)-a_{C1}(t)+E_{C2}(t)-a_{C2}(t)-\theta P(t)),\tag{6.28}$$

其中 $\lambda(t)$ 是关于 $\frac{dP}{dt}$ 的状态方程的动态共轭变量，同非合作型博弈一样，$\lambda(t)$ 叫作影子价格，是一个拉格朗日乘子，表示联合收益函数对污染库存 P 的导数。$\lambda(t)$ 的经济学解释与前面的非合作型博弈中是一致的，即表示额外增加一个单位污染库存对未来利润的影响。哈密尔顿函数 H 表示瞬时均衡条件，求解上面最优控制问题的必要条件为：通过适当选取排放水平 E_{C1}，E_{C2} 和减排水平 a_{C1}，a_{C2}，使得 H 最大化。于是得出如下必要条件：

$$\frac{\partial H}{\partial E_{C1}(t)} = A - S - E_{C1}(t) + \lambda(t) = 0, \tag{6.29}$$

$$\frac{\partial H}{\partial a_{C1}(t)} = -Ca_{C1} + \frac{ba_{C1}\mathrm{d}t}{\mathrm{d}a_{C1}(t)} - \lambda(t) = 0, \tag{6.30}$$

$$\frac{\partial H}{\partial E_{C2}(t)} = \alpha A - S - E_{C2}(t) + \lambda(t) = 0, \tag{6.31}$$

$$\frac{\partial H}{\partial a_{C2}(t)} = -\eta Ca_{C2}(t) + \frac{\mu ba_{C2}\mathrm{d}t}{\mathrm{d}a_{C2}(t)} - \lambda(t) = 0, \tag{6.32}$$

$$\frac{\mathrm{d}\lambda(t)}{\mathrm{d}t} = r\lambda(t) - \frac{\partial H}{\partial P(t)} = (r+\theta)\lambda + (1+\beta)D, \tag{6.33}$$

$$\frac{\mathrm{d}P}{\mathrm{d}t} = E_{C1}(t) - a_{C1}(t) + E_{C2}(t) - a_{C2}(t) - \theta P(t). \tag{6.34}$$

利用式（6.33）和稳定状态条件 $\frac{\mathrm{d}\lambda}{\mathrm{d}t} = 0$，可以得到

$$\lambda(t) = \frac{-(1+\beta)D}{r+\theta}.$$

将 $\lambda(t)$ 代入式（6.29）~ 式（6.31），得

$$E_{C1}^*(t) = A - S - \frac{(1+\beta)D}{r+\theta}, \qquad \frac{\mathrm{d}a_{C1}^*(t)}{\mathrm{d}t} = \frac{ba_{C1}^*(t)}{Ca_{C1}^*(t) - \frac{(1+\beta)D}{r+\theta}},$$

$$E_{C2}^*(t) = \alpha A - S - \frac{(1+\beta)D}{r+\theta}, \qquad \frac{\mathrm{d}a_{C2}^*(t)}{\mathrm{d}t} = \frac{\mu ba_{C2}^*(t)}{\eta Ca_{C2}^*(t) - \frac{(1+\beta)D}{r+\theta}}.$$

相似地，对于合作型跨界污染问题，利用龙格-库塔方法，可以得到两个区域减排水平和污染库存的近似解。

6.4　实证分析

这一节，将利用龙格-库塔方法数值求解长江上游流域跨界污染问题的非合作型与合作型的微分博弈模型。为了简单，仅考虑长江上游流域的重庆市与湖北省，从重庆市和湖北省的排放水平、减排水平、污染库存方面给出实证分析。首先，给出重庆市与湖北省 2012 年至 2021 年的经济数据，如表 6.1 所示。

表 6.1　重庆市与湖北省的生产总值和经济增长率

年份	重庆市		湖北省	
	生产总值/亿元	增长率/%	生产总值/亿元	增长率/%
2012	11 409	13.6	22 250	11.3
2013	12 783	12.3	24 791	10.1
2014	14 262	10.9	27 379	9.7
2015	15 719	11.0	29 550	8.9
2016	17 558	10.7	32 297	8.1
2017	19 500	9.3	36 522	7.8
2018	20 363	6.0	39 366	7.8
2019	23 605	6.3	45 828	7.5
2020	25 002	3.9	43 443	−5.0
2021	27 894	8.3	50 012	12.9
平均值	18 810	9.2	35 144	7.9

表 6.1 中的平均值采用二次平方公式：

$$\text{平均值}=\sqrt{\frac{a_1^2+a_2^2+\cdots+a_n^2}{n}},$$

其中 a_i 表示 GDP 或者增长率。假设 $T=10$，$A=20$，$D=0.1$。重庆市与湖北省的碳排放交易价格为 10 ~ 30 元/吨，因此选取 $S=15$。重庆市与湖北省的总污染库存为 200 ~ 1 000 百万吨，设 $P_0 = 750$。2021 年，重庆市的二氧化碳排放量为 63.77 百万吨，湖北省的二氧化碳排放量为 236.12 百万吨，设系数 $\beta = 236.12/63.77 = 3.702\,7$，由表 6.1 可设 $\alpha = 1.95/1.01 = 1.930\,7$。2021 年，重庆市初始排放定额为 50 百万吨，湖北省的初始排放定额为 60 百万吨，因此设 $E_{10} = 50, E_{20} = 60$。参考其他相关文献，本节的其他参数设置如下：

$$a_0 = 5,\ \ \theta = 0.6,\ C = 2,\ b = 2,\ \mu = 3,\ r = 0.08,\ \eta = 1.5.$$

利用公式

$$E_1^*(t) = A - S - \frac{D}{r+\theta}, E_2^*(t) = \alpha A - S - \frac{\beta D}{r+\theta},$$

$$E_{C1}^*(t) = A - S - \frac{(1+\beta)D}{r+\theta}, E_{C2}^*(t) = \alpha A - S - \frac{(1+\beta)D}{r+\theta},$$

可以得到非合作型与合作型跨界污染问题中重庆市与湖北省的排放水平：

$$E_1^* = 4.852\,9,\ \ E_2^* = 23.069\,5,\ \ E_{C1}^* = 4.308\,4,\ \ E_{C2}^* = 22.922\,4.$$

利用 $\dfrac{\mathrm{d}a_1^*(t)}{\mathrm{d}t}$ 与 $\dfrac{\mathrm{d}a_2^*(t)}{\mathrm{d}t}$，可以得到重庆市与湖北省非合作型微分博弈模型的减排水平，如图 6.1 所示。

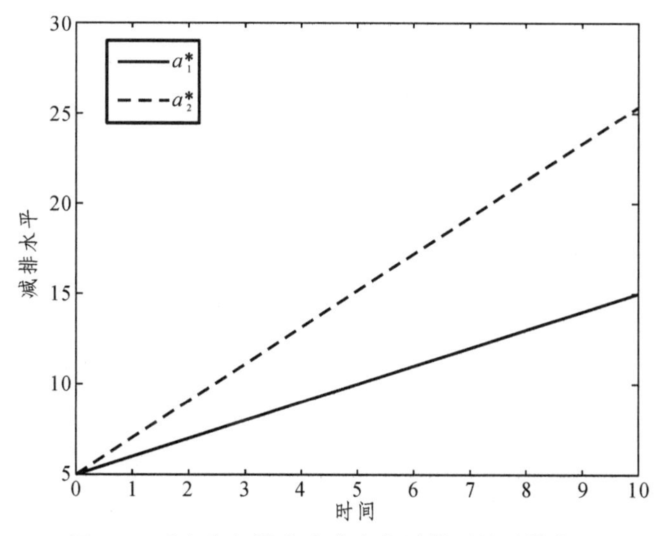

图 6.1　重庆市与湖北省非合作型模型的减排水平

利用$\frac{\mathrm{d}a_{C1}^{*}(t)}{\mathrm{d}t}$与$\frac{\mathrm{d}a_{C2}^{*}(t)}{\mathrm{d}t}$，可以得到重庆市与湖北省合作型微分博弈模型的减排水平，如图 6.2 所示。

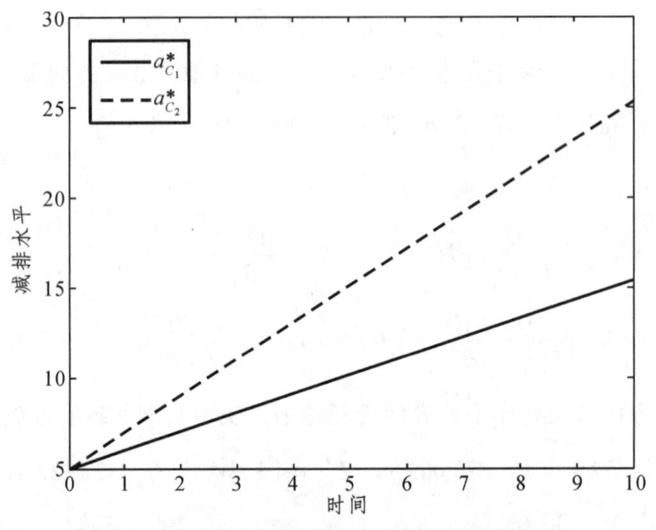

图 6.2　重庆市与湖北省合作型模型的减排水平

非合作型与合作型模型的减排水平比较如图 6.3 所示。

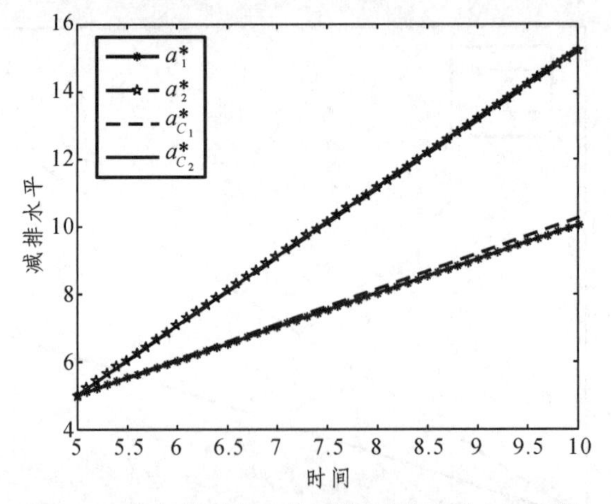

图 6.3　非合作型与合作型模型的减排水平比较

非合作型与合作型模型的污染库存比较如图 6.4 所示。

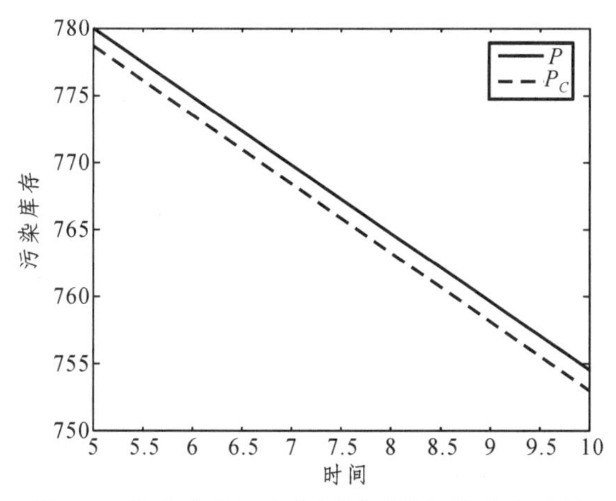

图 6.4 非合作型与合作型模型的污染库存比较

从图 6.1 ~ 图 6.2 可以看出，在非合作型与合作型微分博弈模型中，重庆市与湖北省的减排水平都是随时间的增加而提高的，不同的是，在相同时间段内湖北省的减排水平比重庆市增加得更快。从图 6.3 可知，用非合作型微分博弈模型求出的重庆市与湖北省的减排水平相比用合作型微分博弈模型求出的减排水平相差不大。由图 6.4 可知，用非合作型微分博弈模型求出重庆市与湖北省两省市的污染库存结果要稍高于用合作型跨界污染模型求出的结果。

（1）分析参数 μ 的改变对模型结果的影响，在非合作型模型中分别取 $\mu=3,4,5$，如图 6.5 ~ 图 6.6 所示。

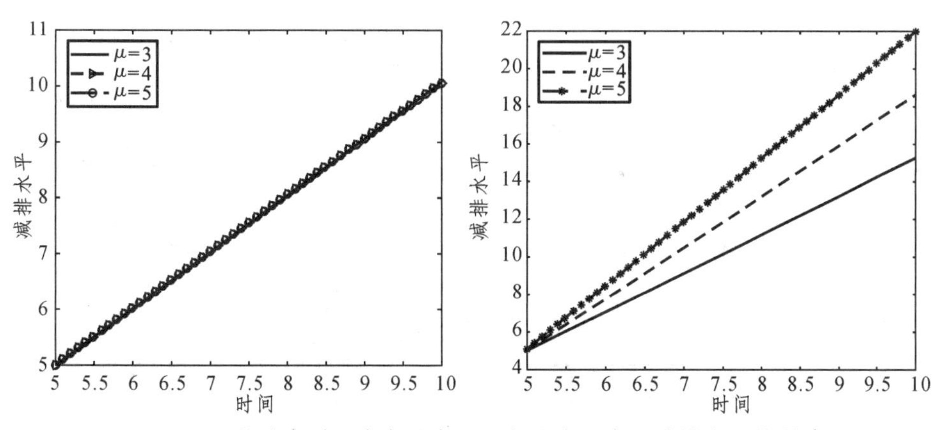

图 6.5 μ 的改变对重庆市（左）和湖北省（右）减排水平的影响

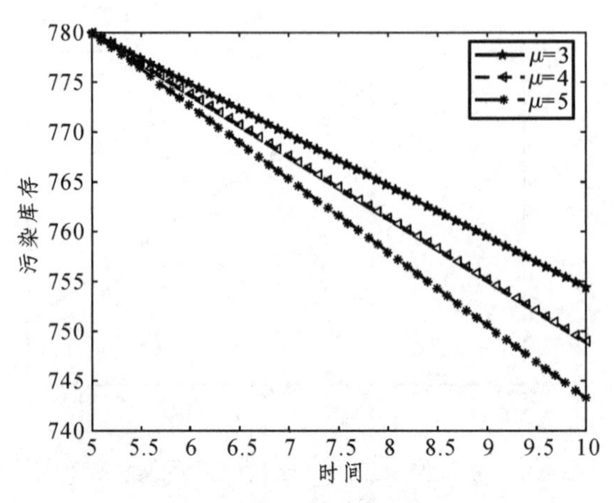

图 6.6 μ 的改变对污染库存的影响

从图 6.5 可知，参数 μ 的改变对重庆市的减排水平基本没有影响，也就是说重庆市的减排水平在非合作型模型中都能按照同样的速度达到最优，但对于湖北省来说，参数 μ 越大，减排水平越高。由图 6.6 可知，参数 μ 越大，污染库存下降越快。根据参数 μ 的定义可知，参数 μ 越大，表示积累经验的能力越强，也就是说在每个时刻，运用污染减排技术越多，污染库存会相应减少。

（2）对于合作型微分博弈模型，分别将参数取为 $\mu=3,4,5$，如图 6.7 ~ 图 6.8 所示。

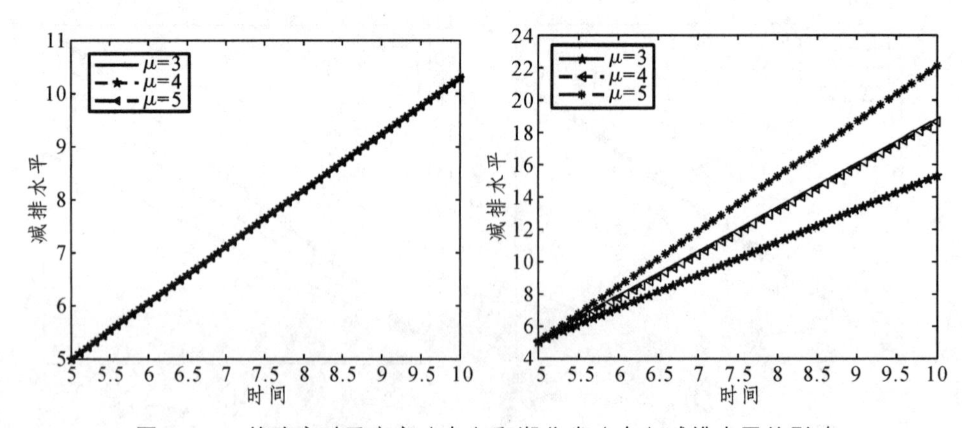

图 6.7 μ 的改变对重庆市（左）和湖北省（右）减排水平的影响

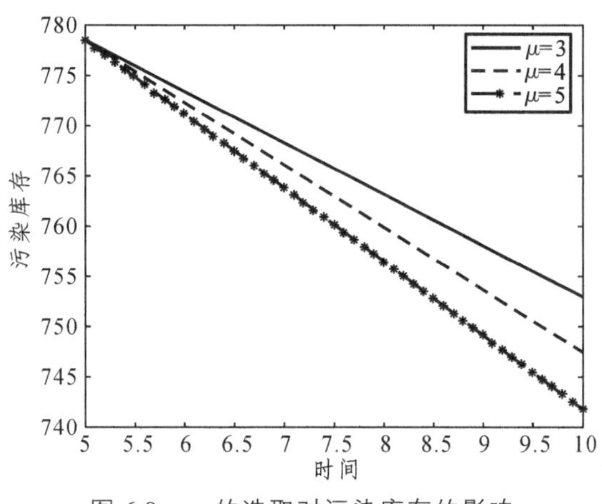

图 6.8　μ 的选取对污染库存的影响

由图 6.7 ~ 图 6.8 可知，参数 μ 对合作型微分博弈模型的影响与非合作型的影响大致相同，即参数 μ 的选取对重庆市的减排水平基本没影响，对于湖北省来说，参数 μ 越大，减排水平越高。类似于非合作型情形，参数 μ 越大，污染库存下降越快。

第7章
长江上游流域水资源管理问题的演化博弈研究

前两章讨论了长江上游流域碳排放跨界污染问题和基于干中学的碳排放跨界污染问题，这一章将考虑流域水资源管理问题的演化博弈模型。

在当今经济快速发展的时代，水资源的需求量不断增加，水资源逐渐成为一种紧缺的稀有资源，水资源缺乏已经成为制约社会经济发展的重要因素。解决水资源的短缺和竞争问题，就需要对水资源进行合理的配置和管理，但是就目前而言，水资源配置和管理还存在局限性，急需解决。水资源管理的局限性主要体现在以下三个方面：① 实际水资源管理与规划目标之间存在较大差距，各种水资源管理实施方案明显不足。② 水资源决策与动态管理的结合度不够，现有的水资源决策一般是基于已知的静态水资源信息，难以实现水资源的动态管理，不能实现水资源的实时动态保护。③ 政府决策过程中难以实现全局性的思考，各级政府一般都有自身的用水需求和管理制度，很难建立流域的整体水资源优化机制。综上所述，流域水资源管理是一个非常复杂的政府决策问题，涉及水资源管理与规划的各个环节，需要各级政府协同合作，共同解决这个难题。

7.1 水资源管理参与主体

水资源管理的参与主体包含水资源生产商和监管部门。水资源生产商是指所有使用水资源从事某种产品生产、制造和某项活动等的生产商。监管部门是所有参与水资源配置中的行政监管部门的统称。在水资源管理过程中，水资源生产商根据自身用水需求量选取不同的取水策略，而监管部门则制定不同的规章制度实现水资源监管。为了分析水资源生产商和水资源监管部门之间的复制动态方程和演化稳定策略，首先引入表 7.1 所示的记号。

表 7.1　取水能力和监管能力的相应策略记号

	取水能力	监管能力
策略	超量取水 E	监管程度高 H
	正常取水 N	监管程度低 L

水权是指在水资源短缺的情况下一定量的水资源的产权，是一种水资源的使用决策权。水资源具有循环利用和单一性的特点，水资源量本质上就是一定的水权客体，在每个周期水权的初始分配中，给出各个水资源生产商的取水量。本章将给定的取水量记为取水阈值 q^{T} 。取水策略定义如下：

超量取水 E：在每一个周期内，定义各方的取水量 $q_j > q^{\mathrm{T}}$ 为超量取水主体，令 q_j^{E} 表示超量取水量。

正常取水 N：在每一个周期内，定义各方的取水量 $q_j \leqslant q^{\mathrm{T}}$ 为正常取水主体，令 q_j^{N} 表示正常取水量。

依据监管理论，流域水资源的行政监管是社会监管的重要组成部分，水资源的行政监管水平也存在明显差异。监管程度定义如下：

监管程度高 H：水资源行政主管部门能够对各个水资源生产商采取的不同取水策略给予有效的奖惩，对正常取水策略 N 的水资源生产商给予一定的奖励，对超量取水策略 E 的水资源生产商给予一定的惩罚。

监管程度低 L：水资源行政主管部门不能够对各个水资源生产商采取的不同取水策略做出及时、有效的反馈。

7.2　无政府监管下水资源管理问题的演化博弈

考虑流域水资源管理问题中有 $m \in M$ 个水资源生产商，该流域最大可用水

资源为Q。定义各个水资源生产商取水量为$q_i, i\in M$，则所有水资源生产商的取水总量为

$$q=\sum_{j\in M}q_j,\quad j\in M.$$

设每单位水的成本为c，每单位水的平均致污率为λ，每单位污水减排成本为c_0，每单位水资源的产出p依赖于流域最大可用水资源量Q和水资源生产商取水总量q。令$\alpha>0$表示每单位水产出的边际负效应，则每单位水资源的产出可以表示为

$$p=p(q)=\alpha(Q-q),\quad q\leqslant Q,$$

这时，水资源生产商i的利润函数定义如下：

$$u_i=\alpha\left(Q-\sum_{j}^{m}q_j\right)q_i-cq_i-\lambda c_0q_i,\quad i=1,2,\cdots,m.$$

7.2.1　无政府监管下水资源管理问题的演化博弈模型

考虑一个大量水资源生产商之间的随机博弈，假设m个水资源生产商组成A、B两方，A方的水资源生产商采取超量取水策略E，比例为σ，反之，B方的水资源生产商采用正常取水策略N，比例为$1-\sigma$，则可以得到如下支付函数：

$$\begin{aligned}
u_1^{\mathrm{EE}}&=\alpha[Q-(q_1^{\mathrm{E}}+q_2^{\mathrm{E}})]q_1^{\mathrm{E}}-(c+\lambda c_0)q_1^{\mathrm{E}},\\
u_2^{\mathrm{EE}}&=\alpha[Q-(q_1^{\mathrm{E}}+q_2^{\mathrm{E}})]q_2^{\mathrm{E}}-(c+\lambda c_0)q_2^{\mathrm{E}},\\
u_1^{\mathrm{EN}}&=\alpha[Q-(q_1^{\mathrm{E}}+q_2^{\mathrm{N}})]q_1^{\mathrm{E}}-(c+\lambda c_0)q_1^{\mathrm{E}},\\
u_2^{\mathrm{EN}}&=\alpha[Q-(q_1^{\mathrm{E}}+q_2^{\mathrm{N}})]q_2^{\mathrm{N}}-(c+\lambda c_0)q_2^{\mathrm{N}},\\
u_1^{\mathrm{NE}}&=\alpha[Q-(q_1^{\mathrm{N}}+q_2^{\mathrm{E}})]q_1^{\mathrm{N}}-(c+\lambda c_0)q_1^{\mathrm{N}},\\
u_2^{\mathrm{NE}}&=\alpha[Q-(q_1^{\mathrm{N}}+q_2^{\mathrm{E}})]q_2^{\mathrm{E}}-(c+\lambda c_0)q_2^{\mathrm{E}},\\
u_1^{\mathrm{NN}}&=\alpha[Q-(q_1^{\mathrm{N}}+q_2^{\mathrm{N}})]q_1^{\mathrm{N}}-(c+\lambda c_0)q_1^{\mathrm{N}},\\
u_2^{\mathrm{NN}}&=\alpha[Q-(q_1^{\mathrm{N}}+q_2^{\mathrm{N}})]q_2^{\mathrm{N}}-(c+\lambda c_0)q_2^{\mathrm{N}}.
\end{aligned}$$

这时，两方水资源生产商的演化博弈模型的支付矩阵表示如表7.2所示。

表 7.2　水资源生产商之间的演化博弈支付矩阵

			B 方	
			σ	$1-\sigma$
			策略 E	策略 N
A 方	σ	策略 E	$(u_1^{\mathrm{EE}},u_2^{\mathrm{EE}})$	$(u_1^{\mathrm{EN}},u_2^{\mathrm{EN}})$
	$1-\sigma$	策略 N	$(u_1^{\mathrm{NE}},u_2^{\mathrm{NE}})$	$(u_1^{\mathrm{NN}},u_2^{\mathrm{NN}})$

根据对称性原则，存在 $q_1^{\mathrm{E}}=q_2^{\mathrm{E}}$, $q_1^{\mathrm{N}}=q_2^{\mathrm{N}}$ ，可知

$$u_1^{\mathrm{EE}}=u_2^{\mathrm{EE}},\ u_1^{\mathrm{NN}}=u_2^{\mathrm{NN}},\ u_1^{\mathrm{EN}}=u_2^{\mathrm{NE}},\ u_1^{\mathrm{NE}}=u_2^{\mathrm{EN}}.$$

于是，采取超量取水策略 E、正常取水策略 N 的两方博弈的预期收益和群体平均收益分别为 u_1, u_2 和 $\bar{u}$ ，可以表示为

$$u_1=\sigma u_1^{\mathrm{EE}}+(1-\sigma)u_1^{\mathrm{EN}}, \tag{7.1}$$

$$u_2=\sigma u_1^{\mathrm{EN}}+(1-\sigma)u_1^{\mathrm{NN}}, \tag{7.2}$$

$$\bar{u}=\sigma u_1+(1-\sigma)u_2. \tag{7.3}$$

根据演化博弈理论，如果所采用的策略获得的收益明显高于群体的平均收益，该策略就会在群体中越来越多。复制动态方程是一个随时间变化的动态微分方程，它可以描述群体中选择某个策略的频率。结合式（7.1）和式（7.3)，可知

$$\begin{aligned}\frac{\mathrm{d}\sigma}{\mathrm{d}t}&=\sigma(u_1-\bar{u})=\sigma(1-\sigma)(u_1-u_2)\\&=\sigma(1-\sigma)\{[(\alpha Q-c-\lambda c_0)-(q_1^{\mathrm{E}}+2q_1^{\mathrm{N}})](q_1^{\mathrm{E}}-q_1^{\mathrm{N}})-\sigma\alpha(q_1^{\mathrm{E}}-q_1^{\mathrm{N}})^2\}.\end{aligned} \tag{7.4}$$

根据一阶最优性条件，不难发现，式（7.4）有 3 个可能的稳定点。因此，其可能的稳定状态为

$$\sigma_1^*=0,$$

$$\sigma_2^*=1,$$

$$\sigma_3^*=\frac{(\alpha Q-c-\lambda c_0)-\alpha(q_1^{\mathrm{E}}+2q_1^{\mathrm{N}})}{\alpha(q_1^{\mathrm{E}}-q_1^{\mathrm{N}})},$$

其中 σ_3^* 成立当且仅当 $\dfrac{(\alpha Q-c-\lambda c_0)-\alpha(q_1^{\mathrm{E}}+2q_1^{\mathrm{N}})}{\alpha(q_1^{\mathrm{E}}-q_1^{\mathrm{N}})}\in(0,1)$。

令 $F(\sigma)=\dfrac{\mathrm{d}\sigma}{\mathrm{d}t}$，则 $F(\sigma)$ 的一阶导数为

$$F'(\sigma)=(1-2\sigma)[(\alpha Q-c-\lambda c_0)-\alpha(q_1^{\mathrm{E}}+2q_1^{\mathrm{N}})](q_1^{\mathrm{E}}-q_1^{\mathrm{N}})-\alpha\sigma(2-3\sigma)(q_1^{\mathrm{E}}-q_1^{\mathrm{N}})^2. \quad (7.5)$$

因为 $q_1^{\mathrm{E}}>q_1^{\mathrm{N}}$，且 $0<\sigma_3^*<1$，可知

$$(\alpha Q-c-\lambda c_0)-\alpha(q_1^{\mathrm{E}}+2q_1^{\mathrm{N}})\geqslant 0,\ (\alpha Q-c-\lambda c_0)-\alpha(2q_1^{\mathrm{E}}+q_1^{\mathrm{N}})\leqslant 0,$$

使得

$$\alpha(q_1^{\mathrm{E}}+2q_1^{\mathrm{N}})\leqslant \alpha Q-c-\lambda c_0\leqslant \alpha(2q_1^{\mathrm{E}}+q_1^{\mathrm{N}}).$$

根据演化稳定策略的性质和微分方程的稳定性理论，如果 $F'(\sigma^*)<0$，这时 σ^* 是演化博弈策略的稳定点，将 σ_1^*, σ_2^*, σ_3^* 依次代入式（7.5），可得

$$F'(\sigma_1^*)=[(\alpha Q-c-\lambda c_0)-\alpha(q_1^{\mathrm{E}}+2q_1^{\mathrm{N}})](q_1^{\mathrm{E}}-q_1^{\mathrm{N}})>0,$$
$$F'(\sigma_2^*)=-[(\alpha Q-c-\lambda c_0)-\alpha(2q_1^{\mathrm{E}}+q_1^{\mathrm{N}})](q_1^{\mathrm{E}}-q_1^{\mathrm{N}})\geqslant 0,$$
$$F'(\sigma_3^*)=\frac{1}{\alpha}[(\alpha Q-c-\lambda c_0)-\alpha(q_1^{\mathrm{E}}+2q_1^{\mathrm{N}})][(\alpha Q-c-\lambda c_0)-\alpha(2q_1^{\mathrm{E}}+q_1^{\mathrm{N}})]<0.$$

可以看出，σ_3^* 是演化博弈策略的稳定点。

7.2.2 无政府监管下水资源管理的演化因素分析

图 7.1 是复制动态方程（7.4）的相位图，与水平轴相交且相交处切线斜率为负的点是演化博弈策略的稳定点。

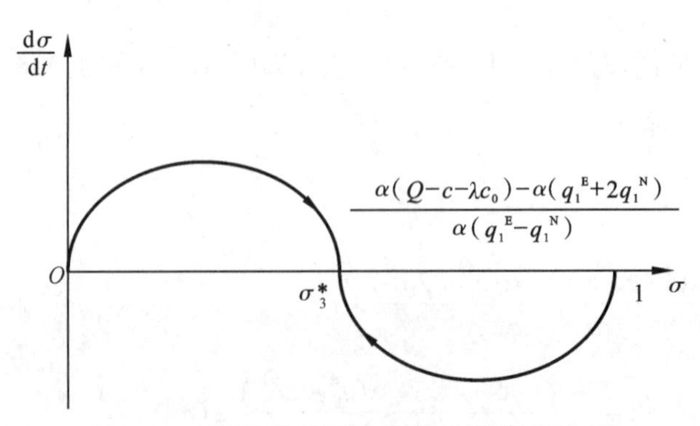

图 7.1 水资源生产商之间演化博弈相位图

由图 7.1 可知，期望选取超量取水策略 E 的水资源生产商比例 σ^* 相对比较小，由 σ_3^* 可知，σ_3^* 随着 Q 减小而减小，随着 c, λ, c_0 增大而减小。结果表明，最大可利用水资源总量越小，采取超量取水策略 E 的水资源生产商比例越小；单位水资源成本越大、单位平均致污率越大和单位污水减排成本越大，采取超量取水策略 E 的水资源生产商比例越小。

7.3　政府监管下水资源管理问题的演化博弈

这一节考虑政府参与监管的水资源管理问题。如果水资源生产商采取超量取水策略 E，水资源监管部门将对超过取水阈值 q^{T} 的单位取水量收取罚款 c_p，作为水资源监管部门的收益；如果水资源生产商采取正常取水策略 N，水资源监管部门将对低于取水阈值 q^{T} 的单位取水量发放奖励 c_r，奖励由水资源监管部门提供。

假定水资源监管部门采取高监管策略 H 的监管成本为 c_h，采取低监管策略 L 的监管成本 c_l。如果水资源监管部门采取高监管策略 H，无论水资源生产商采取超量取水策略 E 或者正常取水策略 N，水资源监管部门将会得到上级监管政府给予的超过或者低于阈值 q^{T} 的单位取水量奖励 r；如果水资源监管部门采取低监管策略 L，上级政府将对监管部门征收不积极监管的固定惩罚费用 c_f。如果水资源生产商采取超量取水策略 E，水资源监管部门将对其征收超过阈值 q^{T} 的单位取水量罚金 c_a。

7.3.1　政府监管下的水资源管理问题的演化博弈模型

假定采取超量取水策略 E 的水资源生产商的比例为 x，则采取正常取水策略 N 的水资源生产商的比例为 $1-x$。假定采取高监管策略 H 的水资源监管部门的比例为 y，则采取低监管策略 L 的水资源监管部门的比例为 $1-y$，可得

$$v_1^{\mathrm{EH}} = \alpha(Q-q_1^{\mathrm{E}})q_1^{\mathrm{E}} - (c+\lambda c_0)q_1^{\mathrm{E}} - c_p(q_1^{\mathrm{E}} - q^{\mathrm{T}}),$$
$$v_2^{\mathrm{EH}} = (r+c_p)(q_1^{\mathrm{E}} - q^{\mathrm{T}}) - c_h,$$
$$v_1^{\mathrm{EL}} = \alpha(Q-q_1^{\mathrm{E}})q_1^{\mathrm{E}} - (c+\lambda c_0)q_1^{\mathrm{E}},$$

$$v_2^{\mathrm{EL}}=-c_f-c_l-c_a(q_1^{\mathrm{E}}-q^{\mathrm{T}}),$$
$$v_1^{\mathrm{NH}}=\alpha(Q-q_1^{\mathrm{N}})q_1^{\mathrm{N}}-(c+\lambda c_0)q_1^{\mathrm{N}}+c_r(q^{\mathrm{T}}-q_1^{\mathrm{N}}),$$
$$v_2^{\mathrm{NH}}=(r-c_r)(q^{\mathrm{T}}-q_1^{\mathrm{N}})-c_h,$$
$$v_1^{\mathrm{NL}}=\alpha(Q-q_1^{\mathrm{N}})q_1^{\mathrm{N}}-(c+\lambda c_0)q_1^{\mathrm{N}},$$
$$v_2^{\mathrm{NL}}=-c_f-c_l.$$

这时，水资源生产商与监管部门间演化博弈的支付矩阵表示如表 7.3 所示。

表 7.3　水资源生产商与监管部门间演化博弈的支付矩阵

			水资源监管部门	
			y	$1-y$
			策略 H	策略 L
水资源生产商	x	策略 E	$(v_1^{\mathrm{EH}},v_2^{\mathrm{EH}})$	$(v_1^{\mathrm{EL}},v_2^{\mathrm{EL}})$
	$1-x$	策略 N	$(v_1^{\mathrm{NH}},v_2^{\mathrm{NH}})$	$(v_1^{\mathrm{NL}},v_2^{\mathrm{NL}})$

由表 7.2 可知，水资源生产商与监管部门的博弈矩阵 $\boldsymbol{A}$，$\boldsymbol{B}$ 分别为

$$\boldsymbol{A}=\begin{pmatrix}\alpha(Q-q_1^{\mathrm{E}})q_1^{\mathrm{E}}-(c+\lambda c_0)q_1^{\mathrm{E}}-c_p(q_1^{\mathrm{E}}-q^{\mathrm{T}}) & \alpha(Q-q_1^{\mathrm{E}})q_1^{\mathrm{E}}-(c+\lambda c_0)q_1^{\mathrm{E}}\\ \alpha(Q-q_1^{\mathrm{N}})q_1^{\mathrm{N}}-(c+\lambda c_0)q_1^{\mathrm{N}}+c_r(q^{\mathrm{T}}-q_1^{\mathrm{N}}) & \alpha(Q-q_1^{\mathrm{N}})q_1^{\mathrm{N}}-(c+\lambda c_0)q_1^{\mathrm{N}}\end{pmatrix},$$
$$\boldsymbol{B}=\begin{pmatrix}(r+c_p)(q_1^{\mathrm{E}}-q^{\mathrm{T}})-c_h & (r-c_r)(q^{\mathrm{T}}-q_1^{\mathrm{N}})-c_h\\ -c_f-c_l-c_a(q_1^{\mathrm{E}}-q^{\mathrm{T}}) & -c_f-c_l\end{pmatrix}. \tag{7.6}$$

水资源生产商与监管部门拥有单一策略 $x_1=\mathrm{E}$, $y_1=\mathrm{H}$, $x_2=\mathrm{N}$, $y_2=\mathrm{L}$ 和混合策略 $X=(x,\ 1-x)$, $Y=(y,\ 1-y)$.

对水资源生产商而言，有

$$E(x_1,Y)=(1,0)\boldsymbol{A}\begin{pmatrix}y\\1-y\end{pmatrix} \tag{7.7}$$

和

$$E(X,Y)=(x,1-x)\boldsymbol{A}\begin{pmatrix}y\\1-y\end{pmatrix}. \tag{7.8}$$

因此

$$E(x_1,Y)-E(X,Y)=x(1-x)\{(\alpha Q-c-\lambda c_0)(q_1^{\mathrm{E}}-q_1^{\mathrm{N}})-\alpha(q_1^{\mathrm{E}}+q_1^{\mathrm{N}})(q_1^{\mathrm{E}}-q_1^{\mathrm{N}})- y[c_p(q_1^{\mathrm{E}}-q^{\mathrm{T}})+c_r(q^{\mathrm{T}}-q_1^{\mathrm{N}})]\}. \tag{7.9}$$

对水资源监管部门而言，有

$$E(y_1,X)=(0,1)\boldsymbol{B}\begin{pmatrix}x\\1-x\end{pmatrix} \tag{7.10}$$

和

$$E(Y,X)=(y,1-y)\boldsymbol{B}\begin{pmatrix}x\\1-x\end{pmatrix}. \tag{7.11}$$

因此

$$E(y_1,x)-E(Y,X)=y(1-y)\{(r-c_r)(q^{\mathrm{T}}-q_1^{\mathrm{N}})-c_h+c_f+c_l- x[(r-c_r)(q^{\mathrm{T}}-q_1^{\mathrm{N}})-(r+c_p+c_a)(q_1^{\mathrm{E}}-q^{\mathrm{T}})]\}. \tag{7.12}$$

演化博弈理论将演化过程视作一个动态系统，将式（7.9）和式（7.12）联立，可以得到一个微分方程组

$$\begin{cases}\dfrac{\mathrm{d}x}{\mathrm{d}t}=x(1-x)\{(\alpha Q-c-\lambda c_0)(q_1^{\mathrm{E}}-q_1^{\mathrm{N}})-\alpha(q_1^{\mathrm{E}}+q_1^{\mathrm{N}})(q_1^{\mathrm{E}}-q_1^{\mathrm{N}})-\\ \qquad y[c_p(q_1^{\mathrm{E}}-q^{\mathrm{T}})+c_r(q^{\mathrm{T}}-q_1^{\mathrm{N}})]\},\\ \dfrac{\mathrm{d}y}{\mathrm{d}t}=y(1-y)\{(r-c_r)(q^{\mathrm{T}}-q_1^{\mathrm{N}})-c_h+c_f+c_l-\\ \qquad x[(r-c_r)(q^{\mathrm{T}}-q_1^{\mathrm{N}})-(r+c_p+c_a)(q_1^{\mathrm{E}}-q^{\mathrm{T}})]\}.\end{cases} \tag{7.13}$$

基于一阶条件，得到 5 个均衡点：

$E_1(0,0)$, $E_2(0,1)$, $E_3(1,1)$, $E_4(1,0)$,

$$E_5\left(\frac{(\alpha Q-c-\lambda c_0)(q_1^{\mathrm{E}}-q_1^{\mathrm{N}})-\alpha(q_1^{\mathrm{E}}+q_1^{\mathrm{N}})(q_1^{\mathrm{E}}-q_1^{\mathrm{N}})}{c_p(q_1^{\mathrm{E}}-q^{\mathrm{T}})+c_r(q^{\mathrm{T}}-q_1^{\mathrm{N}})},\frac{(r-c_r)(q^{\mathrm{T}}-q_1^{\mathrm{N}})-c_h+c_f+c_l}{(r-c_r)(q^{\mathrm{T}}-q_1^{\mathrm{N}})-(r+c_p+c_a)(q_1^{\mathrm{E}}-q^{\mathrm{T}})}\right).$$

从 Friedman 的研究结果可以知道，微分方程组的雅可比矩阵能够用来判断局部均衡点的稳定性。令

$$F_1(x)=\frac{\mathrm{d}x}{\mathrm{d}t},\quad F_2(y)=\frac{\mathrm{d}y}{\mathrm{d}t},$$

可以得到微分方程组（7.13）的雅可比矩阵 $\boldsymbol{J}$、雅可比矩阵行列式 $\det(\boldsymbol{J})$ 和雅可比矩阵的迹 $\operatorname{tr}(\boldsymbol{J})$，具体结果如下：

$$\boldsymbol{J}=\begin{pmatrix}\dfrac{\partial F_1}{\partial x} & \dfrac{\partial F_1}{\partial y}\\ \dfrac{\partial F_2}{\partial x} & \dfrac{\partial F_2}{\partial y}\end{pmatrix},$$

$$\det(\boldsymbol{J})=\begin{vmatrix}\dfrac{\partial F_1}{\partial x} & \dfrac{\partial F_1}{\partial y}\\ \dfrac{\partial F_2}{\partial x} & \dfrac{\partial F_2}{\partial y}\end{vmatrix},$$

$$\operatorname{tr}(\boldsymbol{J})=\frac{\partial F_1}{\partial x}+\frac{\partial F_2}{\partial y},$$

其中

$$\begin{aligned}\frac{\partial F_1}{\partial x}=&(1-2x)\{(\alpha Q-c-\lambda c_0)(q_1^{\mathrm{E}}-q_1^{\mathrm{N}})-\alpha(q_1^{\mathrm{E}}+q_1^{\mathrm{N}})(q_1^{\mathrm{E}}-q_1^{\mathrm{N}})-\\&y[c_p(q_1^{\mathrm{E}}-q^{\mathrm{T}})+c_r(q^{\mathrm{T}}-q_1^{\mathrm{N}})]\},\end{aligned}$$

$$\frac{\partial F_1}{\partial y}=-x(1-x)[c_p(q_1^{\mathrm{E}}-q^{\mathrm{T}})+c_r(q^{\mathrm{T}}-q_1^{\mathrm{N}})],$$

$$\frac{\partial F_2}{\partial x}=-y[(r-c_r)(q^{\mathrm{T}}-q_1^{\mathrm{N}})-(r+c_p+c_a)(q_1^{\mathrm{E}}-q^{\mathrm{T}})],$$

$$\begin{aligned}\frac{\partial F_2}{\partial y}=&(1-2y)\{(r-c_r)(q^{\mathrm{T}}-q_1^{\mathrm{N}})-c_h+c_f+c_l-\\&x[(r-c_r)(q^{\mathrm{T}}-q_1^{\mathrm{N}})-(r+c_p+c_a)(q_1^{\mathrm{E}}-q^{\mathrm{T}})]\}.\end{aligned}$$

这时可以得到各均衡点的局部稳定性，如表 7.4 所示。

表 7.4　各均衡点的局部稳定性

均衡点	det(***J***)	tr(***J***)	稳定性
$E_1(0,0)$	+	+	不稳定
$E_2(0,1)$	+	−	演化稳定
$E_3(1,1)$	+	+	不稳定
$E_4(1,0)$	+	−	演化稳定
$E_5(x^*,y^*)$	−	0	鞍点

由表 7.3 可知，微分方程组有两个局部平衡点是演化稳定策略，还有两个不稳定平衡点和一个鞍点。水资源生产商与监管部门的演化稳定策略模拟如图 7.2 所示。可以看出，水资源生产商采取超量取水策略 E 的比例逐渐降低，水资源监管部门采取高监管策略 H 的比例将逐渐升高，最终稳定在 $E_2(0,1)$，这说明策略 (N, H) 是期望的演化稳定策略。

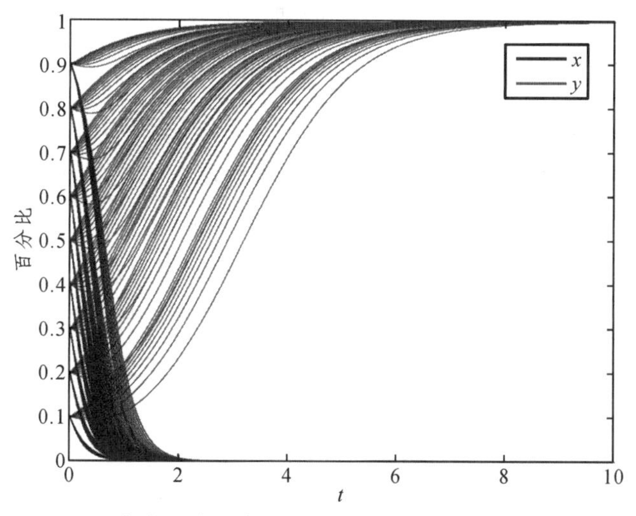

图 7.2　水资源生产商与监管部门的演化稳定策略模拟

7.3.2　政府监管下的水资源管理问题的演化因素分析

首先，给出微分方程组（7.13）的复制动态相位图，如图 7.3 所示。E_2 和 E_4 是演化稳定点，E_5 是鞍点，E_1 和 E_3 是不稳定点，折线 $E_1E_5E_3$ 表示收敛到微分方程组（7.13）不同状态的临界线。根据鞍点的性质，当初始状态在折线 $E_1E_5E_3$ 左上角区域时，微分方程组将收敛到 $E_2(0,1)$ 点，这时，水资源生产商和监管部门将采取 (N, H) 策略。类似地，当初始状态在折线 $E_1E_5E_3$ 右下角区域时，微分方程组将收敛到 $E_4(1,0)$ 点，水资源生产商和监管部门将采取 (E, L) 策略。

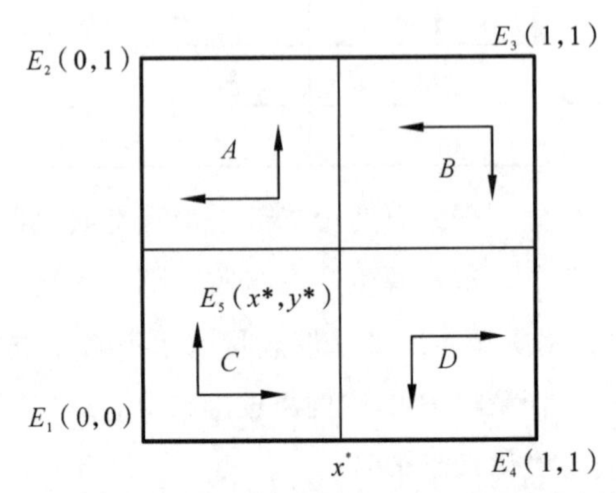

图 7.3 水资源生产商与监管部门的复制动态相位图

如果 $x^* = y^*$，折线 $E_1E_5E_3$ 左上角区域与右下角区域的面积相等，表明微分方程组收敛到两种演化稳定策略的机会是一样的。显而易见，水资源生产商采取正常取水策略和水资源监管部门采取监管程度高策略 $E_2(0,1)$ 才是微分方程组演化的理想策略，表明水资源生产商的取水量在不突破阈值 q^{T} 的前提下，可能选择正常取水策略；水资源监管部门将尽其最大努力进行监督，实现水资源的合理利用。假设折线 $E_1E_5E_3$ 左上角区域为区域 A，则区域 A 的面积为

$$
\begin{aligned}
S_A &= x^*(1-y^*) \\
&= \frac{(\alpha Q - c - \lambda c_0)(q_1^{\mathrm{E}} - q_1^{\mathrm{N}}) - \alpha(q_1^{\mathrm{E}} + q_1^{\mathrm{N}})(q_1^{\mathrm{E}} - q_1^{\mathrm{N}})}{c_p(q_1^{\mathrm{E}} - q^{\mathrm{T}}) + c_r(q^{\mathrm{T}} - q_1^{\mathrm{N}})} \times \\
&\quad \left[1 - \frac{(r - c_r)(q^{\mathrm{T}} - q_1^{\mathrm{N}}) - c_h + c_f + c_l}{(r - c_r)(q^{\mathrm{T}} - q_1^{\mathrm{N}}) - (r + c_p + c_a)(q_1^{\mathrm{E}} - q^{\mathrm{T}})}\right] \\
&= \frac{[(\alpha Q - c - \lambda c_0)(q^{\mathrm{T}} - q_1^{\mathrm{N}}) - \alpha(q_1^{\mathrm{E}} + q_1^{\mathrm{N}})(q^{\mathrm{T}} - q_1^{\mathrm{N}})] \times}{[c_p(q_1^{\mathrm{E}} - q^{\mathrm{T}}) + c_r(q^{\mathrm{T}} - q_1^{\mathrm{N}})] \times} \rightarrow \\
&\leftarrow \frac{[(r + c_p + c_a)(q_1^{\mathrm{E}} - q^{\mathrm{T}}) - c_h + c_f + c_l]}{[(r - c_r)(q^{\mathrm{T}} - q_1^{\mathrm{N}}) - (r + c_p + c_a)(q_1^{\mathrm{E}} - q^{\mathrm{T}})]}.
\end{aligned}
$$

参数设置如表 7.5 所示，参数对策略选择的影响分析如图 7.4 ~ 图 7.9 所示。

表 7.5　参数设置

α	水价格（元/米^3）										水量（千立方米）			
	c	λ	c_0	c_p	c_r	c_a	c_h	c_l	c_f	r	Q	q^{T}	q_1^{E}	q_1^{N}
1	2	1	0.4	1	1	1	1	0	5	3	20	10	10.1	9

单位水资源产出的边际负效应 α 和单位水资源平均致污率 λ 对区域 A 面积 S_A 的影响，如图 7.4 所示。明显可以看出，单位水资源产出的边际负效应 α 和区域 A 的面积 S_A 呈正相关，单位水资源平均致污率 λ 和区域 A 的面积 S_A 呈负相关。如果单位水资源产出的边际负效应持续增加，微分方程组将收敛到期望的演化稳定策略 $E_2(0,1)$，但是如果水质受到严重污染，微分方程组将很难收敛到期望的演化稳定策略 $E_2(0,1)$。从图 7.5 可以看出，不管单位水成本 c 和单位污水减排成本 c_0 是否增加，都很难收敛到期望的演化稳定策略 $E_2(0,1)$。

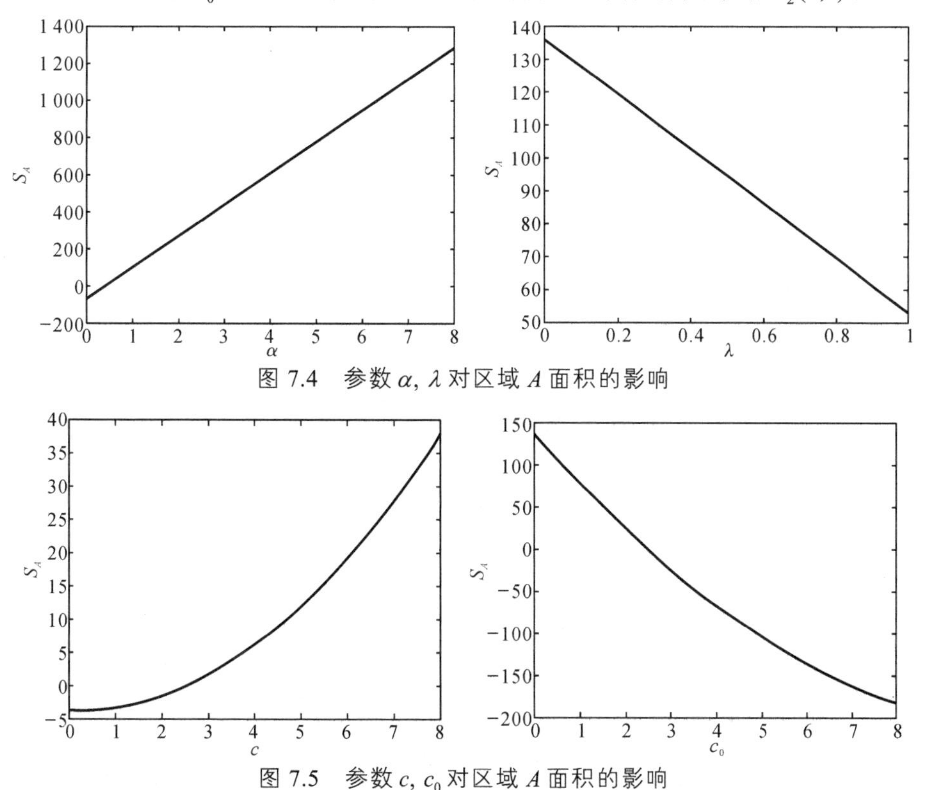

图 7.4　参数 α, λ 对区域 A 面积的影响

图 7.5　参数 c, c_0 对区域 A 面积的影响

从图 7.6 可以看出，S_A 是 c_p 的递减函数，也是 c_a 的递减函数，但是 c_p 和 c_a 在短时间内下降最快，最后趋于固定值零。因此，只要保证 c_p 和 c_a 的值在小范围内增加，收敛到期望的演化稳定策略 $E_2(0,1)$ 的概率就会显著增加。从图 7.7 可以看出，S_A 是关于 c_r 的增函数，也是 r 的一个增函数，因此，为了增大 S_A，有必要在小范围内增加 c_r 和 r 的值，这将大大增加最终收敛到演化稳定策略 $E_2(0,1)$ 的概率。不难发现，c_p 和 c_a 的变化在 [2,4] 之间，c_r 的变化在 [0,1] 之间，r 的变化在 [0,2] 之间，同时 c_p 和 c_a 比 c_r 和 r 的影响更大一些，也就是说，加大惩罚力度比增加奖励将更快地收敛到期望的演化稳定策略 $E_2(0,1)$。

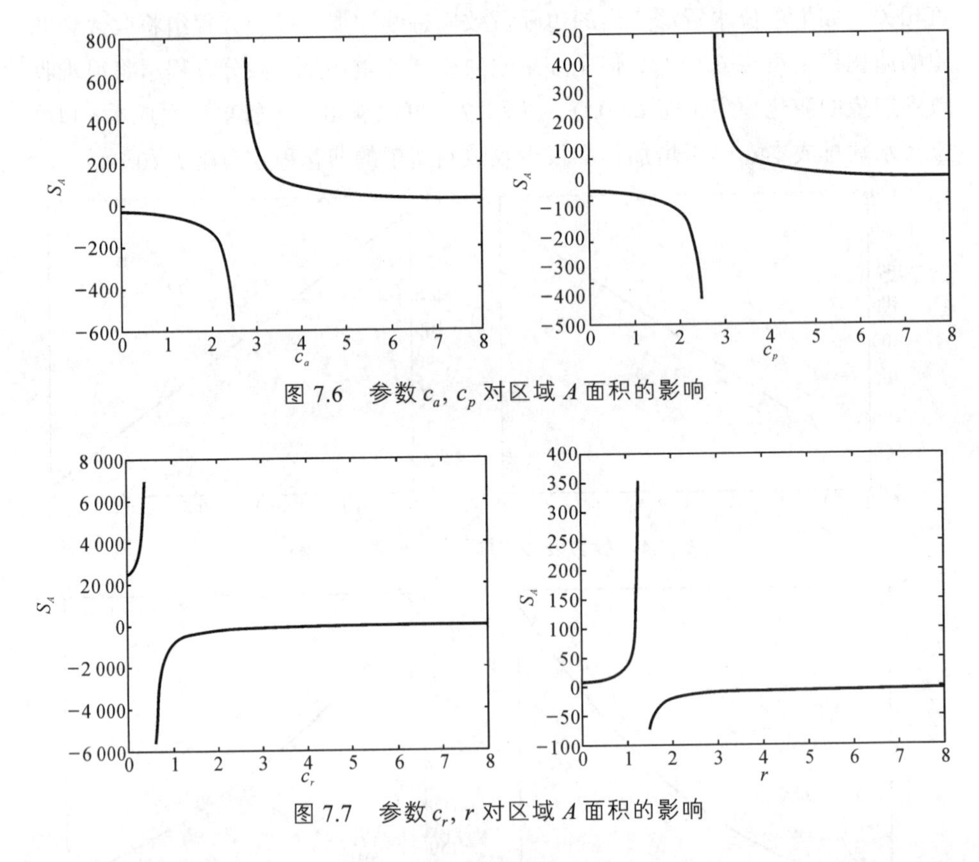

图 7.6 参数 c_a, c_p 对区域 A 面积的影响

图 7.7 参数 c_r, r 对区域 A 面积的影响

由图 7.8 可以看出，S_A 是 c_h 的线性递减函数，是 c_l 的线性递增函数，这表明，高监管的成本 c_h 增加将降低收敛到演化稳定策略 $E_2(0,1)$ 的概率；低监管的

成本增加将提高收敛到演化稳定策略 $E_2(0,1)$ 的概率。从图 7.9 可以看出，增加惩罚 c_f 的数量将提高收敛到期望的演化稳定策略 $E_2(0,1)$ 的概率。

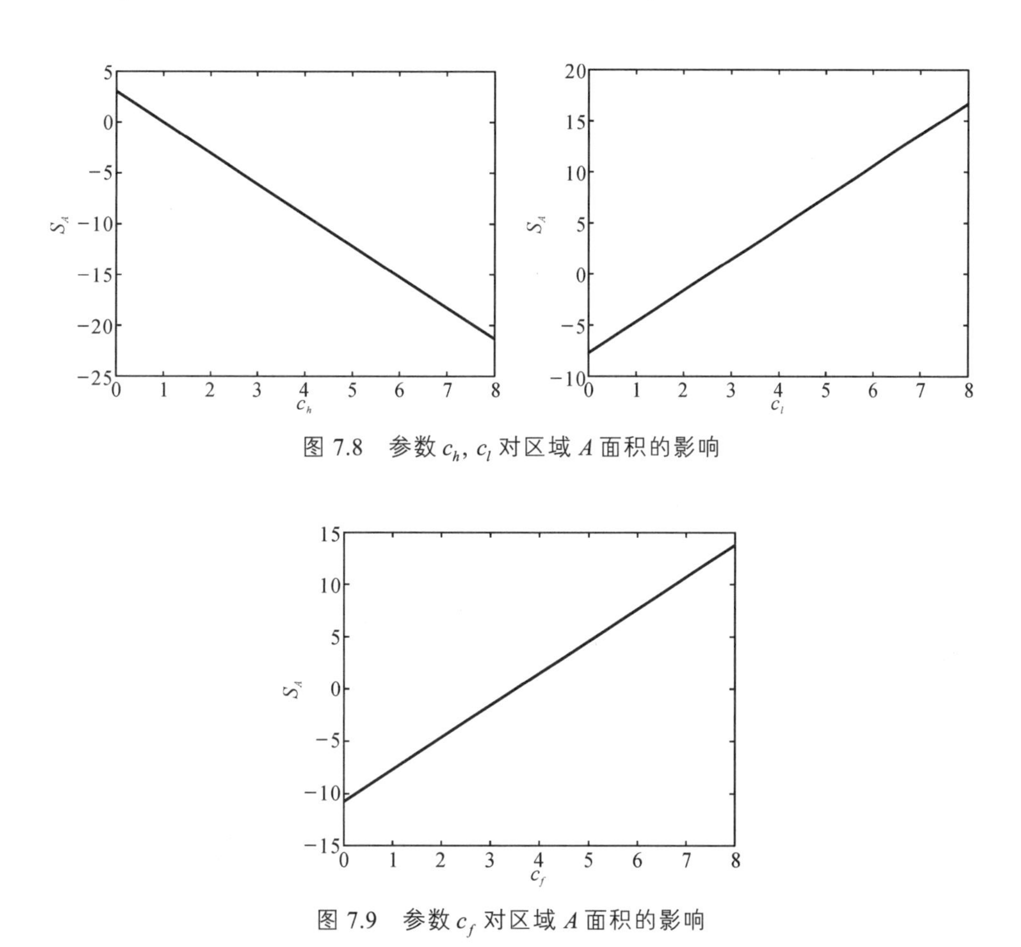

图 7.8　参数 c_h, c_l 对区域 A 面积的影响

图 7.9　参数 c_f 对区域 A 面积的影响

本章运用演化博弈理论对流域水资源管理问题进行了研究，结果表明：

（1）在水资源生产商的演化博弈过程中，只有一种演化稳定策略 σ_3^*，单位水资源成本 c 、单位水资源平均污染率 λ 和单位减排成本 c_0 越大，采取超量取水策略的水资源生产商的比例将越小。

（2）在水资源生产商和水资源监管部门的演化博弈过程中，有两个演化稳定策略 (N,H) 和 (E, L)，策略 (N, H) 是期望的演化稳定策略，水资源生产商采取正常取水量 N 策略和水资源监管部门采取高监管策略 H 时，最终将达到期望的演化稳定点。

（3）采取取水策略或监管水平主体的初始概率大小将直接影响系统的最终稳态。

（4）当采取正常取水策略的群体变小时，采用超量取水策略的群体将更接近临界值 q^{T}，且选择过量取水策略的水资源生产商越多，各参与主体的收益将会越低，会导致水资源管理出现严重问题，因此应该鼓励水资源生产商采取正常取水策略，提高各方的预期收益。

（5）水资源监管部门应该实施严格的监管，采取奖惩并举的激励机制，有效抑制水资源生产商采取过量取水策略的势头，提高群体效益。

（6）由于单位水资源产出是取水总量的线性递减函数，该模型主要适用于分析流域水资源管理的演变过程和趋势，从而有针对性地化解水资源管理矛盾，实现多方合作共赢。

水资源管理是一个异常复杂的动态博弈问题，必须全面考虑各方面的因素，制定公平、高效、灵活、合理的水资源分配和使用方案，确保水资源开发利用的可持续性，为社会经济的高速发展发挥重要作用。

第 8 章
长江上游流域跨界水污染治理的成本分摊研究

第 7 章研究了长江上游流域水资源管理问题的演化博弈模型，这一章讨论长江上游流域跨界水污染治理的成本分摊问题。

在许多实际问题中，人们经常需要协同合作来降低成本，这时会出现如何合理分配联合费用的问题。合理分配联盟后的治污成本和收益，一直是专家学者研究的热点。本章致力于解决长江上游流域跨界流域水污染治理的成本分摊问题。我们首先介绍了夏普利值法和班扎夫指数法等成本分摊相关方法，然后基于多重线性扩展方法研究了成本分摊，利用这些方法在长江上游流域的部分区域进行了实证分析，发现上述方法均满足核心标准，研究结果为流域环境成本分配政策的制定提供了有效的手段，有助于解决跨地区水污染成本分摊问题。

本章的研究重点是流域水污染的成本分摊问题，之前的研究关注流域成本分摊方面相对较少。本章试图选择适当的成本分摊方法来优化水污染治理过程中出现的成本分配不合理问题，研究目的包括：① 将合作博弈论、半值理论和多重线性扩展方法应用于流域水污染治理的成本分摊中，在不同污染区域获得了相关的最优分配方法，并进行方法的比较，合理优化每个区域的成本分摊问题。② 将该方法应用于长江上游流域，实证分析最优分配策略和不同分配方法对结果的影响，研究结果为制定流域环境成本分摊政策和解决跨界水污染成本冲突提供了思路和方法。

8.1　成本分摊方法

8.1.1　夏普利值法

夏普利值法是一种传统的成本分摊方法，是由美国的洛夏普利教授首先提出来的。夏普利值法是微分博弈理论中的重要分配方法，是基于各参与者在联盟中的重要性来实施分摊的分配方法。它没有采用平均分配的方式，而是使用参与者的边际收益或者边际成本的加权和，分配方式相对来说更加公平和科学。夏普利值法的求解公式为

$$\varphi_i(v)=\sum_{S\in S}W(|S|)[v(S)-v(S\setminus\{i\})], \tag{8.1}$$

$$W(|S|)=\frac{[(|S|-1)!(n-|S|)!]}{n!}, \tag{8.2}$$

其中 $\varphi_i(v)$ 表示成员 i 的分摊比例，S_i 表示区域 i 的随机联盟，$W(|S|)$ 表示权重系数，$|S|$ 表示联盟中的成员数，$v(S)$ 表示联盟 S 的成本，$v(S\setminus\{i\})$ 表示在联盟 S 中排除成员 i 后的成本或者收益。

8.1.2　班扎夫指数法

班扎夫指数法的思想是希望使联盟费用分配问题有一个更加公平的解决方案。班扎夫指数法的核心是班扎夫指数，它是用来衡量参与者的预期边际贡献，是对联盟过后的总成本或者总收益进行平均，而不是对各联盟参与者的所有收益进行平均。

定义 1　给定一个特征函数 $G=(N,v)$，其中 $|N|=n$，成员 $i\in N$ 的班扎夫指数表示为 $\beta_i(G)$，且有

$$\beta_i(G)=\frac{1}{2^{n-1}}\sum_{S\subseteq N\setminus\{i\}}[v(S\{i\})-v(S)]. \tag{8.3}$$

8.2　基于多重线性扩展方法的成本分摊

8.2.1　参照系统

本节考虑将二项式半值理论应用于流域的成本分摊问题之中，由于在半值

和加权向量之间存在一对一的映射，所以我们首先考虑一个参照系统。参照系统在几何意义上就是加权向量所定义的半值，通过半值进行分配的计算，减少整个计算的工作量。n 个不同的二项式半值构成了具有 n 个参与者的参考系统，便于获得它们的分配方案。

定义 2　半值系统 $G_N\{\phi_j\}_{j=1}^n$ 具有各自的权重系数 $(p_{j,s})_{s=1}^n$，$1 \leqslant j \leqslant n$，如果点簇 $\{p_j(p_{j,s})_{j=1}^n\}$ 满足方程 $\sum_{s=1}^{n}\binom{n-1}{s-1}p_s = 1$ 时，则形成 $\mathbf{R}^n$ 中 $\mathrm{Sem}(G_N)$ 的超平面参照系统。

定义 3　$\forall n>1$，给定一个实数 $\alpha_j \in [0,1]$，其中 $\alpha_j \neq \alpha_k (j \neq k)$，则二项式半值簇 $\{\phi_{\alpha_j}\}_{\mathrm{j=1}}^{\mathrm{n}}$ 构成 $\mathrm{Sem}(G_N)$ 的参照系统。

根据定义 3，如果在 $\mathrm{Sem}(G_N)$ 中固定一个二项式半值 $\{\phi_{\alpha_j}\}_{j=1}^n$ 的参考系统，对于在 G_N 上定义的每个半值 ϕ，都存在唯一的实数族 $\lambda_j (1 \leqslant j \leqslant n)$，满足：

$$\phi = \sum_{j=1}^{n} \lambda_j \phi_{\alpha_j}, \quad \sum_{j=1}^{n} \lambda_j = 1, \tag{8.4}$$

参考系统 $\{\phi_{\alpha_j}\}_{j=1}^n$ 中的半值 ϕ 的分量表示为

$$\Lambda^t = (\lambda_1 \lambda_2 \cdots \lambda_n). \tag{8.5}$$

8.2.2　多重线性扩展方法

设 $v \in G_N$ 的多重线性扩展是由函数 f_v：$[0,1]^n \mapsto \mathbf{R}$ 定义的，其中

$$f_v(x_1, x_2, \cdots, x_n) = \sum_{S \subseteq N} \prod_{i \in S} x_i \prod_{j \in N \setminus S} (1 - x_j) v(S). \tag{8.6}$$

夏普利值的分配方案可以从多重线性扩展中计算得到：

$$Sh_i[v] = \int_0^1 \frac{\partial f_v}{\partial f_{x_i}}(t, t, \cdots, t)\mathrm{d}t, \quad \forall i \in N, \forall v \in G_N. \tag{8.7}$$

根据班扎夫指数，有

$$\beta_i[v] = \frac{\partial f_v}{\partial f_{x_i}}(1/2, 1/2, \cdots, 1/2), \quad \forall i \in N, \forall v \in G_N. \tag{8.8}$$

将前面的结果推广到所有半值，得到下面的定理 1。

定理 1　设 $f_v = f_v(x_1, x_2, \cdots, x_n)$，$v \in G_N$，二项式半值 ϕ_α 分配给博弈参与者 $v \in G_N$，有 $\phi_\alpha[v] = \nabla f_v(\alpha), \forall \alpha \in [0,1]$。如果 $\boldsymbol{B} = (b_{ij})$ 是半值 $\{\phi_{\alpha_j}\}_{j=1}^n$ 的参考系统中的矩阵，其中 $b_{ij} = (\phi_{\alpha_j})_i[v] = \dfrac{\partial f_v}{\partial x_i}(\alpha_j)$，$1 \leqslant i, j \leqslant n$，每个半值 ϕ 分配给博弈参与者 $v \in G_N$ 的收益向量为

$$\boldsymbol{\phi}[v] = \boldsymbol{B}\Lambda, \tag{8.9}$$

这里 Λ 是参考系统中 $\boldsymbol{\phi}$ 分量的矩阵。一旦选择了一个半值的参照系统，每个参与博弈的参与者的收益也就确定下来了。

8.3　实证分析

这一节以长江上游流域的三峡库区污染数据为基础，研究重庆市长寿区、涪陵区和万州区的水污染治理的成本分配问题。研究过程分为三步：首先分析三峡库区流域水污染的现状；其次计算重庆市长寿区、涪陵区和万州区的水污染控制成本；最后按区域分摊费用，对前面给出的成本分摊方法进行实证分析。

8.3.1　流域水污染的现状分析

三峡库区水污染的核心指标是化学需氧量和氨氮量。三峡库区当地的排放量仅占总排放量的 25%左右，其他 75%是由上游地区和受影响地区引起的。长江上游流域中，乌江和嘉陵江流入量占总流入量的 90%左右，是整个流域的最主要污染源。本节以化学需氧量为指标，分析重庆市长寿区、涪陵区和万州区的水污染治理成本分摊，假设这 3 个地区组成一个大联盟，仅研究形成一个大联盟的成本分摊问题。我们用数字 1 表示万州区，数字 2 表示长寿区，数字 3 表示涪陵区，形成的区域联盟如图 8.1 所示。

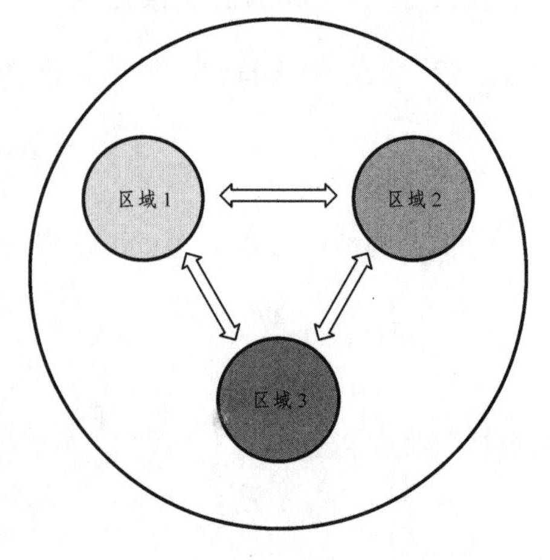

图 8.1　三区域系统中的联盟形成

表 8.1 描述了从 2011 年到 2020 年万州区、涪陵区和长寿区的 COD 排放量。其中万州区的 COD 排放开始时下降，后面逐年增加，长寿区的 COD 排放量是这 3 个地区中最少的，涪陵区排放比较稳定，但是排放量最多。图 8.2 为 2011—2022 年万州区、长寿区和涪陵区的 COD 排放变化趋势图。

表 8.1　万州区、涪陵区和长寿区的化学需氧量统计　　单位：万吨

地区	2011	2012	2013	2014	2015	2016	2017	2018	2019	2020
万州区	0.59	0.41	0.41	0.43	0.44	0.44	0.45	0.46	0.47	0.48
长寿区	0.28	0.26	0.27	0.30	0.32	0.33	0.34	0.37	0.40	0.43
涪陵区	0.52	0.56	0.50	0.53	0.52	0.53	0.55	0.53	0.51	0.50

注：数据来源于重庆市统计局和三峡库区水环境综合数据库系统。

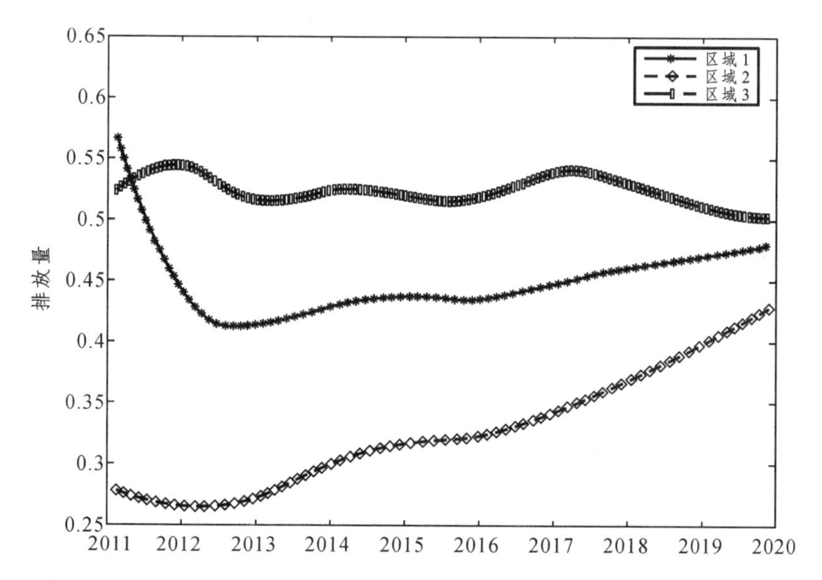

图 8.2　2011—2020 年万州区、长寿区和涪陵区的 COD 排放变化趋势

根据相关管理规定，排污费主要取决于排放污染物的种类和数量。参考实际情况，假设污染者征收的税率为每污染量 0.7 元。从表 8.1 看出，我们获得了 2020 年这 3 个地区的水污染控制成本 $v(\{i\})$（单位：万元）：

$$v(\{1\}) = 3\,360,\quad v(\{2\}) = 3\,010,\quad v(\{3\}) = 3\,500\,. \tag{8.10}$$

8.3.2 考虑在 3 个地区形成联盟后的水污染控制成本

由于区域资源的整合与协作，区域水污染防治的效果大大提高，经过合作后的成本比以前更低。为了描述联盟成本的真实性，下面构造一个修正系数 K_{ij}。

区域 1 与区域 2 合作时，假设 $K_{1,2}=0.921$ 来描述它们合作的效率，则有

$$K_{1,3}=0.932,\ K_{2,3}=0.901,\ K_{1,2,3}=0.852, \tag{8.11}$$

这里 K 值可根据区域实际情况确定。如果区域 1 和区域 2 的合作效率较高，那么它们相应的治理成本较低，则 K 值较小。因此，每个地区的联盟成本为

$$v(\{1,2\})=5\,866.7,\quad v(\{1,3\})=6\,393.5,$$

$$v(\{2,3\})=5\,865.5,\quad v(\{1,2,3\})=8\,409.2.$$

接下来，使用多种线性展开方法来分析不同区域的成本分配，有

$$f_v(x_1,x_2,x_3)=x_1+x_2+x_3+x_1x_2+x_1x_3+x_2x_3-2x_1x_2x_3, \tag{8.12}$$

其中

$$\nabla f_v(\alpha)=(1+3\alpha-2\alpha^2,1+2\alpha-2\alpha^2,1+\alpha-2\alpha^2). \tag{8.13}$$

如果选择 $\alpha=0$，$\alpha=1/3$，$\alpha=2/3$ 的二项式半值作为参考系统，那么博弈 v 中 3 个地区的所有半值的矩阵为

$$\boldsymbol{B}=\begin{bmatrix}1 & 16/9 & 19/9\\ 1 & 13/9 & 13/9\\ 1 & 10/9 & 7/9\end{bmatrix}. \tag{8.14}$$

对于所选择的参考系统，夏普利值有

$$\mathrm{Sh}=\frac{1}{6}\varphi_0+\frac{2}{3}\varphi_{1/3}+\frac{1}{6}\varphi_{2/3}, \tag{8.15}$$

其中 $\Lambda^t=(1/6\ \ 2/3\ \ 1/6)$，根据夏普利值法分配给参与者 v 的值为

$$\mathrm{Sh}_v=\boldsymbol{B}\Lambda=\begin{pmatrix}46/27\\ 37/27\\ 28/27\end{pmatrix}. \tag{8.16}$$

可以得到联盟的总收益（R 表示联盟的收益）：

$$R = v(\{1\}) + v(\{2\}) + v(\{3\}) - v(\{1, 2, 3\}) = 1\,460.8. \tag{8.17}$$

考虑二项式半值 $\phi_{2/3}$，其加权系数呈几何形式，因此当联盟规模增加一个单位时，它们就会减少一半。根据定义，$k = 1/2$，这时 $\alpha = k/(1+k) = 1/3$。在这种情况下，博弈参与者 v 的分配对应于矩阵 $\boldsymbol{B}$ 的第二列。由于 $\phi_{2/3}$ 是有效的，所以总效用的分配比例为 16:13:10，根据这个比例，我们得到

$$R_1 \approx 599.3, \quad R_2 \approx 486.9, \quad R_3 \approx 374.6. \tag{8.18}$$

于是得到 3 个区域联盟的水污染控制成本 $(v(\{i\})^{\mathrm{M}}, v(\{i\})^{\mathrm{S}}, v(\{i\})^{\mathrm{B}})$，这里的 3 个分量分别是多重线性扩展方法、夏普利值法和班扎夫指数法的结果。

则有

$$v(\{1\})^{\mathrm{M}} = 2\,760.7,\ v(\{2\})^{\mathrm{M}} = 2\,523.1,\ v(\{3\})^{\mathrm{M}} = 3\,125.4. \tag{8.19}$$

8.3.3　对成本分摊方法的实证分析

首先，讨论多重线性扩展方法的情况，$v(\{1\})^{\mathrm{M}} + v(\{2\})^{\mathrm{M}} + v(\{3\})^{\mathrm{M}} = 8\,409.2$ 等于大联盟形成 $v(\{1,2,3\}) = 8\,409.2$ 时的成本，表明集体理性条件是满足的。万州区独立污染控制的成本为 $v(\{1\}) = 3\,360$，类似地，$v(\{2\}) = 3\,010$，$v(\{3\}) = 3\,500$，所有这些都明显大于联盟后的治理成本，满足个人理性条件。综上所述，水污染控制成本结果的重新分配符合二项式半值特征函数所要求的三个条件，因此它是有效的，然而这个结果并不是最优的。

然后，讨论夏普利值法和班扎夫指数法的情况。根据夏普利值法得出各区域联盟的成本分配情况，如表 8.2 ~ 表 8.3 所示。

表 8.2　重庆市万州区成本分摊费用

S	{1}	{1, 2}	{1, 3}	{1, 2, 3}
$v(S)$	3 360.0	5 866.0	6 393.5	8 409.2
$v(S\setminus\{1\})$	0.0	3 010.0	3 500.0	5 865.5
$v(S)-v(S\setminus\{1\})$	3 360.0	2 865.0	2 893.5	2 543.7
$\lvert S\rvert$	1	2	2	3
$W\lvert S\rvert$	1/3	1/6	1/6	1/3
$W\lvert S\rvert[v(S)-v(S\setminus\{1\})]$	1 120.0	476.0	482.3	847.9

表 8.3 重庆市长寿区成本分摊费用

S	{1}	{1, 2}	{1, 3}	{1, 2, 3}
$v(S)$	3 010.0	5 866.7	5 865.5	8 409.2
$v(S\setminus\{1\})$	0.0	3 360.0	3 500.0	6 393.5
$v(S)-v(S\setminus\{1\})$	3 010.0	2 506.7	2 365.5	2 015.7
$\|S\|$	1	2	2	3
$W\|S\|$	1/3	1/6	1/6	1/3
$W\|S\|[v(S)-v(S\setminus\{1\})]$	1 003.3	417.8	394.3	671.9

作类似分析，可以得到涪陵区的结果：

$$v(\{1\})^B = 2\,913.3,\quad v(\{2\})^B = 2\,474.5,\quad v(\{3\})^B = 2\,982.9.$$

各成本分摊方法比较如表 8.4、图 8.3 所示。

表 8.4 不同分摊方法的结果比较

方法	初始值	MLE 方法	夏普利值	班扎夫指数
区域 1	3 360.0	2 760.7	2 926.2	2 913.3
区域 2	3 010.0	2 523.1	2 487.3	2 474.5
区域 3	3 500.0	3 125.4	2 995.7	2 982.9

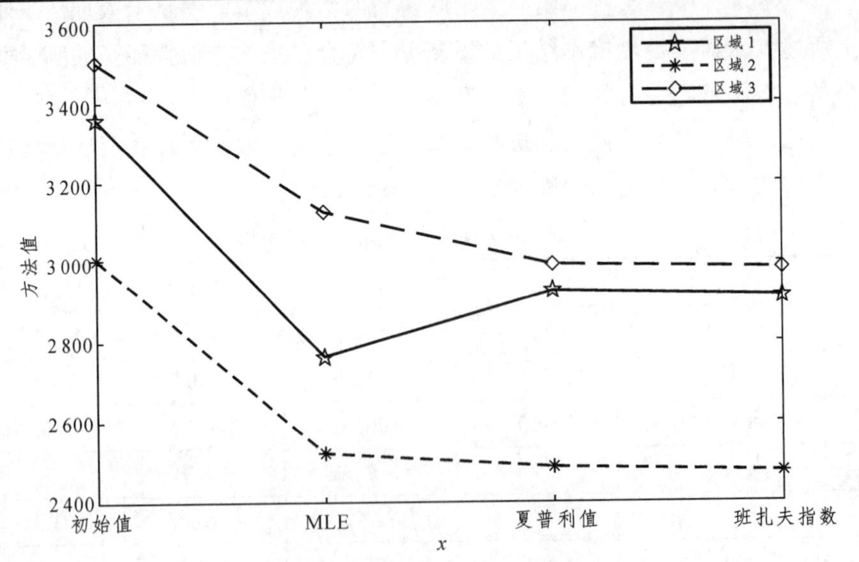

图 8.3 各成本分摊方法比较

结合表 8.4 和图 8.3，发现多重线性扩展方法、夏普利值法和班扎夫指数法都得到了较为相似的结果。其中长寿区的污染控制成本最低，因为它有相对较轻的污染；对于涪陵区来说，它的污染是最严重的，所以它花费的成本最多。对于流域水污染控制的成本分配，夏普利值法和班扎夫指数法的结果基本相同，差异不大，但是多重线性扩展方法波动较大，不太稳定。下面我们分析其内在原因。对于多重线性扩展方法，万州区的变化率最明显，根据前面的分析，由于万州区与其他两区的合作效率相对较高，节省了大量的污染控制成本，所以它的收益最高；涪陵区的污染较为严重，合作效率较低，因此污染控制成本最高，效益最低。这一特征只体现在多重线性扩展方法中，因此多重线性扩展方法相对客观，与其他方法相比具有一定的优势。

本节以合作博弈理论和半值理论为基础，考察了 2020 年长江上游流域内部的重庆市万州区、长寿区和涪陵区水污染控制的实际成本分担情况，为了研究每个区域的收益，我们分别使用了多重线性扩展方法、夏普利值法和班扎夫指数法，结果表明：万州区因其合作效率相对较高，收益最高；多重线性扩展方法在处理某些固定成本分配方面有一定的优势，更符合客观现实。在我们的日常生活中，成本分摊问题无处不在，本节开展的分摊方案的合理性研究，不仅适用于流域成本分摊问题，也适用于其他类型的成本分摊问题，对相似的现实问题的解决有重要的理论和实践意义。

第 9 章 长江上游流域水污染治理区域联盟的微分博弈研究

前两章研究了长江上游流域水资源管理问题的演化博弈模型和流域跨界水污染治理的成本分摊问题，这一章重点研究长江上游流域水污染治理区域联盟的微分博弈模型。

9.1 微分博弈基础

微分博弈经常被称为微分对策，是一种典型的无限博弈，由于它的无限性，有助于确定微分博弈的纳什均衡解的存在性。和静态博弈相比，微分博弈的决策随着时间的改变而发生变化，是一种动态博弈。常见的动态博弈一般是指离散型动态博弈，它的决策次数一般超过一次，是两阶段、三阶段乃至 n 阶段的动态博弈。如果对离散型动态博弈各阶段的长度无限缩小，策略次数无限扩大，这时候就演化成微分博弈。

微分博弈的定义：若离散型动态博弈的每个决策时间段的时差趋近于零，则该博弈就成为一个连续时间决策的动态博弈。在连续时间上决策的无限动态博弈称为微分博弈，记为 $\Gamma(x_0,T-t_0)$，其中 x_0 表示博弈的初始状态，t_0 为博弈的开始时间，T 为结束时间。

9.1.1 微分博弈函数

在一个 n 人参与的微分博弈 $\Gamma(x_0,T-t_0)$ 中，设参与者 i，$i\in\{1,2,3,\cdots,n\}$ 在 t

时刻选择的策略是 $u_i(t)$，那么它在整个博弈期 $[t_0,T]$ 内的总支付函数为

$$\max_{u_1}\int_{t_0}^{T} g_i(t,x(t),u_1(t),u_2(t),\cdots,u_n(t))\mathrm{d}t+Q(x(t)), \tag{9.1}$$

其中 $g_i(t,x(t),u_1,u_2,\cdots,u_n)$ 表示 t 时刻参与者 i 的支付结果，该支付结果与其他参与者在此时刻的策略行为 $(u_1,u_2,\cdots,u_{i-1},u_{i+1},\cdots,u_n)$ 有关，同时还与状态变量 $x(t)$ 有关，博弈期结束时，参与者 i 的最终收益与当时的状态变量 $x(T)$ 有关，为 $Q_i(x(T))$。

状态变量 $x(t)$ 满足下列状态方程：

$$\dot{x}(t)=f_i(t,x(t),u_1(t),u_2(t),\cdots,u_n(t)),\quad x(t_0)=x_0, \tag{9.2}$$

其中函数 $g_i(t,x(t),u_1,u_2,\cdots,u_n)$ 和 $f_i(t,x(t),u_1(t),u_2(t),\cdots,u_n(t))$ 都是可微的。可以看出，微分博弈是一种典型的带有微分约束的最优控制问题。

9.1.2　微分博弈基本要素的经济学解释

微分博弈的大部分元素和静态博弈是一样的，如参与者、策略、支付等，但是也有一些新的元素，如状态变量 $x(t)$ 和控制变量 $u_i(t)$。

在微分博弈中，状态变量 $x(t)$ 是其他博弈中没有的，这个变量展示了微分博弈中时间的连续性。状态变量是一种特殊的变量，具有可加性的特点，并随着参与者的决策改变而变化。将微分博弈加入到一般的经济活动的背景中，状态变量可以指企业的现金流通量、生产规模、商品库存量、技术水平等，具体含义是根据博弈的内容来确定的。

控制变量 $u_i(t)$ 在微分博弈中是指参与者的策略，该策略是一种动态决策路径，并随着时间的改变而变化。在这个动态决策路径上的每一个位置，参与者都可以选择无数种策略。控制变量与某些特定的经济活动密切关联，它可以表示企业的技术投资量、生产产量、广告费用、资源开采的速率、政府设定的税率等，它和状态变量一样，其策略的选择也是根据博弈的内容来确定的。

在当前很多现实的经济活动中，比如技术研发、资源开采、证券投资等，从活动开始到活动结束的过程中间都会有一些收益，如副产品收益、红利、股

息等，到整个过程结束之后，会产生一定的额外回报，这样在博弈期结束时，参与者得到的额外收益，称为终端收益 $Q_i(x(T))$。

在微分博弈过程中，参与者的行动顺序不会影响博弈结果，因此大家一般更关注博弈过程中时间的连续性和参与者策略的无限性，由于这两个特点，微分博弈模型被应用于众多经济管理领域内的动态问题的研究。

9.1.3 微分博弈的均衡

微分博弈和一般博弈一样，也包括非合作微分博弈和合作微分博弈两种类型。下面将定义非合作微分博弈下的均衡状态，即微分博弈下的纳什均衡。

微分博弈的纳什均衡：假设非合作微分博弈中有 n 个参与者，令 $u_{-i}^* = \{u_1^*, u_2^*, \cdots, u_{i-1}^*, u_i, u_{i+1}^*, \cdots, u_n^*\}$ 是不包含参与者 i 的所有其他参与者的最优策略集合。如果对于所有的 u_i，均有

$$\int_{t_0}^{T} g_i(t, x(t), u_i^*(t), u_{-i}^*(t))\mathrm{d}t + Q_i(x(T)) \geqslant \int_{t_0}^{T} g_i(t, x^{[i]}(t), u_i^*(t), u_{-i}^*(t))\mathrm{d}t + Q_i(x^{[i]}(T)), \tag{9.3}$$

则称策略集合 $(u_1^*, u_2^*, \cdots, u_n^*)$ 是非合作微分博弈的纳什均衡解。在时间段 $[t_0, T]$ 内，$x(t), x^{[i]}(t)$ 分别表示参与人 i 选择最优策略和不选择最优策略情况下的状态，且满足下列状态方程组：

$$\dot{x}(t) = f(t, x(t), u_i^*(t), u_{-i}^*(t)), \quad x(t_0) = x_0,$$
$$\dot{x}^{[i]}(t) = f(t, x^{[i]}(t), u_i(t), u_{-i}^*(t)), \quad x^{[i]}(t_0) = x_0.$$

如果微分博弈达到纳什均衡，这时任何参与者都不能通过单独调整最优策略来提高自身的收益。如果参与者 i 选择的不是最优策略 $u_i^*(t)$，而是一般策略 $u_i(t)$，那么这时的状态是 $x^{[i]}(t)$，而不是 $x(t)$，根据不等式（9.3）可知，参与者选择策略 $u_i(t)$ 所获得的收益要低于选择最优策略 $u_i^*(t)$ 时所获得的收益，所以最终理性的参与者都不会独自选择与纳什均衡不一样的策略。

9.1.4 微分博弈的基本技术

求解微分博弈的方法一般包括动态规划和最优控制理论。

下面通过一个单决策的动态最优化问题来考察求解过程：

$$\max_{u} = \left\{ \int_{t_0}^{T} \mathrm{e}^{-rt} \cdot g(t, x(t), u(t)) \mathrm{d}t + Q(x(t)) \right\}, \tag{9.4}$$

其中 $u(t)$ 为参与者的决策变量，$g(t,x(t),u(t))$ 为 t 时刻的收益，r 为关于时间的折扣因子，状态变量 $x(t)$ 服从如下动态变化趋势：

$$\dot{x}(t) = f(t, x(t), u(t)), \quad x(t_0) = x_0.$$

利用动态规划技术求解微分博弈模型一般是通过构造哈密尔顿-雅克比-贝尔曼方程来实现的。哈密尔顿-雅克比-贝尔曼方程简称贝尔曼方程，也被称为动态规划方程，是由贝尔曼首次使用的。它是动态规划等最优化方法能够达到最优状态的必要条件，基于最优化原理和嵌入原理建立函数方程组，最终获得最优控制问题的解。贝尔曼方程最早主要应用于控制论和数学领域中的优化问题中，现在已经成为经济学、管理学领域重要的研究工具。很多经济学和管理学问题都可以利用贝尔曼方程来求解，如投资问题、存储问题、生产数量的规划问题、资源的合理分配问题等，这些问题都含有随着时间或空间变化而变化的因素，属于动态的最优化问题。

下面运用贝尔曼动态最优化原理求解最优化问题（9.4）。假设存在一个连续可微函数 $V(t,x)$ 满足以下方程：

$$-V_t'(t,x) = \max_{u} \{\mathrm{e}^{-rt} \cdot g(t, x(t), u(t)) + V_x'(t,x) \cdot f(t, x(t), u(t))\}, \tag{9.5}$$

边界条件为

$$V(T,x) = Q(x),$$

则最优化问题（9.4）的一个最优解是

$$u^*(t) = \phi(t,x),$$

其中

$$\phi(t,x) = \arg\max_{u} \{\mathrm{e}^{-rt} \cdot g(t, x(t), u(t)) + V_x'(t,x) \cdot f(t, x(t), u(t))\}.$$

方程（9.5）就是哈密尔顿-雅克比-贝尔曼方程。这里连续可微函数$V(t,x)$表示时间段$[t,T]$内决策者的收益累积的现值，$t\in[t_0,T]$，则$V(t,x)$的表达式为

$$V(t,x)=\int_t^T \mathrm{e}^{-r\tau} g(\tau,x(\tau),u(\tau))\mathrm{d}\tau .$$

上述结论的证明详见著作《最优化原理与方法》[①]。

运用这种方法求解最优化问题的思路如下：

第一步：先根据$g(t,x(t),u(t))$和$Q(t)$的形式简单分析出$V(t,x)$的形式。在微分博弈中，$V(t,x)$一般都是x的 1 次或者 1/2 次函数的形式，例如$V(t,x)=\mathrm{e}^{-rt}(A(t)x+B(t))$，$V(t,x)=\mathrm{e}^{-rt}(A(t)x^{\frac{1}{2}}+B(t))$或者类似的其他形式。

第二步：由$\max\limits_u\{\mathrm{e}^{-rt}\cdot g(t,x(t),u(t))+V_x'(t,x)\cdot f(t,x(t),u(t))\}$，根据一阶条件得出$u^*(t)=\phi(t,x)$，此时的$\phi(t,x)$函数中一定包含$V_x'(t,x)$，再根据第一步假设的结构，确定$\phi(t,x)$的具体形式。

第三步：将$\phi(t,x)$回代到式（9.5），整理之后，比较等式两边的函数形式，由同次方的系数必然相等，可以得到$A(t),B(t)$的表达式，代入第一步假设的结构中，即可求得最优策略$u^*(t)=\phi(t,x)$。

下面介绍庞特里亚金极大值原理的大致过程。极大值原理是古典变分法的发展，一般被用来解决工程领域的各类最优控制问题。Isaacs 和 Bellman 等将该原理用于求解微分博弈问题，研究结果发现，极大值原理能够与动态规划一样求出微分博弈的最优解，并且分析过程比动态规划更加简单。接下来，针对问题（9.4），我们对极大值原理的分析过程进行说明。

问题（9.4）考虑目标函数的约束条件为$\dot{\lambda}(t)=f(t,x,u)$，选择合适的控制变量使得$\int_{t_0}^T \mathrm{e}^{-rt}\cdot g(t,x(t),u(t))\mathrm{d}t+Q(x(t))$达到最大值。

首先，构造哈密尔顿函数：

$$H(x,\lambda,u,t)=\mathrm{e}^{-rt}g(t,x(t),u(t))+\lambda(t)f(t,x(t),u(t)),$$

其中$\lambda(t)$称为共态变量。问题（9.4）可以达到均衡状态就需要同时满足如下条件：

① 李军．最优化原理与方法[M]．广州：华南理工大学出版社，2018.

伴随方程：$\dot{\lambda}(t) = -\dfrac{\partial H}{\partial x}$.

横截条件：$\lambda(T) = \dfrac{\partial Q(x(t))}{\partial x(t)}$.

边界条件：$\dfrac{\partial H}{\partial u} = 0$.

根据上述条件，能够得到最优状态下的控制变量 $u^*(t) = \phi(t,x)$ 。对比动态规划中的贝尔曼方程，不难发现共态变量就是 $V_x'(t,x)$ ，这时的 x 就是最优轨迹 $u^*(t)$ 下的状态 $x^*(t)$ 。下面证明共态变量 $\lambda(t)$ 满足伴随方程 $\dot{\lambda}(t) = -\dfrac{\partial H}{\partial x}$ 。

根据贝尔曼方程，可知

$$-V_t'(t,x) = \mathrm{e}^{-rt} \cdot g(t,x^*(t),u^*(t)) + V_x'(t,x^*) \cdot f(t,x^*(t),u^*(t)), \tag{9.6}$$

其中 $u^*(t)$ 表示控制变量的最优轨迹。令函数

$$H(t,x,u) = \mathrm{e}^{-rt} \cdot g(t,x(t),u(t)) + V_x'(t,x) \cdot f(t,x(t),u(t)), \tag{9.7}$$

于是得到 $-V_t'(t,x^*) = H(t,x^*,u^*)$ 。

同时对式（9.6）的左右两边求 x 导数，得到

$$\begin{aligned}-V_{tx}''(t,x) = {} & \mathrm{e}^{-rt} \cdot g_t'(t,x^*(t),u^*(t)) + V_{xx}''(t,x^*) \cdot f(t,x^*(t),u^*(t)) + \\ & V_x'(t,x^*) \cdot f_x'(t,x^*(t)),\end{aligned}$$

由于表达式 $V_{xx}''(t,x) \cdot f(t,x(t),u^*(t)) + V_{tx}''(t,x)$ 可以表示成 $V_{xx}''(t,x) \cdot \dot{x} + V_{tx}''(t,x)$ ，而后者即 $\dfrac{\mathrm{d}V_x'(t,x)}{\mathrm{d}x}$，于是有

$$\left.\frac{\mathrm{d}V_x'(t,x)}{\mathrm{d}x}\right|_{x=x^*} = -\mathrm{e}^{-rt} \cdot g_x'(t,x,u^*)\Big|_{x=x^*} - V_x'(t,x) \cdot f(t,x,u^*)\Big|_{x=x^*}.$$

令 $\lambda(t) = V_x'(t,x^*)$，有

$$H(t,x,u) = \mathrm{e}^{-rt} \cdot g(t,x(t),u(t)) + \lambda(t) \cdot f(t,x(t),u(t)),$$

可以得到

$$\dot{\lambda}(t) = -\frac{\partial}{\partial x}\{\mathrm{e}^{-rt} \cdot g(t,x(t),u(t)) + \lambda(t) \cdot f(t,x(t),u(t))\}\Big|_{x=x^*},$$

即 $\dot{\lambda}(t)=-\dfrac{\partial H}{\partial x}.$

9.1.5 共态变量、哈密尔顿函数的经济学解释

共态变量 $\lambda(t)$ 随着时间 t 的改变而改变，其实质上是一个拉格朗日乘子，可以理解为影子价格。下面给出一个简单的例子来进行经济学解释：考虑一个企业在时间段 $[0,T]$ 内追求累积利润的最大化。企业有一个控制变量生产策略，企业生产所产生的排放量会形成相应的状态变量排放累积存量。假设在任意时刻，企业的瞬时利润都受到当前选择的生产策略和空气中的排放累积存量的影响，而空气中的污染存量也受到当前生产策略的影响，并且随时间的推移而变化，那么在这个例子中，共态变量的最优值 $\lambda^*(t)$ 表示在时刻 t 最优策略对当前给定的排放累积存量的敏感性。由于排放累积给企业带来的是负效应，故而在时刻 t，若空气中改变一个单位的排放累积存量，企业最优利润的变化为 $\lambda^*(t)$，且 $\lambda^*(t)<0$。如果希望在博弈期结束时多减少一个单位的排放累积存量，则必须牺牲的企业利润值为 $\lambda^*(t)$。

下面研究哈密尔顿函数：

$$H(x,\lambda,u,t)=\mathrm{e}^{-rt}g(t,x(t),u(t))+\lambda(t)f(t,x,u).$$

类似地，仍然考虑上述例子，哈密尔顿函数右端第一项为企业在时间 t 的利润函数的贴现值，它取决于当前排放累积存量和所选择的生产策略。哈密尔顿函数右端第二项中，$f(t,x,u)$ 表示企业采用生产策略 u 时的排放累积存量变化率 $\dot{x}(t)=\dfrac{\mathrm{d}x}{\mathrm{d}t}$，这个变化率和影子价格 $\lambda(t)$ 作乘积，就得到一个相应的价值，所以右端第二项是指当前时刻由于排放累积存量的增加而引起的价值变化量，它表示选择当前策略 u 所带来的未来的经济效益。综上所述，哈密尔顿函数中第一项表示选择策略 u 时当前的经济效益，第二项表示的是未来的经济效益。极大值原理要求最大化的哈密尔顿函数，这就表示企业在整个博弈期内都必须选择正确的策略来实现预期总利润的最大化，换句话说，企业必须在未来预期利润和当前利润中不断寻找平衡点，及时调整策略，才能最终达到动态均衡。

9.1.6　微分博弈的策略结构

微分博弈策略一般可以分为三类：第一类是开环策略，第二类是闭环策略，第三类是反馈策略。下面详细介绍这三种策略。

（1）开环策略是指参与者获得的最优策略 u^* 依赖于初始时刻的状态 x_0 和时间 t 的博弈策略。选择开环策略的情况下，参与者在博弈开始时就必须确定整个博弈期间采用的策略，不管博弈过程中外部环境如何变化，整个博弈过程中策略不能发生改变，因此这种策略有很大的局限性，它的最优策略可以写成

$$u_i^* = \phi_i^*(t, x_0),\ \ i \in \{1, 2, \cdots, n\}.$$

（2）闭环策略是指参与者获得的最优策略 u^* 依赖于初始时刻的状态 x_0 、时间 t 和当前的状态 $x(t)$ 的博弈策略。闭环策略不仅依赖于初始状态和当前时间，还依赖于当前的状态，它的最优策略可以写成

$$u_i^* = \phi_i^*(t, x(t), x_0),\ \ i \in \{1, 2, \cdots, n\}.$$

（3）反馈策略是指参与者获得的最优策略 u^* 依赖于当前状态 $x(t)$ 和时间 t ，但不依赖于初始状态 x_0 的博弈策略，它的最优策略可以写成

$$u_i^* = \phi_i^*(t, x(t)),\ \ i \in \{1, 2, \cdots, n\}.$$

大部分非合作微分博弈的文献中将反馈策略和闭环策略认为是一类，共同称为反馈策略，对应的博弈均衡统称为反馈纳什均衡。如果参与者所采取的均衡策略为开环的，对应的博弈均衡统称为开环纳什均衡。开环纳什均衡因为无法实现时间的一致性，使得子博弈比较完美，所以博弈结果不是很令人满意。例如，企业在年初制定的生产计划，在博弈过程中无论竞争企业采用什么样的策略，都不能调整，这就很难适应市场的各种变化，因此企业在进行博弈时一般会选择反馈纳什均衡。如果参与者不考虑状态信息或者不能获得状态变量相关信息，也可以选择开环策略。

一般来说，开环纳什均衡和反馈纳什均衡的解是不会重叠的，但是在某些特殊情况下，两者也有可能会出现重叠，例如，在线性微分博弈情况下，反馈纳什均衡就变成开环纳什均衡，它仅依赖于时间，而与当前状态没有关系。因

为指数函数经过取对数能够转化为线性函数，所以指数微分博弈如果存在均衡，这时开环纳什均衡与反馈纳什均衡的解将出现重合。指数微分博弈模型一般有如下两个特点：① 状态方程的右边不存在状态变量；② 状态变量在目标函数中以指数形式出现。求解这类指数微分博弈模型，它的反馈纳什均衡解和开环纳什均衡解是完全重叠的。

9.2 流域水污染治理区域联盟的微分博弈模型

9.2.1 基本假设

假设 1：流域中的污染物包括有机污染物和无机污染物两种，因为无机污染物只随水进行迁移或者发生简单的状态转化，所以本章假设流域污染物主要以有机污染物为主。

假设 2：假设 $Q_i(t)$ 是指地区 i 在时间 t 的生产量，随之产生的污染排放量为 $e_i(t)$，设污染排放量与生产量之间成正向关系，可以表示为 $Q_i(t)=Q_i(e_i(t))$。地区 i 生产产品产生的收益为 $R_i(Q_i(t))$，收益函数可以用排放量 $e_i(t)$ 表示，则假设 2 是关于排放量 $e_i(t)$ 逐渐增加的二次凹函数，具体形式如下：

$$R_i(Q_i(e_i(t)))=e_i(t)\left(b_i-\frac{1}{2}e_i(t)\right),\ 0\leqslant e_i(t)\leqslant b_i, \tag{9.8}$$

其中 b_i 表示当收益最大时的排放量，是一个固定常量。

假设 3：生产产品所排放的污染物必然会造成流域的水污染，必须付出一定的成本代价，设 $d_i(s)$ 表示生产产品引发的破坏成本，它一定程度上取决于流域各个地区的污染存量 s，其表达式为

$$d_i(s)=\pi_i s_i(t),\ \pi_i>0, \tag{9.9}$$

其中 π_i 表示单位污染存量对某个地区 i 的破坏程度。

假设 4：为了减少污染物的排放量，流域内的各个地区通过使用低污染的生产技术、削减生产规模、加大治污力度等措施控制污染物的排放，地区 i 用于污染治理的投资成本可以表示为如下的二次凸函数：

$$c_i(h_i) = \frac{1}{2}a_i h_i^2(t), \quad a_i > 0, \tag{9.10}$$

其中 a_i 表示投资成本的效率。

假设 5：假设地区 i 通过污染治理投资减少的污染减排量为 $ERU_i(t)$，它与投资额 h_i 成正比，可以表示为

$$ERU_i(t) = \gamma_i h_i(t), \quad \gamma_i > 0, \tag{9.11}$$

其中 γ_i 为投资规模参数。

9.2.2　区域联盟的微分博弈模型构建

流域水污染治理过程中，不同地区的合作模式会存在差异，大致可以分为四类：自给自足型、单边联盟型、两两联盟型、大联盟型。为了简化分析，本章研究流域中的 3 个相邻的区域，区域 1 表示上游区域，区域 2 表示中游区域，区域 3 表示下游区域，区域联盟结构如图 9.1 所示。下面将不同联盟类型各区域的利润函数作为目标函数，根据污染存量变化情况建立状态方程，构建数学模型，最终实现求解。

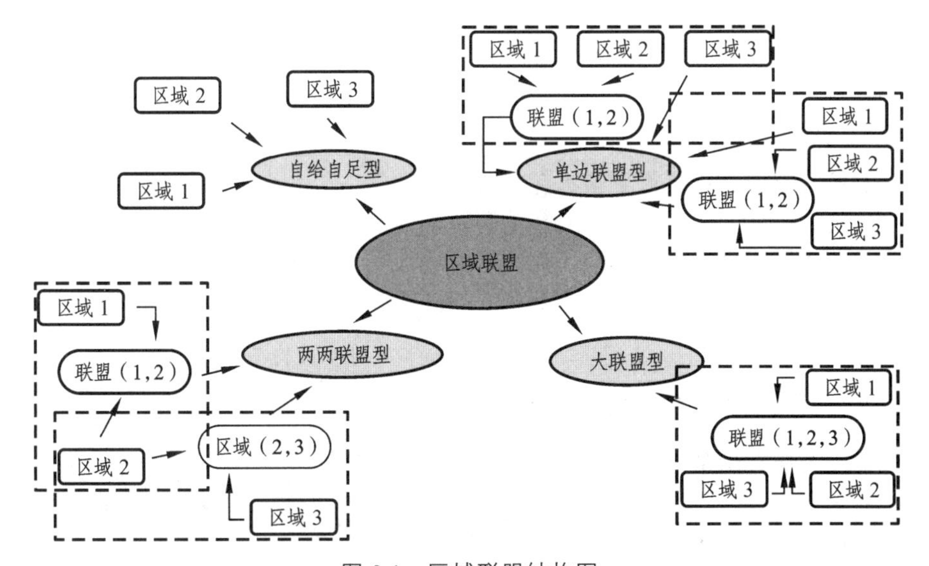

图 9.1　区域联盟结构图

1）自给自足型

自给自足型联盟实际上是没有建立联盟，每个地区只负责自身区域的污染治理，只愿意在自己管辖的范围内通过污染治理措施来控制水污染。

地区 1：地区 1 的期望现值为

$$\max_{e_1,h_i} W_1=\int_0^T\left[e_1(t)\left(b_1-\frac{1}{2}e_1(t)\right)-\frac{1}{2}a_1h_1^2(t)-\pi_1 s_1(t)\right]\mathrm{e}^{-rT}\mathrm{d}t. \qquad (9.12)$$

地区 1 污染存量 $s_1(t)$ 的改变情况包括新增的污染物排放、经过治理减少的污染物排放、污染物的自然衰减以及转移给下游地区 2 的污染排放等四部分，其动态变化可以用微分方程表示为

$$\dot{s}_1(t)=e_1(t)-\gamma_1 h_1(t)-\delta_1 s_1(t)-\phi_1 s_1(t),\ s_{10}>0, \qquad (9.13)$$

其中 δ 表示各地区污染的自然吸收率（$0<\delta<1$），ϕ 表示地区 1 转移给下游地区的比重。

基于动态规划理论，可以得到如下微分方程：

$$-V_t^{(0)1}(t,s_1)=\max_{e_1,h_1}\left\{\left[e_1^{(0)^*}(t)\left(b_1-\frac{1}{2}e_1^{(0)^*}(t)\right)-\frac{1}{2}a_1h_1^{(0)^*}(t)^2-\pi_1 s_1\right]\mathrm{e}^{-rt}+\right.$$
$$\left.V_{s_1}^{(0)1}(t,s_1)[e_1^{(0)^*}(t)-\gamma_1 h_1^{(0)^*}(t)-\delta_1 s_1-\phi_1 s_1]\right\}. \qquad (9.14)$$

为使上式右端最大化，得到最大化条件：

$$e_1^{(0)^*}(t)=b_1+V_{s_1}^{(0)1}(t,s_1)\mathrm{e}^{rt},\quad h_1^{(0)^*}(t)=-\frac{\gamma}{a_1}V_{s_1}^{(0)1}(t,s_1)\mathrm{e}^{rt}.$$

地区 1 在 $[0,\ T]$ 内的利润函数为

$$V^{(0)1}(t,s_1)=\mathrm{e}^{-rt}(A_1(t)s_1+B_1(t)),$$

将上式代入最大化条件，可得

$$e_1^{(0)^*}(t)=b_1+A_1(t),\quad h_1^{(0)^*}(t)=-\frac{\gamma}{a_1}A_1(t),$$

其中 $A_1(t), B_1(t)$ 满足如下的边际条件和动态系统：

$$\dot{A}_1(t) = \pi_1 + (r + \delta_1 + \phi_1) A_1(t),$$
$$\dot{B}_1(t) = rB_1 - \left(\frac{\gamma_1^2}{2a_1} + \frac{1}{2}\right) A_1^2(t) - b_1 A_1(t) - \frac{1}{2} b_1^2.$$

令 $\varepsilon^{(\tau)1}(\tau, s_1)$ 为地区 1 在时间点 τ 获得的利润函数，$P_1(\tau)$ 为地区 1 在时间点 τ 获得的瞬时利润，可以由式（9.15）计算得到

$$\begin{aligned} P_1(\tau) &= -\varepsilon_t^{(\tau)1}(\tau, s_{1\tau}^*) - \varepsilon_{s_{1\tau}^*}^{(\tau)1}(\tau, s_{1\tau}^*) \left(b_1 + A_1(\tau) + \frac{\gamma_1^2}{a_1} A_1(\tau) - \delta_1 s_{1\tau}^* - \phi_1 s_{1\tau}^* \right) \\ &= -\dot{A}_1(t) s_{1\tau}^* - \dot{B}_1(t) - A_1(\tau) \left(b_1 + A_1(\tau) + \frac{\gamma_1^2}{a_1} A_1(\tau) - \delta_1 s_{1\tau}^* - \phi_1 s_{1\tau}^* \right) \\ &= -(\pi_1 + (r + \delta_1 + \phi_1) A_1(t)) s_{1\tau}^* - \left[rB_1(\tau) - \left(\frac{\gamma_1^2}{2a_1} + \frac{1}{2} \right) A_1^2(t) - b_1 A_1(t) - \frac{1}{2} b_1^2 \right] - \\ &\quad A_1(\tau) \left(b_1 + A_1(\tau) + \frac{\gamma_1^2}{a_1} A_1(\tau) - \delta_1 s_{1\tau}^* - \phi_1 s_{1\tau}^* \right). \end{aligned} \tag{9.15}$$

地区 2：地区 2 的期望利润的现值为

$$\max_{e_2, h_2} W_2 = \int_0^T \left[e_2(t) \left(b_2 - \frac{1}{2} e_2(t) \right) - \frac{1}{2} a_2 h_2^2(t) - \pi_2 s_2(t) \right] \mathrm{e}^{-rT} \mathrm{d}t. \tag{9.16}$$

地区 2 污染存量 $S_2(t)$ 的改变情况包括新增的污染物排放、经过治理减少的污染物排放、污染物的自然衰减、接受地区 1 转移的污染物排放、转移给地区 3 的污染物排放等五部分，其动态变化可以用微分方程表示为

$$\dot{s}_2(t) = e_2(t) - \gamma_2 h_2(t) - \delta_2 s_2(t) + \phi_1 s_1(t) - \phi_2 s_2(t),\ \ s_{20} > 0, \tag{9.17}$$

基于动态规划理论，可以得到如下微分方程：

$$\begin{aligned} -V_t^{(0)2}(t, s_2) = \max_{e_2, h_2} \Bigg\{ & \left[e_2^{(0)^*}(t) \left(b_2 - \frac{1}{2} e_2^{(0)^*}(t) \right) - \frac{1}{2} a_2 h_2^{(0)^*}(t)^2 - \pi_2 s_2 \right] \mathrm{e}^{-rt} + \\ & V_{s_2}^{(0)2}(t, s_2)(e_2^{(0)^*}(t) - \gamma_2 h_2^{(0)^*}(t) - \delta_2 s_2 + \phi_1 s_1 - \phi_2 s_2) \Bigg\}. \end{aligned} \tag{9.18}$$

为使上式右端最大化，得到如下最大化条件：

$$e_2^{(0)^*}(t)=b_2+V_{s_2}^{(0)2}(t,s_2)\mathrm{e}^{rt},\quad h_2^{(0)^*}(t)=-\frac{\gamma}{a_2}V_{s_2}^{(0)2}(t,s_2)\mathrm{e}^{rt}.$$

地区 2 在[0, T]内的利润函数为

$$V^{(0)2}(t,s_2)=\mathrm{e}^{-rt}(A_2(t)s_2+B_2(t)),$$

将上式代入最大化条件，可得

$$e_2^{(0)^*}(t)=b_2+A_2(t),\quad h_2^{(0)^*}(t)=-\frac{\gamma}{a_2}A_2(t),$$

其中 $A_2(t),B_2(t)$ 满足如下的边际条件和动态系统：

$$\dot{A}_2(t)=\pi_2+(r+\delta_2+\phi_2)A_2(t),$$
$$\dot{B}_2(t)=rB_2-\left(\frac{\gamma_2^2}{2a_2}+\frac{1}{2}\right)A_2^2(t)-(b_2+\phi_1 s_1)A_2(t)-\frac{1}{2}b_2^2.$$

地区 2 在时间点 τ 获得的瞬时利润为

$$\begin{aligned}P_2(\tau)=&-(\pi_2+(r+\delta_2+\phi_2)A_2(t))s_{2\tau}^*-\\&\left[rB_2(\tau)-\left(\frac{\gamma_2^2}{2a_2}+\frac{1}{2}\right)A_2^2(t)-(b_2+\phi_1 s_1)A_2(t)-\frac{1}{2}b_2^2\right]-\\&A_2(\tau)\left(b_2+A_2(\tau)+\frac{\gamma_2^2}{a_2}A_2(\tau)-\delta_2 s_{2\tau}^*+\phi_1 s_{1\tau}^*-\phi_2 s_{2\tau}^*\right).\end{aligned}\quad(9.19)$$

地区 3：地区 3 的期望利润的现值为

$$\max_{e_3,h_3}W_3=\int_0^T\left[e_3(t)\left(b_3-\frac{1}{2}e_3(t)\right)-\frac{1}{2}a_3h_3^2(t)-\pi_3 s_3(t)\right]\mathrm{e}^{-rT}\mathrm{d}t.\quad(9.20)$$

地区 3 污染存量 $S_3(t)$ 的改变情况包括新增的污染物排放、经过治理减少的污染物排放、污染物的自然衰减和接受地区 2 转移的污染排放等四部分，其动态变化可以用微分方程表示为

$$\dot{s}_3(t)=e_3(t)-\gamma_3 h_3(t)-\delta_3 s_3(t)+\phi_2 s_2(t),\ s_{30}>0,\quad(9.21)$$

基于动态规划理论，可以得到如下微分方程：

$$-V_t^{(0)3}(t,s_3)=\max_{e_3,h_3}\left\{\left[e_3^{(0)^*}(t)\left(b_3-\frac{1}{2}e_3^{(0)^*}(t)\right)-\frac{1}{2}a_3h_3^{(0)^*}(t)^2-\pi_3s_3\right]\mathrm{e}^{-rt}+V_{s_3}^{(0)2}(t,s_3)[e_3^{(0)^*}(t)-\gamma_3h_3^{(0)^*}(t)-\delta_3s_3+\phi_2s_2]\right\}. \quad (9.22)$$

为使上式右端最大化，得到最大化条件：

$$e_3^{(0)^*}(t)=b_3+V_{s_3}^{(0)3}(t,s_3)\mathrm{e}^{rt},\quad h_3^{(0)^*}(t)=-\frac{\gamma}{a_3}V_{s_3}^{(0)3}(t,s_3)\mathrm{e}^{rt}.$$

地区 3 在 $[0, T]$ 内的利润函数为

$$V^{(0)3}(t,s_3)=\mathrm{e}^{-rt}(A_3(t)s_3+B_3(t)),$$

将上式代入最大化条件，可得

$$e_3^{(0)^*}(t)=b_3+A_3(t),\quad h_3^{(0)^*}(t)=-\frac{\gamma}{a_3}A_3(t),$$

其中 $A_3(t),B_3(t)$ 满足如下的边际条件和动态系统：

$$\dot{A}_3(t)=\pi_3+(r+\delta_3)A_3(t),$$
$$\dot{B}_3(t)=rB_3-\left(\frac{\gamma_3^2}{2a_3}+\frac{1}{2}\right)A_3^2(t)-(b_3+\phi_2s_2)A_3(t)-\frac{1}{2}b_3^2.$$

地区 3 在时间点 τ 获得的瞬时利润为

$$P_3(\tau)=-(\pi_3+(r+\delta_3)A_3(t))s_{3\tau}^*-\left[rB_3(\tau)-\left(\frac{\gamma_3^2}{2a_3}+\frac{1}{2}\right)A_3^2(t)-(b_3+\phi_2s_2)A_3(t)-\frac{1}{2}b_3^2\right]-A_3(\tau)\left(b_3+A_3(\tau)+\frac{\gamma_3^2}{a_3}A_3(\tau)-\delta_3s_{3\tau}^*+\phi_2s_{2\tau}^*\right). \quad (9.23)$$

2）单边联盟型

为了减少利益冲突，实现利润最大化，流域的两个相邻地区形成联盟。因为我们考虑的是 3 个区域，所以可能会出现一个地区不参与联盟，这就是本节

要考虑的单边联盟。单边联盟中，3 个区域中两个相邻地区之间形成联盟，而另一个地区是独立的，不参与联盟。假设地区 1 与地区 2 形成联盟（1，2）、地区 3 独立，即上游联盟；或者地区 1 独立、地区 2 与地区 3 形成联盟（2，3），即下游联盟。假设两个地区形成联盟后的污染存量是两个地区非合作前污染存量的简单叠加。

（1）上游联盟：地区 1 与地区 2 形成联盟（1，2），地区 3 独立。

联盟（1，2）：由地区 1 和地区 2 形成的联盟（1，2）的期望利润的现值为

$$\max_{e_1,e_2,h_1,h_2} W_{12}=\int_0^T\left[e_1(t)\left(b_1-\frac{1}{2}e_1(t)\right)+e_2(t)\left(b_2-\frac{1}{2}e_2(t)\right)-\frac{1}{2}a_{12}(h_1(t)+h_1(t))^2-\pi_{12}s_{12}(t)\right]\mathrm{e}^{-rT}\,\mathrm{d}t. \tag{9.24}$$

地区 1 的污染存量 $s_1(t)$ 的改变情况包括新增的污染物排放、经过治理减少的污染物排放、污染物的自然衰减以及转移给下游地区 2 的污染物排放等四部分，其动态变化可以用微分方程表示为

$$\dot{s}_{12}(t)=e_1(t)+e_2(t)-\gamma_{12}(h_1(t)+h_2(t))-\delta_{12}s_{12}(t)-\phi_{12}s_{12}(t), \tag{9.25}$$

基于动态规划理论，可以得到如下微分方程：

$$\begin{aligned}-W_t^{(0)12}(t,s_{12})=\max_{e_{12},h_{12}}\Bigg\{&\left[e_1^{(0)^*}(t)\left(b_1-\frac{1}{2}e_1^{(0)^*}(t)\right)+e_2^{(0)^*}(t)\left(b_2-\frac{1}{2}e_2^{(0)^*}(t)\right)-\right.\\&\left.\frac{1}{2}a_{12}(h_1^{(0)^*}(t)+h_2^{(0)^*}(t))^2-\pi_{12}s_{12}\right]\mathrm{e}^{-rt}+W_{s_1}^{(0)12}(t,s_{12})\cdot[e_1^{(0)^*}(t)+\\&e_2^{(0)^*}(t)-\gamma_{12}(h_1^{(0)^*}(t)+h_2^{(0)^*}(t))-\delta_{12}s_{12}-\phi_{12}s_{12}]\Bigg\}.\end{aligned} \tag{9.26}$$

为使上式右端最大化，得到最大化条件：

$$e_1^{(0)^*}(t)=b_1+W_{s_{12}}^{(0)12}(t,s_{12})\mathrm{e}^{rt},$$

$$e_2^{(0)^*}(t)=b_2+W_{s_{12}}^{(0)12}(t,s_{12})\mathrm{e}^{rt},$$

$$h_1^{(0)^*}(t)+h_2^{(0)^*}(t)=-\frac{\gamma_{12}}{a_{12}}W_{s_{12}}^{(0)12}(t,s_{12})\mathrm{e}^{rt}.$$

联盟（1，2）在[0, T]内的利润函数为

$$W^{(0)12}(t,s_{12})=\mathrm{e}^{-rt}(A_{12}(t)s_{12}+B_{12}(t)),$$

将上式代入最大化条件，可得

$$e_1^{(0)^*}(t)=b_1+A_{12}(t),$$

$$e_2^{(0)^*}(t)=b_2+A_{12}(t),$$

$$h_1^{(0)^*}(t)+h_2^{(0)^*}(t)=-\frac{\gamma_{12}}{a_{12}}A_{12}(t),$$

其中 $A_{12}(t),B_{12}(t)$ 满足如下的边际条件和动态系统：

$$\dot{A}_{12}(t)=\pi_{12}+(r+\delta_{12}+\phi_{12})A_{12}(t),$$

$$\dot{B}_{12}(t)=rB_{12}(t)-\left(\frac{3\gamma_{12}^2}{2a_{12}}+1\right)A_{12}^2(t)-(b_1+b_2)A_{12}(t)-\frac{1}{2}(b_1^2+b_2^2).$$

在合作博弈中，联盟（1，2）参与治理的额外期望利润可按非合作时期望利润达到最大时的污染存量比例进行分配。各地区在各时间点的期望利润为

$$\varepsilon^{(\tau)i}(\tau,s_{12\tau}^*)=V^{(\tau)i}(\tau,s_{12\tau}^*)+\frac{s_{1\tau}^*}{s_{1\tau}^*+s_{2\tau}^*}\left(W^{(\tau)12}(\tau,s_{12\tau}^*)-\sum_{i=1}^{2}V^{(\tau)i}(\tau,s_{12\tau}^*)\right),\quad i=1,2.$$

地区 1 和地区 2 在时间点 τ 的利润函数计算如下：

$$\varepsilon^{(\tau)1}(\tau,s_{12\tau}^*)=A_1(\tau)s_{12\tau}^*+B_1(\tau)+\frac{s_{1\tau}^*}{s_{1\tau}^*+s_{2\tau}^*}\times$$
$$[A_{12}(\tau)s_{12\tau}^*+B_{12}(\tau)-(A_1(\tau)s_{12\tau}^*+B_1(\tau)+A_2(\tau)s_{12\tau}^*+B_2(\tau))],$$

$$\varepsilon^{(\tau)2}(\tau,s_{12\tau}^*)=A_2(\tau)s_{12\tau}^*+B_2(\tau)+\frac{s_{2\tau}^*}{s_{1\tau}^*+s_{2\tau}^*}\times$$
$$[A_{12}(\tau)s_{12\tau}^*+B_{12}(\tau)-(A_1(\tau)s_{12\tau}^*+B_1(\tau)+A_2(\tau)s_{12\tau}^*+B_2(\tau))].$$

在 τ 时刻，这两个区域的瞬时利润为

$$P_1(\tau)=-(A_1'(t)s_{12\tau}^*+B_1'(\tau))-\frac{s_{1\tau}^*}{s_{1\tau}^*+s_{2\tau}^*}\times$$
$$[A_{12}'(t)s_{12\tau}^*+B_{12}'(\tau)-(A_1'(t)s_{12\tau}^*+B_1'(\tau)+A_2'(t)s_{12\tau}^*+B_2'(\tau))]-$$
$$\left[A_1(\tau)+\frac{s_{1\tau}^*}{s_{1\tau}^*+s_{2\tau}^*}\times(A_{12}(\tau)-A_1(\tau)-A_2(\tau))\right]\times$$
$$\left(b_1+b_2+\frac{\gamma_{12}^2}{a_{12}}A_{12}(\tau)+2A_{12}(\tau)-\delta_{12}s_{12\tau}^*-\phi_{12}s_{12\tau}^*\right),\tag{9.27}$$

$$P_2(\tau) = -(A_2'(t)s_{12\tau}^* + B_2'(\tau)) - \frac{s_{2\tau}^*}{s_{1\tau}^* + s_{2\tau}^*} \times$$
$$[A_{12}'(t)s_{12\tau}^* + B_{12}'(\tau) - (A_1'(t)s_{12\tau}^* + B_1'(\tau) + A_2'(t)s_{12\tau}^* + B_2'(\tau))] -$$
$$\left[A_2(\tau) + \frac{s_{1\tau}^*}{s_{1\tau}^* + s_{2\tau}^*} \times (A_{12}(\tau) - A_1(\tau) - A_2(\tau))\right] \times$$
$$\left(b_1 + b_2 + \frac{\gamma_{12}^2}{a_{12}} A_{12}(\tau) + 2A_{12}(\tau) - \delta_{12} s_{12\tau}^* - \phi_{12} s_{12\tau}^*\right). \tag{9.28}$$

地区 3：地区 3 的期望利润的现值为

$$\max_{e_3, h_3} W_3 = \int_0^T \left[e_3(t)\left(b_3 - \frac{1}{2}e_3(t)\right) - \frac{1}{2}a_3 h_3^2(t) - \pi_3 s_3(t) \right] \mathrm{e}^{-rT} \mathrm{d}t. \tag{9.29}$$

地区 3 污染存量 $S_3(t)$ 的改变情况包括新增的污染物排放、经过治理减少的污染物排放、污染物的自然衰减和接受地区 2 转移的污染物排放等四部分，其动态变化可以用微分方程表示为

$$\dot{s}_3(t) = e_3(t) - \gamma_3 h_3(t) - \delta_3 s_3(t) + \phi_{12} s_{12}(t), \ \ s_{30} > 0, \tag{9.30}$$

基于动态规划理论，可以得到如下微分方程：

$$-V_t^{(0)3}(t, s_3) = \max_{e_3, h_3} \left\{ \left[e_3^{(0)^*}(t)\left(b_3 - \frac{1}{2}e_3^{(0)^*}(t)\right) - \frac{1}{2}a_3 h_3^{(0)^*}(t)^2 - \pi_3 s_3 \right] \mathrm{e}^{-rt} + V_{s_3}^{(0)2}(t, s_3)(e_3^{(0)^*}(t) - \gamma_3 h_3^{(0)^*}(t) - \delta_3 s_3 + \phi_{12} s_{12}) \right\}. \tag{9.31}$$

为使上式右端最大化，得到最大化条件：

$$e_3^{(0)^*}(t) = b_3 + V_{s_3}^{(0)3}(t, s_3)\mathrm{e}^{rt}, \quad h_3^{(0)^*}(t) = -\frac{\gamma_3}{a_3} V_{s_3}^{(0)3}(t, s_3)\mathrm{e}^{rt}.$$

地区 3 在 $[0, T]$ 内的利润函数为

$$V^{(0)3}(t, s_3) = \mathrm{e}^{-rt}(A_3(t)s_3 + B_3(t)),$$

将上式代入最大化条件，可得

$$e_3^{(0)^*}(t) = b_3 + A_3(t), \quad h_3^{(0)^*}(t) = -\frac{\gamma_3}{a_3} A_3(t),$$

其中 $A_3(t), B_3(t)$ 满足如下的边际条件和动态系统：

$$\dot{A}_3(t) = \pi_3 + (r + \delta_3)A_3(t),$$

$$\dot{B}_3(t) = rB_3 - \left(\frac{\gamma_3^2}{2a_3} + \frac{1}{2}\right)A_3^2(t) - (b_3 + \phi_{12}s_{12})A_3(t) - \frac{1}{2}b_3^2.$$

地区 3 在时间点 τ 获得的瞬时利润为

$$P_3(\tau) = -(\pi_3 + (r + \delta_3)A_3(t))s_{3\tau}^* - \left[rB_3(\tau) - \left(\frac{\gamma_3^2}{2a_3} + \frac{1}{2}\right)A_3^2(t) - (b_3 + \phi_{12}s_{22})A_3(t) - \frac{1}{2}b_3^2\right] - A_3(\tau)\cdot \left(b_3 + A_3(\tau) + \frac{\gamma_3^2}{a_3}A_3(\tau) - \delta_3 s_{3\tau}^* + \phi_{12}s_{12\tau}^*\right). \quad (9.32)$$

（2）下游联盟：地区 1 独立，地区 2 和地区 3 形成联盟（2，3）。

地区 1：地区 1 的期望现值为

$$\max_{e_1, h_i} W_1 = \int_0^T \left[e_1(t)\left(b_1 - \frac{1}{2}e_1(t)\right) - \frac{1}{2}a_1 h_1^2(t) - \pi_1 s_1(t)\right]e^{-rT}\mathrm{d}t. \quad (9.33)$$

地区 1 的污染存量 $s_1(t)$ 的改变情况包括新增的污染物排放、经过治理减少的污染物排放、污染物的自然衰减以及转移给联盟（2，3）的污染物排放等四部分，其动态变化可以用微分方程表示为

$$\dot{s}_1(t) = e_1(t) - \gamma_1 h_1(t) - \delta_1 s_1(t) - \phi_1 s_1(t),\ \ s_{10} > 0, \quad (9.34)$$

基于动态规划理论，可以得到如下微分方程：

$$-V_t^{(0)1}(t, s_1) = \max_{e_1, h_1}\left\{\left[e_1^{(0)^*}(t)\left(b_1 - \frac{1}{2}e_1^{(0)^*}(t)\right) - \frac{1}{2}a_1 h_1^{(0)^*}(t)^2 - \pi_1 s_1\right]e^{-rt} + V_{s_1}^{(0)1}(t, s_1)(e_1^{(0)^*}(t) - \gamma_1 h_1^{(0)^*}(t) - \delta_1 s_1 - \phi_1 s_1)\right\}. \quad (9.35)$$

为使上式右端最大化，得到最大化条件：

$$e_1^{(0)^*}(t)=b_1+V_{s_1}^{(0)1}(t,s_1)\mathrm{e}^{rt},\quad h_1^{(0)^*}(t)=-\frac{\gamma}{a_1}V_{s_1}^{(0)1}(t,s_1)\mathrm{e}^{rt}.$$

地区 1 在$[0,\ T]$内的利润函数为

$$V^{(0)1}(t,s_1)=\mathrm{e}^{-rt}(A_1(t)s_1+B_1(t)),$$

将上式代入最大化条件，可得

$$e_1^{(0)^*}(t)=b_1+A_1(t),\quad h_1^{(0)^*}(t)=-\frac{\gamma}{a_1}A_1(t),$$

其中 $A_1(t),B_1(t)$ 满足如下的边际条件和动态系统：

$$\dot{A}_1(t)=\pi_1+(r+\delta_1+\phi_1)A_1(t),$$
$$\dot{B}_1(t)=rB_1-\left(\frac{\gamma_1^2}{2a_1}+\frac{1}{2}\right)A_1^2(t)-b_1A_1(t)-\frac{1}{2}b_1^2.$$

地区 1 在时间点 τ 获得的瞬时利润为

$$P_1(\tau)=-[\pi_1+(r+\delta_1+\phi_1)A_1(t)]s_{1\tau}^*-\left[rB_1(\tau)-\left(\frac{\gamma_1^2}{2a_1}+\frac{1}{2}\right)A_1^2(t)-b_1A_1(t)-\frac{1}{2}b_1^2\right]-$$
$$A_1(\tau)\left(b_1+A_1(\tau)+\frac{\gamma_1^2}{a_1}A_1(\tau)-\delta_1s_{1\tau}^*-\phi_1s_{1\tau}^*\right).$$

联盟（2，3）：由地区 2 和地区 3 形成的联盟（2，3）的期望利润的现值为

$$\max_{e_2,e_3,h_2,h_3}W_{12}=\int_0^T\left[e_2(t)\left(b_2-\frac{1}{2}e_2(t)\right)+e_3(t)\left(b_3-\frac{1}{2}e_3(t)\right)-\right.$$
$$\left.\frac{1}{2}a_{23}(h_2(t)+h_3(t))^2-\pi_{23}s_{23}(t)\right]\mathrm{e}^{-rT}\mathrm{d}t. \tag{9.36}$$

污染存量 $s_{23}(t)$ 的变化情况可以表示为

$$\dot{s}_{23}(t)=e_2(t)+e_3(t)-\gamma_{23}(h_2(t)+h_3(t))-\delta_{23}s_{23}(t)+\phi_1s_1(t), \tag{9.37}$$

基于动态规划理论，可以得到如下微分方程：

$$-W_t^{(0)23}(t,s_{23})=\max_{e_2,e_3,h_2,h_3}\left\{\left[e_2^{(0)^*}(t)\left(b_2-\frac{1}{2}e_2^{(0)^*}(t)\right)+e_3^{(0)^*}(t)\left(b_3-\frac{1}{2}e_3^{(0)^*}(t)\right)-\right.\right.$$
$$\left.\frac{1}{2}a_{23}(h_2^{(0)^*}(t)+h_3^{(0)^*}(t))^2-\pi_{23}s_{23}\right]\mathrm{e}^{-rt}+W_{s_{23}}^{(0)23}(t,s_{23})[e_2^{(0)^*}(t)+$$
$$\left.e_3^{(0)^*}(t)-\gamma_{23}(h_2^{(0)^*}(t)+h_3^{(0)^*}(t))-\delta_{23}s_{23}+\phi_1 s_1]\right\}. \tag{9.38}$$

为使上式右端最大化，得到最大化条件：

$$e_2^{(0)^*}(t)=b_2+W_{s_{23}}^{(0)23}(t,s_{23})\mathrm{e}^{rt},$$
$$e_3^{(0)^*}(t)=b_3+W_{s_{23}}^{(0)23}(t,s_{23})\mathrm{e}^{rt},$$
$$h_2^{(0)^*}(t)+h_3^{(0)^*}(t)=-\frac{\gamma_{23}}{a_{23}}W_{s_{23}}^{(0)23}(t,s_{23})\mathrm{e}^{rt},$$

联盟（2，3）在 $[0,\ T]$ 内的利润函数为

$$W^{(0)23}(t,s_{23})=\mathrm{e}^{-rt}(A_{23}(t)s_{23}+B_{23}(t)),$$

将上式代入最大化条件，可得

$$e_2^{(0)^*}(t)=b_2+A_{23}(t),$$
$$e_3^{(0)^*}(t)=b_3+A_{23}(t),$$
$$h_2^{(0)^*}(t)+h_3^{(0)^*}(t)=-\frac{\gamma_{23}}{a_{23}}A_{23}(t),$$

其中 $A_{23}(t),B_{23}(t)$ 满足如下的边际条件和动态系统：

$$\dot{A}_{23}(t)=\pi_{23}+(r+\delta_{23})A_{23}(t),$$
$$\dot{B}_{23}(t)=rB_{23}(t)-\left(\frac{3\gamma_{23}^2}{2a_{23}}+1\right)A_{23}^2(t)-(b_2+b_3+\phi_1 s_1)A_{12}(t)-\frac{1}{2}(b_2^2+b_3^2).$$

地区 2 和地区 3 在时间点 τ 的利润函数计算如下：

$$\varepsilon^{(\tau)2}(\tau,s_{23\tau}^*)=A_2(\tau)s_{23\tau}^*+B_2(\tau)+\frac{s_{2\tau}^*}{s_{2\tau}^*+s_{3\tau}^*}\times$$
$$[A_{23}(\tau)s_{23\tau}^*+B_{23}(\tau)-(A_2(\tau)s_{23\tau}^*+B_2(\tau)+A_3(\tau)s_{23\tau}^*+B_3(\tau))],$$

$$\varepsilon^{(\tau)3}(\tau,s_{23\tau}^*)=A_3(\tau)s_{23\tau}^*+B_3(\tau)+\frac{s_{3\tau}^*}{s_{2\tau}^*+s_{3\tau}^*}\times$$
$$[A_{23}(\tau)s_{23\tau}^*+B_{23}(\tau)-(A_2(\tau)s_{23\tau}^*+B_2(\tau)+A_3(\tau)s_{23\tau}^*+B_3(\tau))],$$

在τ时刻，这两个区域的瞬时利润为

$$\begin{aligned}P_2(\tau)=&-(A_2'(t)s_{23\tau}^*+B_2'(\tau))-\frac{s_{2\tau}^*}{s_{2\tau}^*+s_{3\tau}^*}\times\\&[A_{23}'(t)s_{23\tau}^*+B_{23}'(\tau)-(A_2'(t)s_{23\tau}^*+B_2'(\tau)+A_3'(t)s_{23\tau}^*+B_3'(\tau))]-\\&\left[A_2(\tau)+\frac{s_{2\tau}^*}{s_{2\tau}^*+s_{3\tau}^*}\times(A_{23}(\tau)-A_2(\tau)-A_3(\tau))\right]\times\\&\left(b_2+b_3+\frac{\gamma_{23}^2}{a_{23}}A_{23}(\tau)+2A_{23}(\tau)-\delta_{23}s_{23\tau}^*-\phi_1 s_{1\tau}^*\right),\end{aligned}\tag{9.39}$$

$$\begin{aligned}P_3(\tau)=&-(A_3'(t)s_{23\tau}^*+B_3'(\tau))-\frac{s_{3\tau}^*}{s_{2\tau}^*+s_{3\tau}^*}\times\\&[A_{23}'(t)s_{23\tau}^*+B_{23}'(\tau)-(A_2'(t)s_{23\tau}^*+B_2'(\tau)+A_3'(t)s_{23\tau}^*+B_3'(\tau))]-\\&\left[A_3(\tau)+\frac{s_{2\tau}^*}{s_{2\tau}^*+s_{3\tau}^*}\times(A_{23}(\tau)-A_2(\tau)-A_3(\tau))\right]\times\\&\left(b_2+b_3+\frac{\gamma_{23}^2}{a_{23}}A_{23}(\tau)+2A_{23}(\tau)-\delta_{23}s_{23\tau}^*+\phi_1 s_{1\tau}^*\right).\end{aligned}\tag{9.40}$$

3）两两联盟型

两两联盟型是指地区 1 和地区 2 形成联盟（1，2），地区 2 和地区 3 形成联盟（2，3），由于区域 2 参与了两个联盟的环境污染治理投资，假设联盟（1，2）和联盟（2，3）在地区 2 中获得的投资比例分别为k和$1-k(0<k<1)$，同样两个联盟中区域 2 的污染排放分别占总比例的k和$1-k$。

联盟（1，2）：由地区 1 和地区 2 形成的联盟（1，2）的期望利润的现值为

$$\begin{aligned}\max_{e_1,e_2,h_1,h_2}W_{12}=\int_0^T\Bigg[&e_1(t)\left(b_1-\frac{1}{2}e_1(t)\right)+ke_2(t)\left(b_2-\frac{1}{2}e_2(t)\right)-\\&\frac{1}{2}a_{12}(h_1(t)+kh_1(t))^2-\pi_{12}s_{12}(t)\Bigg]\mathrm{e}^{-rT}\mathrm{d}t.\end{aligned}\tag{9.41}$$

地区 1 的污染存量 $s_1(t)$ 的改变情况包括新增的污染物排放、经过治理减少的污染物排放、污染物的自然衰减以及转移给下游地区 2 的污染物排放等四部分，其动态变化可以用微分方程表示为

$$\dot{s}_{12}(t)=e_1(t)+e_2(t)-\gamma_{12}(h_1(t)+kh_2(t))-\delta_{12}s_{12}(t)-\varphi_{12}s_{12}(t), \tag{9.42}$$

基于动态规划理论，可以得到如下微分方程：

$$\begin{aligned}-W_t^{(0)12}(t,s_{12})=\max_{e_{12},h_{12}}\Bigg\{\Bigg[&e_1^{(0)^*}(t)(b_1-\frac{1}{2}e_1^{(0)^*}(t))+ke_2^{(0)^*}(t)\left(b_2-\frac{1}{2}e_2^{(0)^*}(t)\right)-\\&\frac{1}{2}a_{12}(h_1^{(0)^*}(t)+kh_2^{(0)^*}(t))^2-\pi_{12}s_{12}\Bigg]\mathrm{e}^{-rt}+W_{s_{12}}^{(0)12}(t,s_{12})[e_1^{(0)^*}(t)+\\&e_2^{(0)^*}(t)-\gamma_{12}(h_1^{(0)^*}(t)+kh_2^{(0)^*}(t))-\delta_{12}s_{12}-\varphi_{12}s_{12}]\Bigg\}.\end{aligned} \tag{9.43}$$

为使上式右端最大化，得到最大化条件：

$$e_1^{(0)^*}(t)=b_1+W_{s_{12}}^{(0)12}(t,s_{12})\mathrm{e}^{rt},$$

$$e_2^{(0)^*}(t)=b_2+\frac{1}{k}W_{s_{12}}^{(0)12}(t,s_{12})\mathrm{e}^{rt},$$

$$h_1^{(0)^*}(t)+kh_2^{(0)^*}(t)=-\frac{\gamma_{12}}{a_{12}}W_{s_{12}}^{(0)12}(t,s_{12})\mathrm{e}^{rt}.$$

联盟（1，2）在 $[0,\ T]$ 内的利润函数为

$$W^{(0)12}(t,s_{12})=\mathrm{e}^{-rt}(A_{12}(t)s_{12}+B_{12}(t)),$$

将上式代入最大化条件，可得

$$e_1^{(0)^*}(t)=b_1+A_{12}(t),$$

$$e_2^{(0)^*}(t)=b_2+\frac{1}{k}A_{12}(t),$$

$$h_1^{(0)^*}(t)+kh_2^{(0)^*}(t)=-\frac{\gamma_{12}}{a_{12}}A_{12}(t),$$

其中 $A_{12}(t),B_{12}(t)$ 满足如下边际条件和动态系统：

$$\dot{A}_{12}(t)=\pi_{12}+(r+\delta_{12}+\phi_{12})A_{12}(t),$$
$$\dot{B}_{12}(t)=rB_{12}(t)-\left(\frac{3\gamma_{12}^2}{2a_{12}}+\frac{1}{2}+\frac{k}{2}\right)A_{12}^2(t)-(b_1+kb_2)A_{12}(t)-\frac{1}{2}(b_1^2+kb_2^2).$$

地区 1 和地区 2 在时间点 τ 的利润函数可以计算如下：

$$\varepsilon^{(\tau)1}(\tau,s_{12\tau}^*)=A_1(\tau)s_{12\tau}^*+B_1(\tau)+\frac{s_{1\tau}^*}{s_{1\tau}^*+ks_{2\tau}^*}\times$$
$$[A_{12}(\tau)s_{12\tau}^*+B_{12}(\tau)-(A_1(\tau)s_{12\tau}^*+B_1(\tau)+A_2(\tau)s_{12\tau}^*+B_2(\tau))],$$
$$\varepsilon^{(\tau)2}(\tau,s_{12\tau}^*)=A_2(\tau)s_{12\tau}^*+B_2(\tau)+\frac{ks_{2\tau}^*}{s_{1\tau}^*+s_{2\tau}^*}\times$$
$$[A_{12}(\tau)s_{12\tau}^*+B_{12}(\tau)-(A_1(\tau)s_{12\tau}^*+B_1(\tau)+A_2(\tau)s_{12\tau}^*+B_2(\tau))],$$

在 τ 时刻，这两个区域的瞬时利润为

$$\begin{aligned}P_1(\tau)=&-(A_1'(t)s_{12\tau}^*+B_1'(\tau))-\frac{s_{1\tau}^*}{s_{1\tau}^*+ks_{2\tau}^*}\times\\&[A_{12}'(t)s_{12\tau}^*+B_{12}'(\tau)-(A_1'(t)s_{12\tau}^*+B_1'(\tau)+A_2'(t)s_{12\tau}^*+B_2'(\tau))]-\\&\left(A_1(\tau)+\frac{s_{1\tau}^*}{s_{1\tau}^*+ks_{2\tau}^*}\times(A_{12}(\tau)-A_1(\tau)-A_2(\tau))\right)\times\\&\left[b_1+kb_2+\frac{\gamma_{12}^2}{a_{12}}A_{12}(\tau)+(1+k)A_{12}(\tau)-\delta_{12}s_{12\tau}^*-\varphi_{12}s_{12\tau}^*\right],\end{aligned}\qquad(9.44)$$

$$\begin{aligned}P_2(\tau)=&-(A_2'(t)s_{12\tau}^*+B_2'(\tau))-\frac{ks_{2\tau}^*}{s_{1\tau}^*+ks_{2\tau}^*}\times\\&[A_{12}'(t)s_{12\tau}^*+B_{12}'(\tau)-(A_1'(t)s_{12\tau}^*+B_1'(\tau)+A_2'(t)s_{12\tau}^*+B_2'(\tau))]-\\&\left[A_2(\tau)+\frac{ks_{2\tau}^*}{s_{1\tau}^*+ks_{2\tau}^*}\times(A_{12}(\tau)-A_1(\tau)-A_2(\tau))\right]\times\\&\left[b_1+kb_2+\frac{\gamma_{12}^2}{a_{12}}A_{12}(\tau)+(1+k)A_{12}(\tau)-\delta_{12}s_{12\tau}^*-\phi_{12}s_{12\tau}^*\right].\end{aligned}\qquad(9.45)$$

联盟（2，3）：由地区 2 和地区 3 形成的联盟（2，3）的期望利润的现值为

$$\max_{e_2,e_3,h_2,h_3} W_{12}=\int_0^T\left[(1-k)e_2(t)\left(b_2-\frac{1}{2}e_2(t)\right)+e_3(t)\left(b_3-\frac{1}{2}e_3(t)\right)-\right.$$
$$\left.\frac{1}{2}a_{23}((1-k)h_2(t)+h_3(t))^2-\pi_{23}s_{23}(t)\right]\mathrm{e}^{-rT}\mathrm{d}t. \qquad (9.46)$$

污染存量$s_{23}(t)$的变化情况为

$$\dot{s}_{23}(t)=e_2(t)+e_3(t)-\gamma_{12}((1-k)h_2(t)+h_3(t))-\delta_{23}s_{23}(t)+\varphi_{12}s_{12}(t), \qquad (9.47)$$

基于动态规划理论，可以得到如下微分方程：

$$-W_t^{(0)23}(t,s_{23})=\max_{e_2,e_3,h_2,h_3}\left\{\left[(1-k)e_2^{(0)^*}(t)(b_2-\frac{1}{2}e_2^{(0)^*}(t))+e_3^{(0)^*}(t)\left(b_3-\frac{1}{2}e_3^{(0)^*}(t)\right)-\right.\right.$$
$$\left.\frac{1}{2}a_{23}((1-k)h_2^{(0)^*}(t)+h_3^{(0)^*}(t))^2-\pi_{23}s_{23}\right]e^{-rt}+W_{s_{23}}^{(0)23}(t,s_{23})\cdot$$
$$\left.\{e_2^{(0)^*}(t)+e_3^{(0)^*}(t)-\gamma_{23}[(1-k)h_2^{(0)^*}(t)+h_3^{(0)^*}(t)]-\delta_{23}s_{23}+\varphi_1 s_1\}\right\}. \qquad (9.48)$$

为使上式右端最大化，得到最大化条件：

$$e_2^{(0)^*}(t)=b_2+W_{s_{23}}^{(0)23}(t,s_{23})\mathrm{e}^{rt},$$
$$e_3^{(0)^*}(t)=b_3+W_{s_{23}}^{(0)23}(t,s_{23})\mathrm{e}^{rt},$$
$$(1-k)h_2^{(0)^*}(t)+h_3^{(0)^*}(t)=-\frac{\gamma_{23}}{a_{23}}W_{s_{23}}^{(0)23}(t,s_{23})\mathrm{e}^{rt},$$

联盟（2，3）在[0, T]内的利润函数为

$$W^{(0)23}(t,s_{23})=\mathrm{e}^{-rt}(A_{23}(t)s_{23}+B_{23}(t)),$$

将上式代入最大化条件，可得

$$e_2^{(0)^*}(t)=b_2+\frac{1}{1-k}A_{23}(t),$$
$$e_3^{(0)^*}(t)=b_3+A_{23}(t),$$
$$(1-k)h_2^{(0)^*}(t)+h_3^{(0)^*}(t)=-\frac{\gamma_{23}}{a_{23}}A_{23}(t),$$

这里 $A_{23}(t), B_{23}(t)$ 满足如下边际条件和动态系统：

$$\dot{A}_{23}(t)=\pi_{23}+(r+\delta_{23})A_{23}(t),$$

$$\dot{B}_{23}(t)=rB_{23}(t)-\left(\frac{3\gamma_{23}^2}{2a_{23}}+\frac{1}{2}+\frac{(1-k)}{2}\right)A_{23}^2(t)-$$

$$[(1-k)b_2+b_3+\phi_{12}s_{12}]A_{23}(t)-\frac{1}{2}[(1-k)b_2^2+b_3^2].$$

地区 2 和地区 3 在时间点 τ 的利润函数可以计算如下：

$$\varepsilon^{(\tau)2}(\tau,s_{23\tau}^*)=A_2(\tau)s_{23\tau}^*+B_2(\tau)+\frac{(1-k)s_{2\tau}^*}{(1-k)s_{2\tau}^*+s_{3\tau}^*}\times$$

$$[A_{23}(\tau)s_{23\tau}^*+B_{23}(\tau)-(A_2(\tau)s_{23\tau}^*+B_2(\tau)+A_3(\tau)s_{23\tau}^*+B_3(\tau))],$$

$$\varepsilon^{(\tau)3}(\tau,s_{23\tau}^*)=A_3(\tau)s_{23\tau}^*+B_3(\tau)+\frac{s_{3\tau}^*}{(1-k)s_{2\tau}^*+s_{3\tau}^*}\times$$

$$[A_{23}(\tau)s_{23\tau}^*+B_{23}(\tau)-(A_2(\tau)s_{23\tau}^*+B_2(\tau)+A_3(\tau)s_{23\tau}^*+B_3(\tau))],$$

在 τ 时刻，这两个区域的瞬时利润为

$$P_2(\tau)=-(A_2'(t)s_{23\tau}^*+B_2'(\tau))-\frac{(1-k)s_{2\tau}^*}{(1-k)s_{2\tau}^*+s_{3\tau}^*}\times$$
$$[A_{23}'(t)s_{23\tau}^*+B_{23}'(\tau)-(A_2'(t)s_{23\tau}^*+B_2'(\tau)+A_3'(t)s_{23\tau}^*+B_3'(\tau))]-$$
$$\left[A_2(\tau)+\frac{(1-k)s_{2\tau}^*}{(1-k)s_{2\tau}^*+s_{3\tau}^*}\times(A_{23}(\tau)-A_2(\tau)-A_3(\tau))\right]\times$$
$$\left[(1-k)b_2+b_3+\frac{\gamma_{23}^2}{a_{23}}A_{23}(\tau)+(2-k)A_{23}(\tau)-\delta_{23}s_{23\tau}^*-\phi_{12}s_{12\tau}^*\right], \quad (9.49)$$

$$P_3(\tau)=-(A_3'(t)s_{23\tau}^*+B_3'(\tau))-\frac{s_{3\tau}^*}{(1-k)s_{2\tau}^*+s_{3\tau}^*}\times$$
$$[A_{23}'(t)s_{23\tau}^*+B_{23}'(\tau)-(A_2'(t)s_{23\tau}^*+B_2'(\tau)+A_3'(t)s_{23\tau}^*+B_3'(\tau))]-$$
$$\left[A_3(\tau)+\frac{s_{3\tau}^*}{(1-k)s_{2\tau}^*+s_{3\tau}^*}\times(A_{23}(\tau)-A_2(\tau)-A_3(\tau))\right]\times$$
$$\left[(1-k)b_2+b_3+\frac{\gamma_{23}^2}{a_{23}}A_{23}(\tau)+(2-k)A_{23}(\tau)-\delta_{23}s_{23\tau}^*+\phi_{12}s_{12\tau}^*\right]. \quad (9.50)$$

4）大联盟型

大联盟是三个地区合作治理流域污染，联盟（1，2，3）的期望利润现值和污染存量的变化情况满足：

$$\max_{e_1,e_2,e_2,h_1,h_2,h_3} W=\int_0^T\left[e_1(t)\left(b_1-\frac{1}{2}e_1(t)\right)+e_2(t)\left(b_2-\frac{1}{2}e_2(t)\right)+\right.$$
$$\left.e_3(t)\left(b_3-\frac{1}{2}e_3(t)\right)-\frac{1}{2}a(h_1(t)+h_2(t)+h_3(t))^2-\pi s(t)\right]\mathrm{e}^{-rT}\mathrm{d}t, \tag{9.51}$$

$$\dot{s}(t)=e_1(t)+e_2(t)+e_2(t)-\gamma(h_1(t)+h_2(t)+h_3(t))-\delta s(t), \tag{9.52}$$

基于动态规划理论，可以得到如下微分方程：

$$-W_t^{(0)}(t,s)=\max_{e_1,e_2,e_3,h_1,h_2,h_3}\left\{\left[e_1^{(0)^*}(t)\left(b_1-\frac{1}{2}e_1^{(0)^*}(t)\right)+e_2^{(0)^*}(t)\left(b_2-\frac{1}{2}e_2^{(0)^*}(t)\right)+\right.\right.$$
$$\left.e_3^{(0)^*}(t)\left(b_3-\frac{1}{2}e_3^{(0)^*}(t)\right)-\frac{1}{2}a_{12}(h_1^{(0)^*}(t)+h_2^{(0)^*}(t)+h_3^{(0)^*}(t))^2-\pi s\right]\mathrm{e}^{-rt}+$$
$$W_s^{(0)}(t,s)[e_1^{(0)^*}(t)+e_2^{(0)^*}(t)+e_3^{(0)^*}(t)-\delta s-$$
$$\left.\gamma(h_1^{(0)^*}(t)+h_2^{(0)^*}(t)+h_3^{(0)^*}(t))]\right\}, \tag{9.53}$$

为使上式右端最大化，得到最大化条件：

$$e_1^{(0)^*}(t)=b_1+W_s^{(0)}(t,s)\mathrm{e}^{rt},$$
$$e_2^{(0)^*}(t)=b_2+W_s^{(0)}(t,s)\mathrm{e}^{rt},$$
$$e_3^{(0)^*}(t)=b_3+W_s^{(0)}(t,s)\mathrm{e}^{rt},$$
$$h_1^{(0)^*}(t)+h_2^{(0)^*}(t)+h_3^{(0)^*}(t)=-\frac{\gamma}{a}W_s^{(0)}(t,s)\mathrm{e}^{rt}.$$

联盟（1，2）在[0, T]内的利润函数为

$$W_s^{(0)}(t,s)=\mathrm{e}^{-rt}(A(t)s+B(t)),$$

将上式代入最大化条件，可得

$$e_1^{(0)^*}(t)=b_1+A(t),$$
$$e_2^{(0)^*}(t)=b_2+A(t),$$
$$e_3^{(0)^*}(t)=b_3+A(t),$$
$$h_1^{(0)^*}(t)+h_2^{(0)^*}(t)+h_3^{(0)^*}(t)=-\frac{\gamma}{a}A(t),$$

其中 $A(t),B(t)$ 满足如下边际条件和动态系统：

$$\dot{A}(t)=\pi+(r+\delta)A(t),$$
$$\dot{B}(t)=rB(t)-\left(\frac{3\gamma^2}{2a}+\frac{3}{2}\right)A^2(t)-(b_1+b_2+b_3)A(t)-\frac{1}{2}(b_1^2+b_2^2+b_3^2).$$

在 τ 时刻，这三个地区的瞬时利润为

$$\begin{aligned}P_1(\tau)=&-(A_1'(t)s_\tau^*+B_1'(\tau))-\frac{s_{1\tau}^*}{s_{1\tau}^*+s_{2\tau}^*+s_{3\tau}^*}\times[A'(t)s_\tau^*+B'(\tau)-\\&(A_1'(t)s_\tau^*+B_1'(\tau)+A_2'(t)s_\tau^*+B_2'(\tau)+A_3'(t)s_\tau^*+B_3'(\tau))]-\\&\left[A_1(\tau)+\frac{s_{1\tau}^*}{s_{1\tau}^*+s_{2\tau}^*+s_{3\tau}^*}\times(A(\tau)-A_1(\tau)-A_2(\tau)-A_3(\tau))\right]\times\\&\left(b_1+b_2+b_3+\frac{\gamma^2}{a}A(\tau)+3A(\tau)-\delta s_\tau^*\right),\end{aligned}\tag{9.54}$$

$$\begin{aligned}P_2(\tau)=&-(A_2'(t)s_\tau^*+B_2'(\tau))-\frac{s_{2\tau}^*}{s_{1\tau}^*+s_{2\tau}^*+s_{3\tau}^*}\times[A'(t)s_\tau^*+B'(\tau)-\\&(A_1'(t)s_\tau^*+B_1'(\tau)+A_2'(t)s_\tau^*+B_2'(\tau)+A_3'(t)s_\tau^*+B_3'(\tau))]-\\&\left[A_2(\tau)+\frac{s_{2\tau}^*}{s_{1\tau}^*+s_{2\tau}^*+s_{3\tau}^*}\times(A(\tau)-A_1(\tau)-A_2(\tau)-A_3(\tau))\right]\times\\&\left(b_1+b_2+b_3+\frac{\gamma^2}{a}A(\tau)+3A(\tau)-\delta s_\tau^*\right),\end{aligned}\tag{9.55}$$

$$\begin{aligned}P_3(\tau)=&-(A_3'(t)s_\tau^*+B_3'(\tau))-\frac{s_{3\tau}^*}{s_{1\tau}^*+s_{2\tau}^*+s_{3\tau}^*}\times[A'(t)s_\tau^*+B'(\tau)-\\&(A_1'(t)s_\tau^*+B_1'(\tau)+A_2'(t)s_\tau^*+B_2'(\tau)+A_3'(t)s_\tau^*+B_3'(\tau))]-\\&\left[A_3(\tau)+\frac{s_{3\tau}^*}{s_{1\tau}^*+s_{2\tau}^*+s_{3\tau}^*}\times(A(\tau)-A_1(\tau)-A_2(\tau)-A_3(\tau))\right]\times\\&\left(b_1+b_2+b_3+\frac{\gamma^2}{a}A(\tau)+3A(\tau)-\delta s_\tau^*\right).\end{aligned}\tag{9.56}$$

9.3 实证分析

这一节选择长江上游流域内重庆市、湖北省和四川省为代表进行实证分析。由于三个地区代表了流域的不同区域，经济发展水平明显不同，环境治理程度也不同。本节在设置参数时充分考虑到这一点，尽量符合区域发展的实际，首先给出重庆市、湖北省和四川省 2011 年到 2020 年的经济数据，如表 9.1 所示。

表 9.1 四川省、重庆市与湖北省的生产总值与经济增长率

年份	四川省		重庆市		湖北省	
	生产总值	增长率	生产总值	增长率	生产总值	增长率
2011	21 026	22.35	10 011	22.35	19 632	22.95
2012	23 872	13.54	11 410	13.97	22 250	13.34
2013	26 392	10.55	12 783	12.04	24 791	11.42
2014	28 536	8.13	14 263	11.57	27 379	10.44
2015	30 053	5.31	15 717	10.20	29 550	7.93
2016	32 934	9.59	17 741	12.87	32 665	10.54
2017	36 980	12.28	19 425	9.49	35 478	8.61
2018	40 678	10.01	20 363	4.83	39 366	10.96
2019	46 615	14.60	23 606	15.92	45 828	16.41
2020	48 599	3.81	25 003	5.92	43 443	5.25
平均值	34 738	12.08	17 701	12.83	33 137	12.68

表 9.1 中的平均值采用二次平方公式：

$$\text{平均值} = \sqrt{\frac{c_1^2 + c_2^2 + \cdots + c_n^2}{n}} ,$$

其中 c_i 表示 GDP 或者增长率。假设 $T = 10,\ b = 20,\ a = 0.5,\ \gamma = 0.5,\ \pi = 4$ 。四川省、重庆市与湖北省的总污染库存分别为 100 百万吨、120 百万吨、200 百万吨，设 $s_{10} = 200,\ s_{20} = 100,\ s_{30} = 120$ 。2020 年，四川省的二氧化碳排放量为 220 百万吨，

重庆市的二氧化碳排放量为 138.6 百万吨，湖北省的二氧化碳排放量为 167.2 百万吨，设系数

$$\beta_1 = 220/138.6 = 1.587, \quad \beta_2 = 167.2/138.6 = 1.206,$$

$$\alpha_1 = 34\,738.56/17\,701.38 = 1.962\,5, \quad \alpha_2 = 33\,137.22/17\,701.38 = 1.872\,0.$$

2020 年，四川省初始排放定额为 75 百万吨，重庆市初始排放定额为 65 百万吨，湖北省的初始排放定额为 70 百万吨，因此设 $E_{10} = 75, E_{20} = 65, E_{30} = 70$。本节中其他参数设置如下：

$$b_1 = b, b_2 = \alpha_1 b, b_3 = \alpha_2 b, \quad a_1 = a, a_2 = \alpha_1 a, a_3 = \alpha_2 a,$$

$$\gamma_1 = \gamma, \gamma_2 = \alpha_1 \gamma, \gamma_3 = \alpha_2 \gamma, \quad \pi_1 = \pi, \pi_2 = \beta_1 \pi, \pi_3 = \beta_2 \pi,$$

$$\varphi_1 = \varphi_2 = \varphi_{12} = \varphi_{23} = \varphi = 0.1, \quad \delta_1 = \delta_2 = \delta_3 = \delta_{12} = \delta_{23} = \delta = 0.1, \quad r = 0.05.$$

为了区分各个联盟类型下的控制变量与状态变量，我们对其用上标加以区分，上标“s”代表自给自足型，上标“u”代表单边联盟中的上游联盟，上标“d”代表单边联盟中的下游联盟，上标“p”代表两两联盟，上标“b”代表大联盟。四种联盟类型的初始系数如表 9.2 所示。

表 9.2 四种联盟类型的初始系数

时间	联盟类型	初始值	
$t = 0$	自给自足型	$A_1(t) = -6$	$B_1(t) = 20$
		$A_2(t) = -8$	$B_2(t) = 30$
		$A_3(t) = -10$	$B_3(t) = 40$
	两两联盟型	$A_{12}(t) = -14$	$B_{12}(t) = 50$
		$A_{23}(t) = -18$	$B_{23}(t) = 70$
	单边联盟型	$A_{12}(t) = -14$	$B_{12}(t) = 50$
		$A_3(t) = -18$	$B_3(t) = 70$
		$A_1(t) = -14$	$B_1(t) = 50$
		$A_{23}(t) = -18$	$B_{23}(t) = 70$
	大联盟型	$A(t) = -24$	$B(t) = 90$

首先，我们根据地区 2 的最优排放水平轨迹来确定 k，如图 9.2 所示。

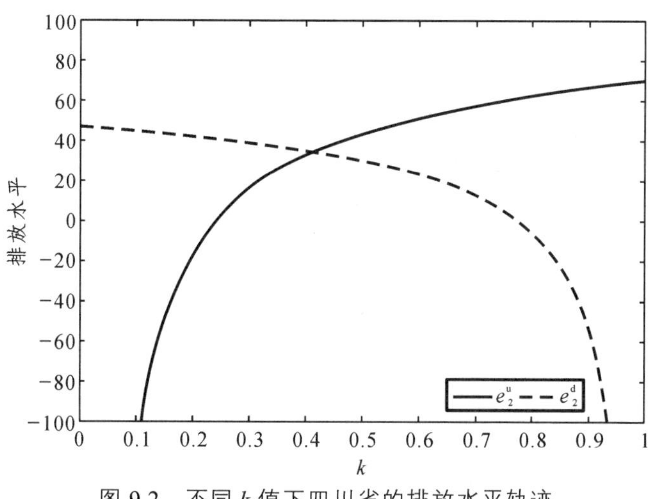

图 9.2　不同 k 值下四川省的排放水平轨迹

由图 9.2 可知，在不同 k 值下，四川省的最优排放水平是不同的，因此对于两两联盟类型，选择 k 值在 0.4 ~ 0.6 之间最佳，最终我们选取中间值 $k=0.5$。

根据表达式，可以得到四川省、重庆市和湖北省在不同联盟类型下的排放水平，如图 9.3 ~ 图 9.5 所示。

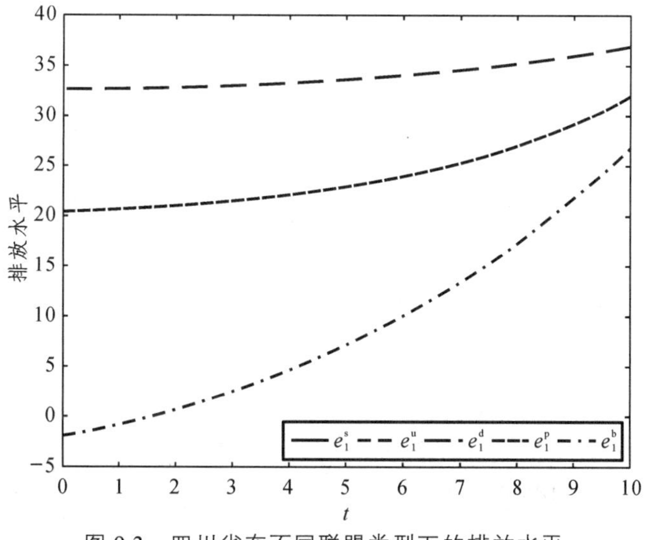

图 9.3　四川省在不同联盟类型下的排放水平

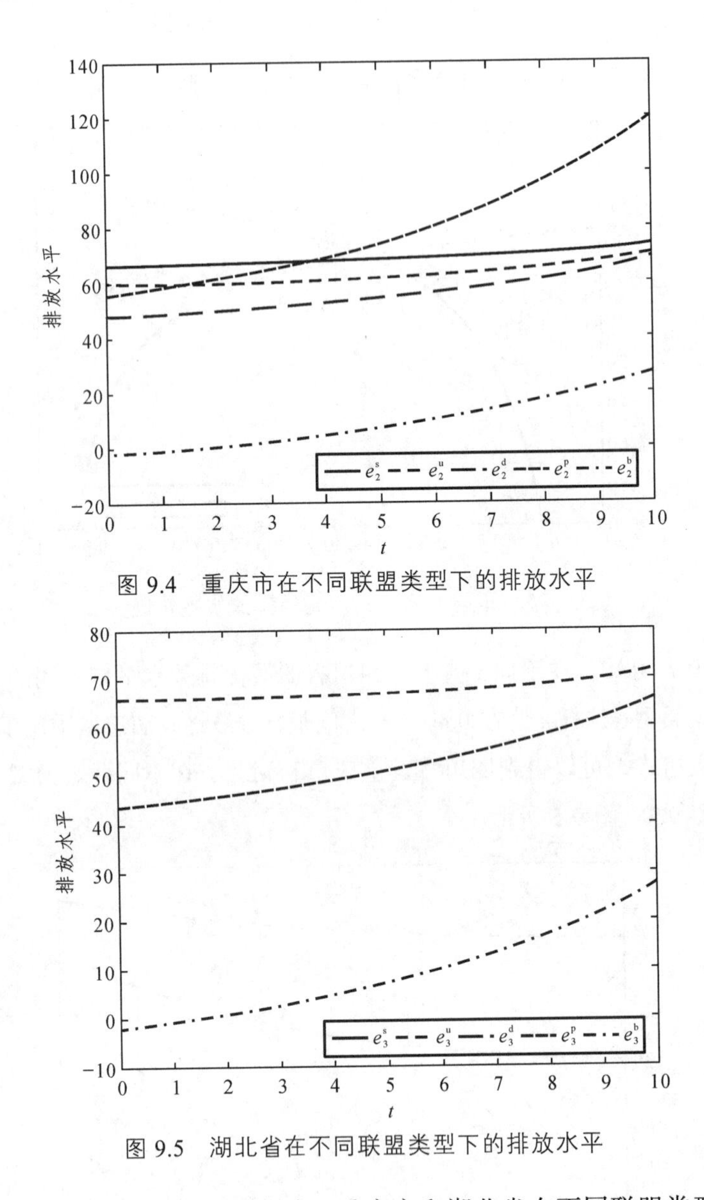

图 9.4　重庆市在不同联盟类型下的排放水平

图 9.5　湖北省在不同联盟类型下的排放水平

由图 9.3 ~ 图 9.5 可知，四川省、重庆市和湖北省在不同联盟类型下的排放水平都是随时间增加而提高的，大联盟型下各个地区的排放水平是最低的。不同的是，重庆市在不同联盟类型下的排放水平都不一样，其余两个地区都至少存在两种联盟类型的排放水平是相等的，这主要是由于重庆市正好处于其他两个地区的中间位置。

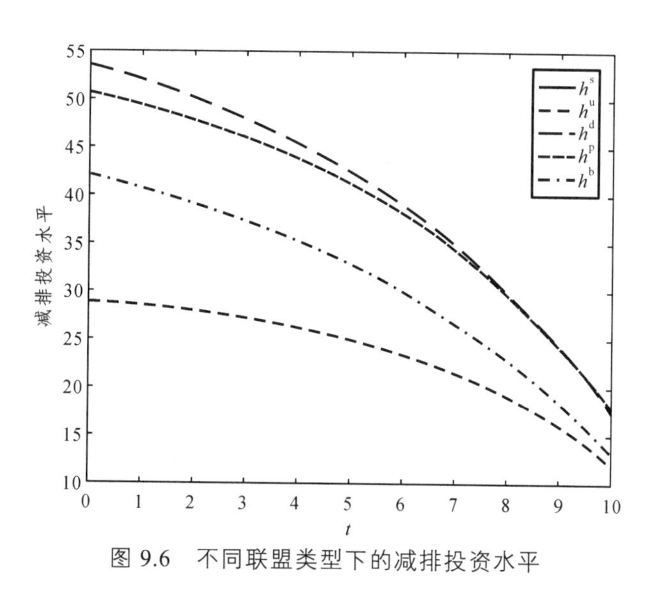

图 9.6　不同联盟类型下的减排投资水平

从图 9.6 可知，各个联盟类型下的减排投资水平都随着时间的增加而减少，各个地区在自给自足型下的减排投资和上游联盟型下的减排投资是相等的，下游联盟型下的减排投资是最高的。

图 9.7 描述了不同联盟类型下的污染存量。从图中可知，在大联盟型下，各个地区的污染存量是最低的，在自给自足型下，各个地区的污染存量是最高的。综上所述，大联盟型更有利于污染控制，保护环境。

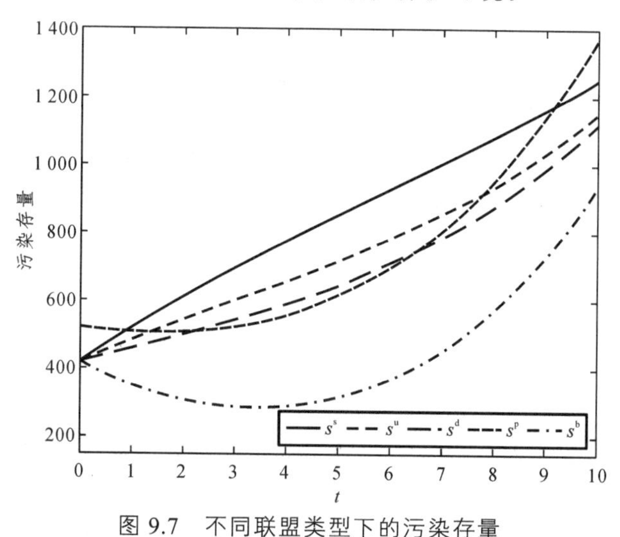

图 9.7　不同联盟类型下的污染存量

由瞬时利润的表达式，我们可以得到四川省、重庆市和湖北省在不同联盟类型下的瞬时利润轨迹图，如图 9.8 ~ 图 9.10 所示。从图中可知，四川省处于长江上游最上游的位置，大联盟和上游联盟进行污染控制的瞬时利润要高于不与其他地区联盟的瞬时利润，由于重庆市和湖北省处于长江上游靠下部的位置，形成下游联盟的瞬时利润要略高于其他联盟类型。

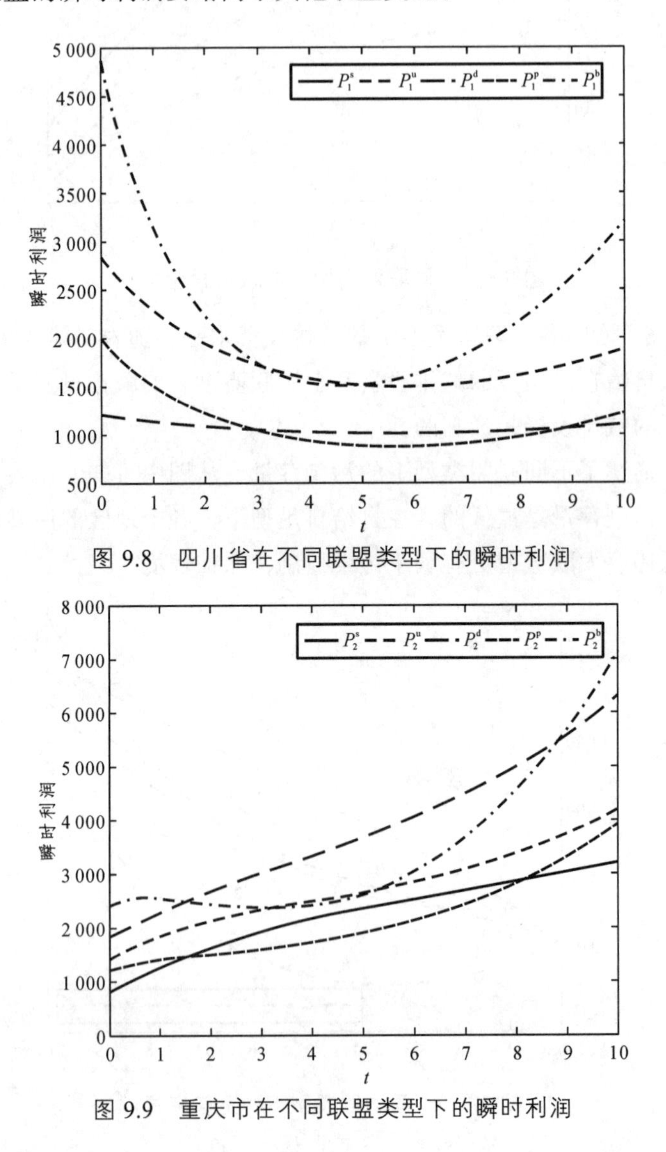

图 9.8　四川省在不同联盟类型下的瞬时利润

图 9.9　重庆市在不同联盟类型下的瞬时利润

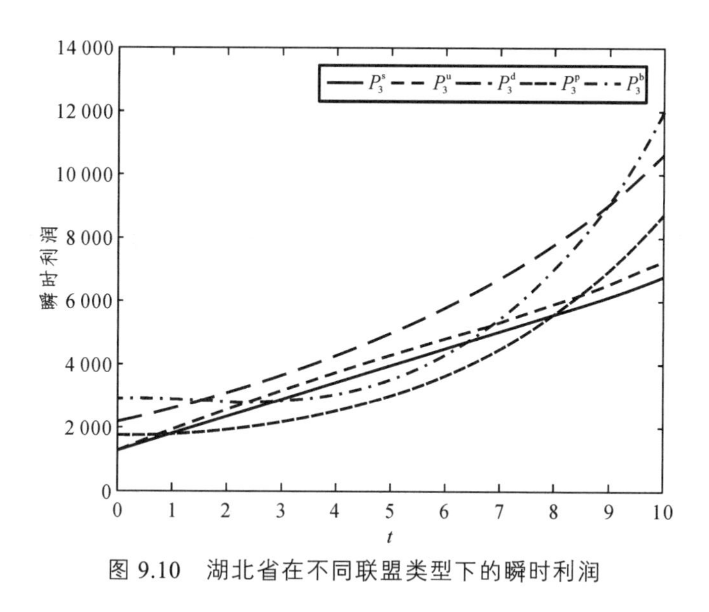

图 9.10　湖北省在不同联盟类型下的瞬时利润

本节以保护流域生态环境为目标，创新跨区域流域管理模式，运用微分博弈模型，提出了四种可供流域水污染控制选择的区域联盟类型，进行了深入细致的分析，针对不同模型分析了各行为主体的策略选择和行为特征，并用实证分析的方式对各种模型的污染治理效果进行了差异分析。

我们可以发现，与其他联盟类型相比，大联盟型往往可以在污染治理中发挥更好的作用，更有利于多方实现共赢；在考虑单边联盟和两两联盟时，合作联盟的参与者不是越多越好，这完全打破了传统的污染治理观念，为流域水污染治理提供了新的理论参考。

第 10 章

基于水排污权交易的长江上游流域生态补偿研究

第 9 章研究了长江上游流域水污染治理区域联盟的微分博弈模型，这一章研究基于水排污权交易的长江上游流域生态补偿。

随着各地的排放权交易日益成为全球范围内控制环境污染的普遍机制，有不少人开始质疑以市场为基础的计划是否能够达到污染治理的需求。为了解决水污染问题，许多欧美国家已经实施了排污权交易制度，且已有数十年的历史。目前，我国的排污权交易制度还不是很成熟，但是已经基本建立，正在逐步完善，这为实施水排污权交易打下了基础。水排污权交易的研究文献还不是很多，研究内容还不够深入。本章试图借鉴碳排放交易经验，建立水排污权交易市场机制，构建流域生态补偿模型，为中国政府决策者提供新的视角，为地区和企业积极应对水污染管理提供有效的建议。

10.1　水排污权交易市场的基本要素

10.1.1　水污染阈值

为了反映水资源的区域特征，水排放交易市场应考虑流域上游与下游之间的联系和差异。上游区域的水污染排放将影响下游区域的社会福利，但下游区域的水污染排放不会影响上游区域。上游地区的水污染排放阈值将会对下游领域的社会福利产生很大的影响，因此排污阈值的确定是本章研究的重点。

10.1.2　交易主客体

水排污权的市场交易对象是排污权，交易的主体是流域内的上游排污企业和下游排污企业。但是不是所有企业都可以进入交易市场，流域管理部门会根据排放的规模和生产规模等因素，设定市场准入标准。本章考虑的水排放交易是在一个国家的同一流域内进行，交易可以在流域内的不同区域之间进行。与碳排放交易体系一般只涵盖一些高碳排放行业相似，这里水排放交易只涵盖水污染排放水平较高的印染、造纸、氮肥等行业。

10.1.3　配额分配方式

本章构建的水排放权交易市场机制不仅能促进水污染治理，而且补充了流域生态补偿的内容，这是水排放权交易市场与碳排放权交易市场不同的地方。作为对上游地区的生态补偿，流域管理部门将在上游地区的水污染排放阈值内免费给上游政府一定数量的排放配额，上游政府再将配额分配给区域内部的排污企业。

10.2　生态补偿市场交易模式

根据上一节对水排放权交易市场基本要素的讨论，本节拟定流域水排放权交易市场运行机制如图 10.1 所示。上游地区的排污企业获得的排放权主要来自流域管理部门，排污企业能够利用配额减少的排污费用；当配额比排放量大时，剩下的部分配额可以通过与其他排放企业进行交易来获得相应的收益。排放权交易市场主要通过给予上游地区的排污企业一定的排放权实现对上游地区的生态补偿。生态补偿主要取决于两个方面：一是流域管理机构分配给上游地区政府的配额，配额越高，可以抵消的排污费就越多，就可以从市场交易中获得越多的收入。二是允许上游排污企业通过购买上游排污企业的排放权来抵消其污染排放的程度。当抵消程度较大时，下游地区的排污企业对排放权的需求量就更大，上游地区的排污企业就能够以更高的价格出售它们，从而获得更多的补偿。

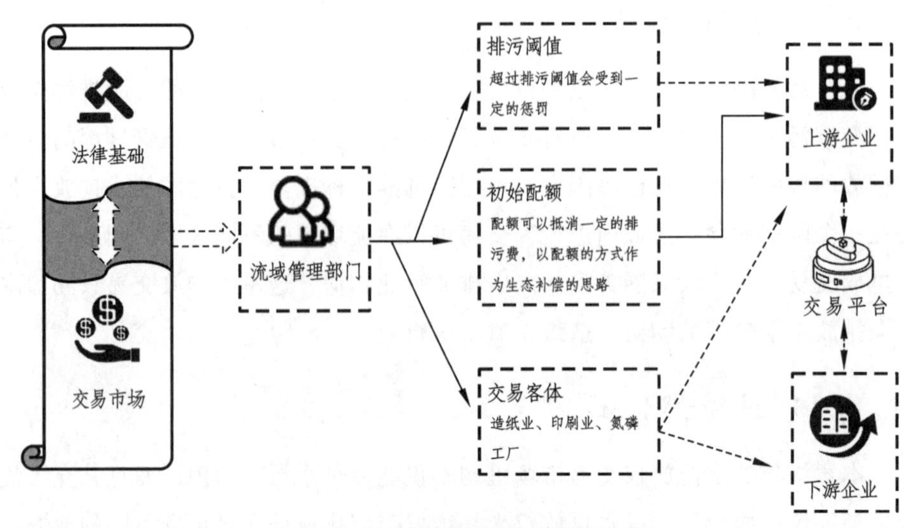

图 10.1　水排污权交易市场运行机制

10.3　基于排污权交易的流域生态补偿模型

这一节将基于排污权交易机制建立流域生态补偿模型，研究流域上游地区和下游地区的排放企业进行排放交易的内在需求，并将生态补偿理念应用于排放交易机制中。构建的模型主要用于分析上游地区排污企业的排污行为和每个企业的排污权交易行为。

10.3.1　基本假设

假设 1：在一个流域内，有上游地区和下游地区两个区域（记为 A 和 B），每个区域有两个理性的排污企业（记为 a 和 b）。

假设 2：根据实际情况，假设上游地区的经济相对较差，上游地区的政府可以为上游地区的企业分配一定数量的配额，而下游地区的企业则没有配额。上游企业用配额抵消了实际排放量后，可以通过交易市场向其他企业出售污水排放权，假设一个单位的排污权可以抵消一个单位的实际排污量。

假设 3：排污权的使用不能超过有效期，而且市场上可交易的配额数量少于整个市场对排放权的需求。

假设 4：下游企业愿意交易水排放权，无论上游企业有多少配额，下游企业都愿意购买，下游企业可以使用购买的配额来抵消自己的排污费用，也可以继续将其转售给其他企业。

10.3.2　基本模型

首先，图 10.1 给出流域水排放权交易市场运作机制。对于区域 i（A 和 B），流域管理部门控制排放阈值 $q>0$，一般认为在 Q_A 范围内，各地区的经济就不会受到很大的影响。对于企业 j（ $j=a,b$ ），企业 a 获得免费水污染权配额 Q_s（ $0 \leqslant Q_s \leqslant Q_A$ ）。企业一单位污染物排放量按排放费 t 计算，当排污量超过排放阈值 Q_i 时，超标量按排放费 $2t$ 计算。可以看出，当实际污染物排放量 q_a 处于不同水平时，企业 a 的环境效益（R，$R<0$ 代表环境成本）将明显不同，因此下面将根据 q_a 的大小分析 R^n（n 代表不同的情况），基本参数设置如表 10.1 所示。

表 10.1　符号和定义

A	上游地区
B	下游地区
Q_s	配额
Q_i	地区 i 的排污阈值
R_j^n	收益
q_i	排污量
a	企业 a
b	企业 b
t	排污费
p_k	在 k 情形下的交易排污费

情形 1：$0 \leqslant q_a \leqslant Q_s$

情形 1 下，企业可以在排放权交易市场中抵消剩余配额 $Q_s - q_a$ 。此时，企业 a 和企业 b 在市场交易排污权。我们假设企业 b 是一个理性的个体，则它可以接受的排污权价格将低于污水费，企业 a 可以获得免费的配额 Q，表明它可以接受任何大于 0 的市场价格进行交易。当然，这两家企业都是理性的个体，我们假设水排放权的实际交易价格为 $p(0<p<t)$，具体情况如图 10.2 所示。

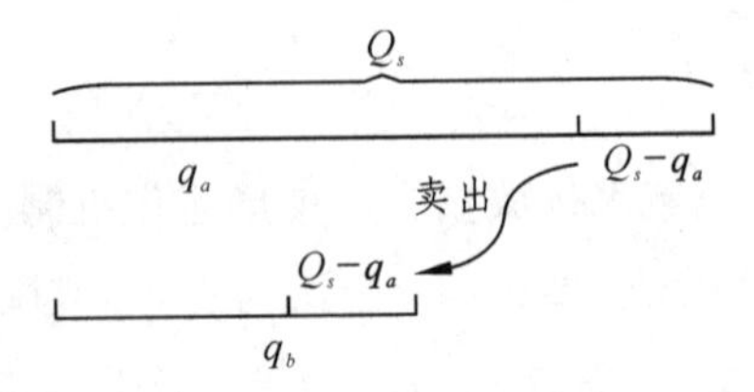

图 10.2　企业 a 与企业 b 之间的水排放权交易

企业 a 的收益如下：

$$R_a^1=(Q_s-q_a)\cdot p\,. \tag{10.1}$$

显然，$R_a^1>0$，这表明，在低排放的情况下，企业 a 不需要支付排污费，并可以通过水排放权交易获得部分额外的收益。在这种情况下，企业 b 也可以通过水排放权交易获得一定的收益，与没有水排放权交易时相比，可以降低 R_b^1 的排污费：

$$R_b^1=(Q_s-q_a)\cdot(t-p)\,. \tag{10.2}$$

情形 2：$Q_s<q_a<Q_A$

情形 2 下，企业 a 获得的水排污权定额不能完全抵消其实际排放量，因此需要支付一定的排污费。由于实际排放量不超过上限，情形 2 中企业 a 的收入 R_a^2 为

$$R_a^2=-(q_a-Q_s), \tag{10.3}$$

这里 $R_a^2<0$，这意味着，当企业 a 排放很多污染时，需要支付一定的排污费，不会有剩余的水排放权卖给企业 b，企业 a 获得的生态补偿费用只有减少的部分排污费 Q_s。

情形 3：$q_a>Q_A$

情形 3 下，由于企业 a 的污染物排放超过 A 地区的排污阈值，不仅需要在

规定的排放量内缴纳排污费，而且还需要支付给政府相应的处罚，处罚值为$(q_a - Q_A)\cdot 2t$，具体情况如图 10.3 所示。

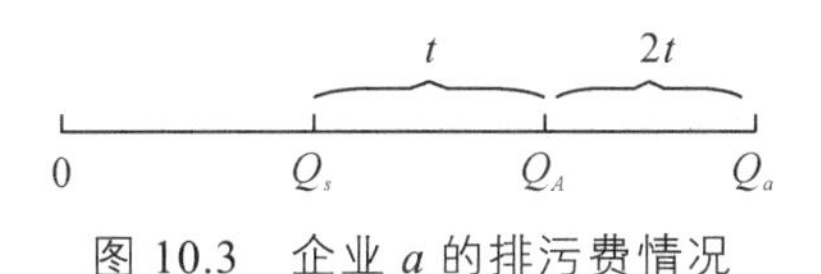

图 10.3　企业 a 的排污费情况

因此，企业 a 在情形 3 下的收入 R_a^3 为

$$R_a^3 = -(q_a - Q_s)\cdot t - (q_a - Q_A)\cdot 2t\ . \tag{10.4}$$

10.3.3　模型扩展

前面假设 A 地区仅存在一个企业。接下来，我们假设 A 地区有两个企业(a_1, a_2)，企业 a_2 的实际排放量为 q_{a_2}，将区域 A 的污染物排放上限 Q_A 分解为 Q_{A_1} 和 Q_{A_2}，分别对应于企业 a_1 和企业 a_2 的污染物排放阈值。这两个企业获得的水排放权配额分别为 Q_{sa_1} 和 Q_{sa_2}，且 $Q_{sa_1} < Q_{Aa_1}$ 和 $Q_{sa_2} < Q_{Aa_2}$。我们将根据企业 a_1 和企业 a_2 的实际排污量来分析各企业的收入。

情形 4：$0 < q_{a_1} < Q_{sa_1}$

情形 4 下，企业 a_1 和 a_2 可以交易剩余配额 $Q_{sa_1} - q_{a_1}$ 和 $Q_{sa_1} - q_{a_1}$。在水排放权交易市场上，将多余的排放权转售给企业 b。水排放权市场交易价格为 p_1，满足 $0 < p_1 < t$，这时两个企业的收入分别为

$$R_{a_1}^4 = (Q_{sa_1} - q_{a_1})\cdot p_1, \tag{10.5}$$

$$R_{a_2}^4 = (Q_{sa_2} - q_{a_2})\cdot p_1\ . \tag{10.6}$$

类似前面的分析，上游地区 A 无须缴纳排污费，也可以通过水排放权交易获得额外收益，从而获得相应的生态补偿。同时，企业 b 可以少支付排污费 R_4^b：

$$R_4^b = (Q_s - q_{a_2} - q_{a_1})(t - p_1)\ . \tag{10.7}$$

情形 5：$Q_{sa_1} < q_{a_1} < Q_{Aa_1}$

情形 5 下，企业 a_1 获得的排污权配额只能抵消部分排污费。企业 a_2 不仅可

以完全抵消排污费，而且可以将部分超额配额转售给企业 b 或企业 a_1。现在假设企业 a_2 向企业出售剩余配额的比例是 $\alpha(0<\alpha<1)$，且

$$(Q_{sa_2}-q_{a_2})\cdot\alpha\leqslant q_{a_1}-Q_{sa_1}.$$

企业 a_1 购买的配额不会高于实际排放与其自身配额之间的差，企业 b 可以购买 $1-\alpha$ 比例的剩余配额。假设在市场均衡的条件下，水排放权价格为 $p_2(0<p_2<t)$，这些企业的收益分别为

$$R_{a_1}^5=-[q_{a_1}-\alpha(Q_{sa_2}-q_{a_2})]\cdot t-\alpha(Q_{sa_2}-q_{a_2})\cdot p_2,\tag{10.8}$$

$$R_{a_2}^5=(Q_{sa_2}-q_{a_2})\cdot p_2.\tag{10.9}$$

情形 5 下，企业 b 可以从企业 a_2 获得 $1-\alpha$ 比例的水排放权配额，这时它可以获得减排成本为

$$R_b^5=(Q_{sa_2}-q_{a_2})\cdot(1-\alpha)(t-p_2).\tag{10.10}$$

情形 6： $q_{a_1}>Q_{Aa_1}$

情形 6 下，企业 a_1 的污染物排放量超过阈值 Q_{A_1}，虽然上游政府分配的初始配额可以抵消部分污染费用，但是政府应对超量排放的部分进行一定的处罚。对于企业 a_2，不仅不需要支付排污费，还可以将剩余额度出售给其他企业。应该注意的是，这里有两种情况需要讨论：① $q_{a_1}-Q_{Aa_1}\geqslant(Q_{sa_2}-q_{a_2})\cdot\alpha$；② $q_{a_1}-Q_{Aa_1}<(Q_{sa_2}-q_{a_2})\cdot\alpha$。

假设此时市场上的交易价格为 $p_3(0<p_3<t)$，对于上述两种情况，我们分别得到两个企业的收益如下：

（1）$q_{a_1}-Q_{Aa_1}\geqslant(Q_{sa_2}-q_{a_2})\cdot\alpha$。

这种情况下，由于企业 a_1 排放的污染物比购买的要多，即使可以免税，仍需要支付一定的罚款，这时的收益为

$$R_{a_1}^6=-(Q_{Aa_1}-Q_{sa_1})\cdot t-\alpha(Q_{sa_2}-q_{a_2})\cdot p_3-[(q_{a_2}-Q_{Aa_2})-\alpha(Q_{sa_2}-q_{a_2})]\cdot 2t,$$

$$R_{a_2}^6=(Q_{sa_2}-q_{a_2})\cdot p_3.$$

类似地，b 企业少支付的排污费为

$$R_b^6=(1-\alpha)(Q_{sa_2}-q_{a_2})\cdot(t-p_3)\,. \tag{10.11}$$

（2）$q_{a_1}-Q_{Aa_1}<(Q_{sa_2}-q_{a_2})\cdot\alpha$。

这种情况下，企业 a_1 购买了太多的排污权，为了达到上游企业的生态补偿标准，假设企业 a_1 将超额配额以 p_4 的价格出售给下游企业，这时的收益为

$$R_{a_1}^6=-(Q_{Aa_1}-Q_{sa_1})\cdot t-(q_{a_1}-Q_{Aa_1})\cdot p_3+[\alpha(Q_{sa_2}-q_{a_2})-(q_{a_1}-Q_{Aa_1})]\cdot p_4,$$

$$R_{a_2}^6=(Q_{sa_2}-q_{a_2})\cdot p_3\,.$$

假设 $Q_{sa_2}<q_{a_2}<Q_{Aa_2}$，我们继续如下讨论。

情形 7：$0<q_{a_1}<Q_{sa_1}$

情形 7 下，企业 a_1 的配额比它的排放量大，这时它的剩余配额可以出售给其他企业。对于企业 a_2，它的排放量大于初始配额，小于当地排污上限，它需要受到相应的惩罚，并支付一定的排污费。我们将市场价格定为 p_5，假设企业 a_1 按比例 β $(0<\beta<1)$ 向企业 a_2 出售剩余配额，那么企业 b 将有 $1-\beta$ 比例的配额，这里 $(Q_{sa_1}-q_{a_1})\cdot\beta\leqslant q_{a_2}-Q_{sa_2}$。因此，我们有

$$\begin{aligned}&R_{a_1}^7=(Q_{sa_1}-q_{a_1})\cdot p_5,\\&R_{a_2}^7=-[q_{a_2}(Q_{sa_1}-q_{a_1})\cdot\beta]\cdot t-(Q_{sa_1}-q_{a_1})\cdot\beta\cdot p_5,\\&R_b^7=(Q_{sa_1}-q_{a_1})\cdot(t-p_5)\cdot(1-\beta)\,.\end{aligned} \tag{10.12}$$

情形 8：$Q_{sa_1}<q_{a_1}<Q_{Aa_1}$

情形 8 下，企业 a_1 和企业 a_2 都没有任何剩余配额。因此，要求上游企业支付一定的排污费，企业 b 不能购买配额，这时每个企业的收益分别为

$$\begin{aligned}&R_{a_1}^8=-(q_{a_1}-Q_{sa_1})\cdot t,\\&R_{a_2}^8=-(q_{a_2}-Q_{sa_2})\cdot t,\\&R_b^8=0.\end{aligned} \tag{10.13}$$

情形 9：$q_{a_1} > Q_{Aa_1}$

情形 9 下，企业 a_1 的排污量超过排放限额，因此将受到处罚，而其他企业没有配额销售。因此，各企业的收益分别为

$$R_{a_1}^9 = -[(q_{a_1} - Q_{Aa_1}) \cdot 2t + (Q_{Aa_1} - Q_{sa_1}) \cdot t],$$

$$R_{a_2}^9 = -(q_{a_2} - Q_{sa_2}) \cdot t, \tag{10.14}$$

$$R_b^8 = 0 .$$

当 $q_{a_2} > Q_{Aa_2}$ 时，我们分如下三种情况进行讨论：

情形 10：$0 < q_{a_1} < Q_{sa_1}$

情形 10 下，企业 a_2 的排放量超过了它的排放阈值，需要受到严厉的惩罚。但与企业 a_1 相比，剩余的配额将出售给企业 a_2 和企业 b，因此两者都可以降低排污费。事实上，情形 10 与情形 6 类似，我们也分两种情况进行讨论：① $q_{a_2} - Q_{Aa_2} \geqslant (Q_{sa_1} - q_{a_1}) \cdot \beta$；② $q_{a_2} - Q_{Aa_2} < (Q_{sa_1} - q_{a_1}) \cdot \beta$。

这里市场交易价格设置为 $p_6 (0 < p_6 < t)$。如果企业 a_2 购买更多的配额，以 $p_7 (0 < p_7 < p_6)$ 的价格出售给企业 b，这时上述两种情况下各企业的收益如下：

（1）$q_{a_2} - Q_{Aa_2} \geqslant (Q_{sa_1} - q_{a_1}) \cdot \beta$。

各企业的收益：

$$R_{a_1}^{10} = (Q_{sa_1} - q_{a_1}) \cdot p_6 ,$$

$$R_{a_2}^{10} = -(Q_{Aa_2} - Q_{sa_2}) \cdot t - \alpha (Q_{sa_1} - q_{a_1}) \cdot p_6 - [(q_{a_1} - Q_{Aa_1}) - \beta (Q_{sa_1} - q_{a_1})] \cdot 2t,$$

$$R_b^{10} = (Q_{sa_1} - q_{a_1}) \cdot (1 - \beta)(t - p_6) .$$

（2）$q_{a_2} - Q_{Aa_2} < (Q_{sa_1} - q_{a_1}) \cdot \beta$。

各企业的收益：

$$R_{a_1}^{10} = (Q_{sa_1} - q_{a_1}) \cdot p_6 ,$$

$$R_{a_2}^{10} = -(Q_{Aa_2} - Q_{sa_1}) \cdot t - (q_{a_2} - Q_{Aa_2}) \cdot p_6 + [\beta (Q_{sa_1} - q_{a_1}) - (q_{a_2} - Q_{Aa_2})] \cdot p_7 .$$

情形 11： $Q_{sa_1} < q_{a_1} < Q_{Aa_1}$

企业 a_1 和企业 a_2 都没有配额盈余，则有

$$R_{a_1}^{11} = -(q_{a_1} - Q_{sa_1}) \cdot t,$$

$$R_{a_2}^{11} = -[(Q_{Aa_2} - Q_{sa_2}) \cdot t + (q_{a_2} - Q_{Aa_2}) \cdot 2t].$$

情形 12： $q_{a_1} > Q_{Aa_1}$

情形 12 下，每个企业获得的收益分别为

$$R_{a_2}^{12} = -[(Q_{Aa_1} - Q_{sa_1}) \cdot t + (q_{a_1} - Q_{Aa_1}) \cdot 2t],$$

$$R_{a_2}^{12} = -[(Q_{Aa_2} - Q_{sa_2}) \cdot t + (q_{a_2} - Q_{Aa_2}) \cdot 2t].$$

在之前的讨论中，我们分别分析了 2 个企业的排污权交易模型和 3 个企业的排污权交易模型，介绍了上游企业在不同情形下的排污量与收益之间的关系，接下来，我们将利用数值模拟来更直观地描述这些问题，并基于长江上游流域内的青海省、西藏自治区和云南省的实际数据进行实证分析。

10.4 水排污权交易的数值模拟

10.4.1 2 个企业结果分析

为了进一步说明模型中的参数对上游企业收益的影响，本节利用数值模拟来分析流量和交易价格对企业收益的影响。基于前几节的参数假设，表 10.2 列出了每个参数的初始值。

表 10.2 参数数据

Q_s	Q_A	p	t
30	60	7	10

注： Q_s 表示上游政府对上游企业分配的初始配额； Q_A 表示流域管理部门设定的 A 区域的污染物排放上限； q 表示上游企业的排放量； p 表示上游企业与其他企业交易的价格； t 表示流域管理部门设定的污染物排放价格。

根据前面的模型和参数假设，分别得到图 10.4 所示的企业 a 的排放量与收益之间的关系。

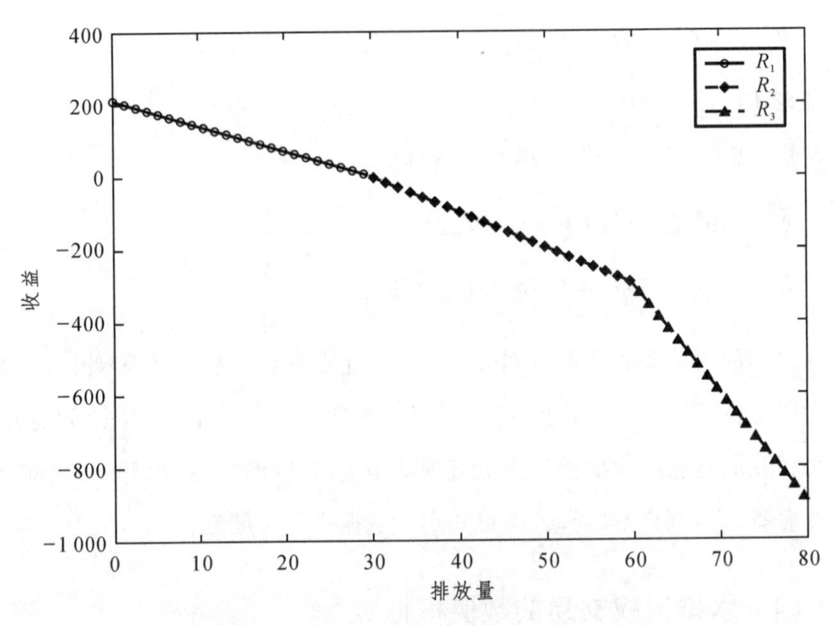

图 10.4　企业 a 的排放量与收益之间的关系

随着排放量的增加，从 $\frac{\partial R_a^3}{\partial q} < \frac{\partial R_a^2}{\partial q} < \frac{\partial R_a^1}{\partial q}$ 可以看出，企业 a 的收入下降得越来越快。研究结果表明，上游企业在生产建设过程中应考虑其排放量与收入的关系，最大限度地提高各企业的收益，使它们获得更好的发展。

10.4.2　3 个企业结果分析

本节将分析 3 个企业的情况，与 2 个企业相比，3 个企业情况更加复杂。这里，我们假设的各参数如表 10.3 所示。

表 10.3　参数数据

Q_{sa_1}	Q_{sa_2}	Q_{Aa_1}	Q_{Aa_2}	t	p
16	14	32	28	10	7
p_2	p_3	p_4	p_5	p_6	p_7
6	5	4	7	8	6

注：Q_{sa_1} 表示上游政府分配给企业 a_1 的初始配额；Q_{sa_2} 表示上游政府分配给企业 a_2 的初始配额；Q_{Aa_1} 表示流域管理部门为企业 a_1 设定的排放阈值；Q_{Aa_2} 表示流域管理部门为企业 a_2 设定的排放阈值；$p_k(k=1,2,3,\cdots)$ 表示不同情况下排放的交易价格；$\alpha=0.6$，$\beta=0.7$。

1）$q_{a_1}-Q_{Aa_1}\geqslant(Q_{sa_2}-q_{a_2})\cdot\alpha$

类似前面的分析，当企业 a_1 的排放量大于流域管理部门给出的阈值 Q_{Aa_1} 时，或者当企业 a_2 的排放量大于流域管理部门给出的阈值 Q_{Aa_2} 时，我们需要分情况进行讨论。

图 10.5 和图 10.6 解释了企业 a_1 和企业 a_2 的排放量与收益之间的关系。在图 10.5 中，分别给出了 R_1，R_2 和 R_3 的图像。下面分析企业 a_1 与企业 a_2 的情况，我们得到 $\frac{\partial R_{a_1}^6}{\partial q_{a_1}}<\frac{\partial R_{a_1}^5}{\partial q_{a_1}}<\frac{\partial R_{a_1}^4}{\partial q_{a_1}}$，$\frac{\partial R_{a_2}^6}{\partial q_{a_2}}>\frac{\partial R_{a_2}^5}{\partial q_{a_2}}>\frac{\partial R_{a_2}^4}{\partial q_{a_2}}$。这意味着，随着企业 a_1 的排放量的增加，企业 a_1 的收益将快速下降。然而，企业 a_2 的收益将越来越快地增长，

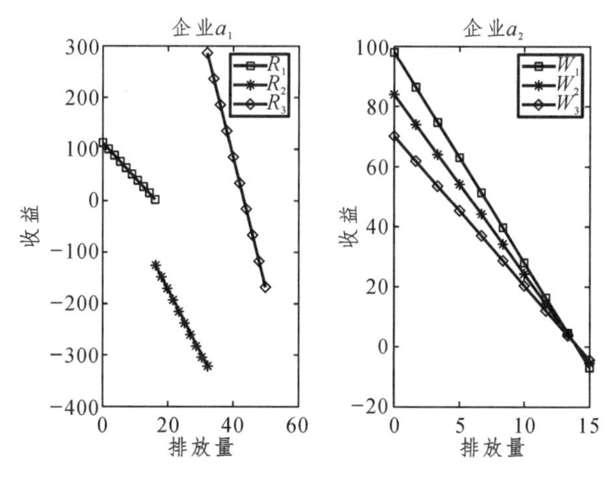

图 10.5　企业 a_1 和企业 a_2 的排放量与收益的关系

这是因为 A_1 的排放量越来越多，当超过初始配额时，就会受到相应的惩罚，为了避免支付过多的排污费，它将从企业 a_2 购买一定数量的污染配额，因此企业 a_2 的收益将随着企业 a_1 的排放量的增加而增加。

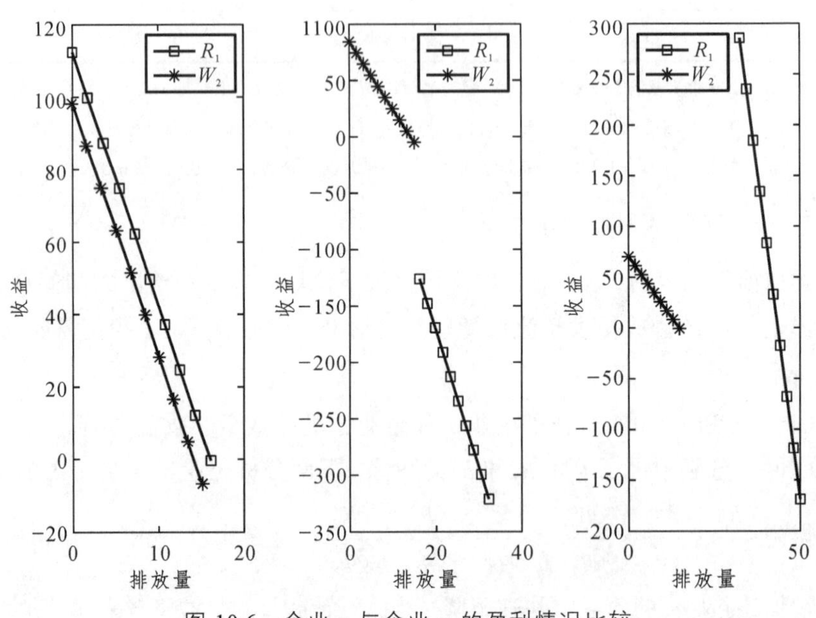

图 10.6　企业 a_1 与企业 a_2 的盈利情况比较

从图 10.6 可以看出，企业 a_1 和企业 a_2 的收益几乎以相同的速率下降，其原因是当企业 a_1 产生排放量时，会用其初始配额抵消一定数量的排污费，导致与企业 a_2 产生相同的结果。当企业 a_1 的排放量大于配额时，我们发现随着排放量的增加，企业 a_1 的收益比企业 a_2 的收益下降得更快，其原因是企业 a_1 的污染排放量过多，将受到相应处罚，而企业 a_2 没有超过配额，就不需要缴纳罚款，所以当企业 a_1 的排放量大于排污阈值时，企业 a_1 收入的下降速度更快。

2）$q_{a_1} - Q_{Aa_1} < (Q_{sa_2} - q_{a_2}) \cdot \alpha$

在这种情况下，我们给出 $q_{a_1} - Q_{Aa_1} < (Q_{sa_2} - q_{a_2}) \cdot \alpha$ 的图像，如图 10.7 所示。通过双方的比较，我们发现 R_1，R_2 和 R_3 的图像发生了变化。

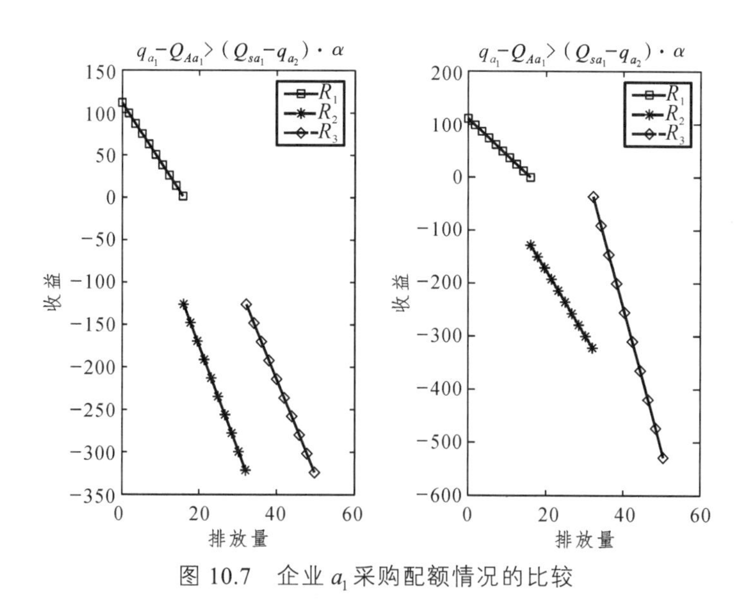

图 10.7　企业 a_1 采购配额情况的比较

从图 10.7 可以看出，此图展示的结果与之前的图像不同，其原因是企业 a_1 从企业 a_2 购买的配额超过了其排放能力，因此企业 a_1 将剩余配额转售给其他企业，假设将这部分配额转售给下游企业 b，则 b 企业将获得一定的配额来抵消排污费，于是导致两种情况的结果完全不同。

图 10.8 和图 10.9 解释了企业 a_1 和企业 a_2 的排放量与收益之间的关系。从

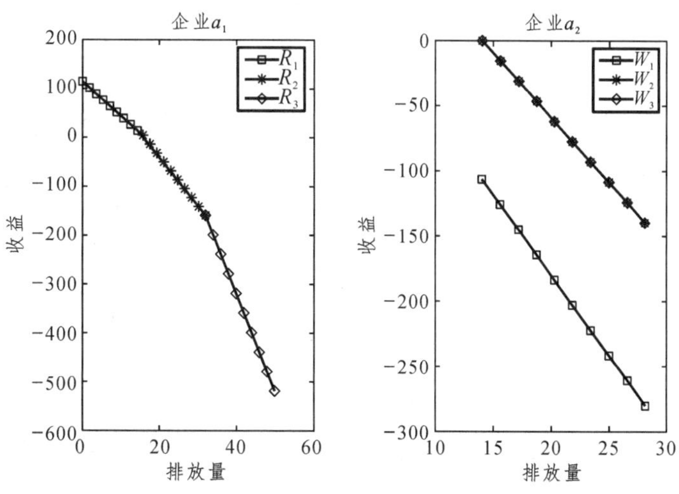

图 10.8　企业 a_1 与企业 a_2 的收益与排放量的关系

图 10.8 中，我们发现 $\frac{\partial R_{a_1}^9}{\partial q_{a_1}} < \frac{\partial R_{a_1}^8}{\partial q_{a_1}} < \frac{\partial R_{a_1}^7}{\partial q_{a_1}}$， $\frac{\partial R_{a_2}^7}{\partial q_{a_2}} < \frac{\partial R_{a_2}^8}{\partial q_{a_2}} = \frac{\partial R_{a_2}^9}{\partial q_{a_2}}$。从图 10.9 可以看出，只有在配额小于排放量时，企业 a_1 和 a_2 的收益以相同的速度下降，当企业 a_1 的排放量小于初始配额时，企业 a_1 的收益比企业 a_2 下降得更快。图 10.10 给出了不同配额下企业 a_2 的收益情况。

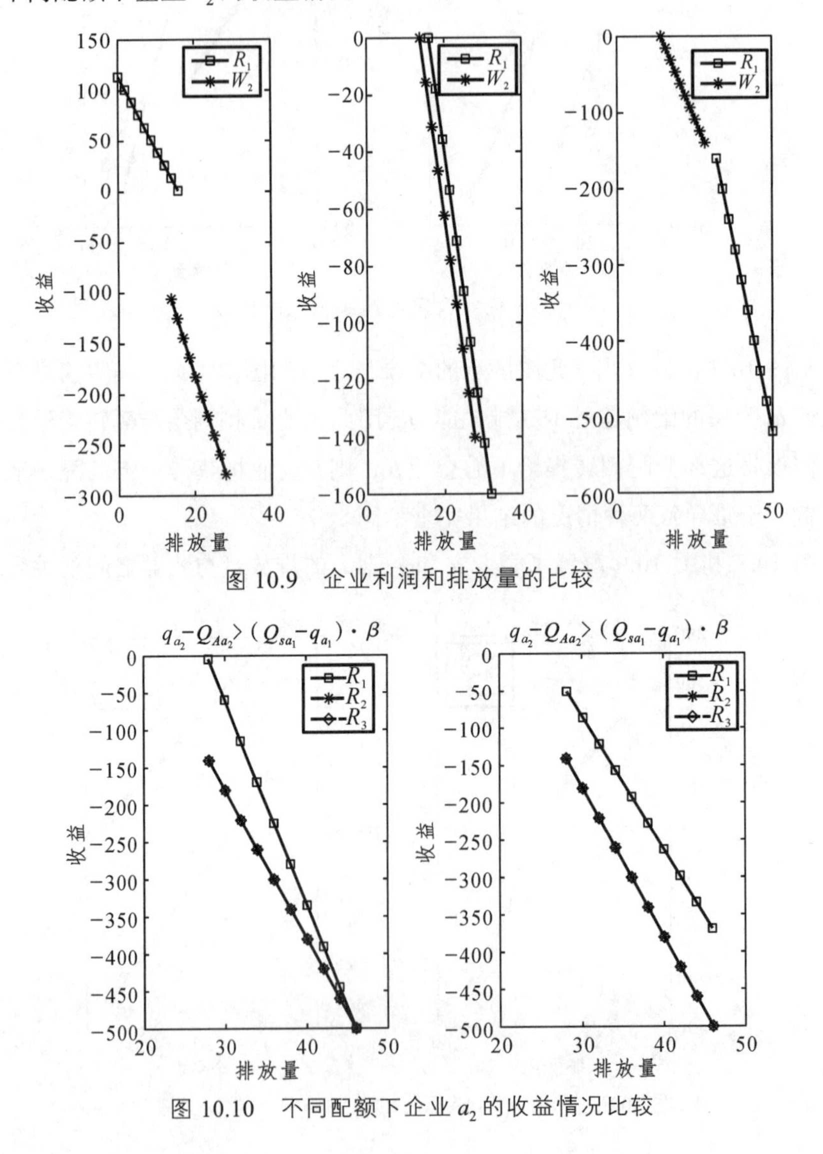

图 10.9　企业利润和排放量的比较

图 10.10　不同配额下企业 a_2 的收益情况比较

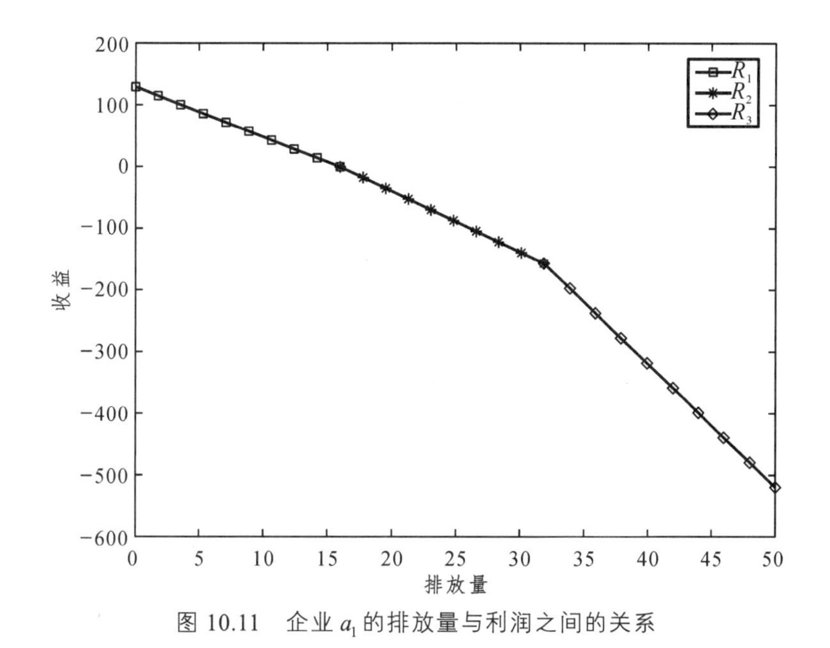

图 10.11　企业 a_1 的排放量与利润之间的关系

从图 10.11 可以看出，当企业 a_1 有剩余的配额时，企业 a_2 可以购买一定的配额来抵消排污费用，但当企业 a_1 没有额外的配额来销售时，这种情况下将导致企业 a_2 支付更多的排污费。

10.5　实证分析

随着我国的工业化进程不断深入和发展，生态环境问题日益突现。为促进可持续发展，有效控制工业污染，并逐步改善环境，我国政府面对环境问题做出了许多回应。但是，如何才能有效治理环境污染，遏制企业环境污染所产生的负外部效应，这是一个急需解决的重要问题。本节为改善我国流域的水污染现状，以长江上游流域的部分区域数据为例，引入排污权交易市场，深入剖析市场交易的内部规律，给政策制定者提出建设性建议。

本节，我们将选择长江上游流域内的青海省、西藏自治区和云南省作为代表进行水排污权交易的实证分析，由于部分数据部分缺失，为说明污染发展的规律，本节选取 2012—2021 年的完整数据（数据来源于国家统计局）进行分析。这三个地区经济发展水平有所不同，环境治理程度也不同，本节以工业废水为各区域的主要排污量，分析青海省、西藏自治区和云南省各工业废水排污情况，选取2012—2021年这10年的平均值作为各地区的工业废水排放量，得到青海省、西藏自治区和云南省的排污量分别约为5 411万吨、1 421万吨和37 905万吨，分别设置其排污上限为6 000万吨、2 000万吨和38 500万吨，经查询国家统计局的相关数据，得到青海省、西藏自治区和云南省的初始排污权配额分别为1 935万吨、835万吨和2 354万吨，当各区域排放量超过排污上限，假设需要缴纳的排污费是10元/吨，假设其他情形下的排污权交易费用 $p_k \leqslant 10$，得到青海省、西藏自治区和云南省的市场交易及排污分配情况，如表10.4所示。

表10.4　青海省、西藏自治区和云南省的市场交易及排污权分配情况

Q_{sa_1}	Q_{sa_2}	Q_b	Q_{Aa_1}	Q_{Aa_2}	Q_{A_b}
1.94	0.84	2.35	6	2	38.5
t	p_1	p_2	p_3	p_4	p_5
10	8	7	4	7	9

承接前面的分析，我们下面分析青海省、西藏自治区和云南省的排污量与收入的关系。基于排污权交易机制，分析得出这三个地区在不同排污费用下的收益情况，如图10.12～图10.15所示。

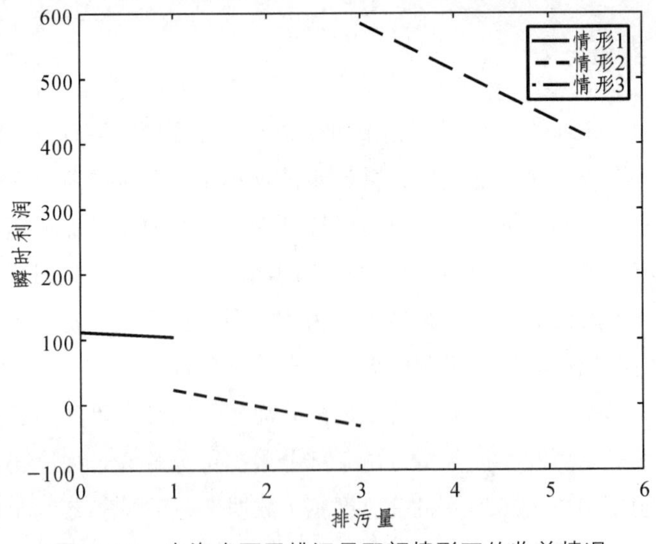

图10.12　青海省不同排污量配额情形下的收益情况

图 10.12 给出了青海省的排放量与其收入之间的关系。随着排放量的增加，可以看出，青海省收入的下降速度越来越快。可以说明，在污水市场机制下，并不意味着企业排放越多，收入越高。污水排放量越多，对该地区处罚得越严厉，因此青海省在经济建设过程中应充分考虑其排放量与收益的关系。

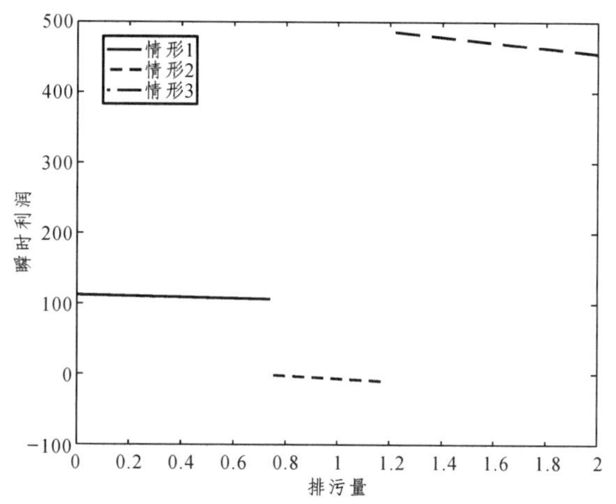

图 10.13　西藏自治区不同排污量配额情形下的收益情况

图 10.13 给出了西藏自治区的排放量与其收益之间的关系。随着排放量的增加，西藏自治区收益的下降速度很慢，稍微有下降的趋势，但不明显。对比国家统计局的相关数据发现，西藏自治区的历年排污量较低，因此其排放量和收益的关系不明显，且有下降的趋势。

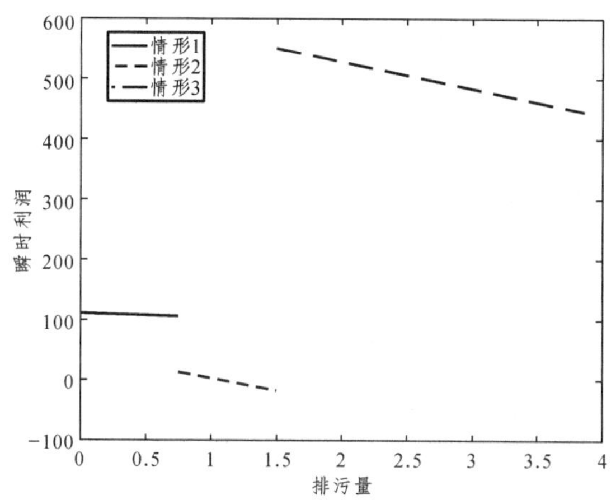

图 10.14　云南省不同排污量配额情形下的收益情况

图 10.14 给出了云南省的排放量与其收益之间的关系。随着排放量的增加，可以看出，云南省收入的下降速度非常快，相比西藏自治区和青海省，其下降速度是最快的。可以说明，云南省是这三个地区污水排放最严重的，政策制定者需要制定严格的排污权的分配比例和初始配额，这样才能有效遏制地区的排污现象。图 10.15 给出了这三个地区在不同排污费下其收益的变化情况。

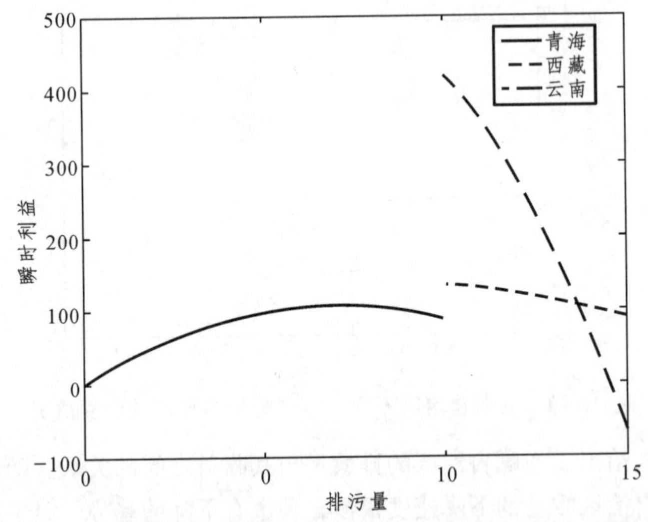

图 10.15 青海省、西藏自治区和云南省在不同排污费下收益情况

从图 10.15 中可以看出，排污费对西藏自治区的敏感性不高，受排污费影响最大的是云南省，其次是青海省，这两者均随排污费的增加，其瞬时收益降低。为了有效治理长江上游流域污染，需严格制定排污税，对排污量较多的地区，收取较高的排污费，同时合理分配初始配额，对于排污量较少的地区，应该发放较少的初始配额，这样才能奖惩分明，合理优化水污染问题，维护长江流域的生态平衡，促进经济的可持续发展。

本节结合水污染排放的基本特征，建立基于水排放交易的流域生态补偿模型，分析水排放交易市场的运行机制，主要得出如下结论：

（1）排污权交易机制是对流域现有生态补偿模式的补充，是解决污染治理问题的有效途径。本章将水排放交易机制应用于长江流域污染控制，结合碳排放交易的经验，可以为政府决策者处理水污染问题提供新的视角。

（2）从实证分析结果来看，青海省、西藏自治区和云南省获得的生态补偿主要来源于分配的排污权，因此长江上游流域内的生态补偿可以通过市场机制来实现，使流域内各地区有效减少水污染排放。

（3）为有效控制各企业水污染排放，研究发现分配初始配额是流域管理部门设定排放阈值时的重要权衡指标，会严重影响流域生态环境，也对企业积极应对水污染控制起着重要作用。因此，在今后的工作中，我们可以利用初始配额和排污量作为控制变量，将这一静态博弈问题转化为动态博弈问题，并利用 Stackelberg 博弈模型处理这些问题。

第 11 章 基于三支决策理论的长江上游流域生态补偿研究

第 10 章研究了基于水排污权交易的长江上游流域生态补偿。这一章，在第 10 章的基础上，基于三支决策理论来研究长江上游流域的生态补偿。

生态补偿是解决水污染控制问题的一个很有用途的监管工具。以往的研究表明，地方政府有两种治理水资源的策略，而第三种策略“延迟策略”往往被忽视。本章试图结合演化博弈理论和三支决策理论来预测不同策略场景的均衡结果以及上游政府和下游政府的策略演变过程，建立流域生态补偿模型，包括生态效益、名誉边际效益和损失、机会成本、直接成本、补偿费等一系列指标，研究结果表明，任何名誉的增加或下降都将促进上游政府对水资源的保护。对于整个生态系统来说，设置合理的生态补偿费可以有效地促进上下游政府之间的积极合作。至关重要的是，如果上游政府选择不承诺策略，下游政府就不太愿意支付赔偿费用。本章创新性地将三支决策理论应用于长江上游流域生态补偿研究，将为开发和保护流域生态环境、完善流域生态补偿提供一条有效的途径。

11.1　三支决策理论

对于流域生态补偿影响因素的研究，涉及的理论主要有微分博弈理论和演化博弈理论。截至目前，几乎没有研究者考虑将三支决策理论应用于生态补偿中，本章考虑了将三支决策理论应用于环境污染治理，扩充了三支决策在流域管理领域上的应用，是一个重要的理论创新。

11.1.1　流域生态补偿的博弈理论

博弈论首先应用于经济学，然后逐渐应用于环境问题中。博弈论是研究数学模型的理性决策者之间的策略互动。之前的文献一般是：应用微分博弈理论研究流域的生态补偿和社会福利分配问题；应用演化博弈理论研究流域生态补偿的影响因素；应用静态博弈理论研究跨界污染问题。

微分博弈是指多个参与者在连续时间情况下的博弈，最终获得每个参与者的纳什均衡策略。随着经济的蓬勃发展，微分博弈在管理科学中的应用也日益广泛，涵盖微观经济学、宏观经济学、环境经济学、劳动经济学等领域，也有学者谈到了微分博弈在流域生态补偿的应用。

演化博弈论起源于生物的演化理论，是一种动态均衡，在描述生物发展和演化过程时经常能得到非常好的效果。经济学家也应用演化博弈论来分析社会规范、制度和习惯，解释他们的形成过程。演化博弈论是研究各种经济学问题的基本工具，已经逐渐演变成新的经济学领域。

11.1.2　流域生态补偿的三支决策理论

在流域生态补偿系统中，传统的两支决策只有两种策略（即保护、不保护或者补偿、不补偿）。当人们以这种方式做出决定时，可能需要付出某些不必要的代价。三支决策能有效避免政府决策过程中不正确的接受，或者不正确的拒绝，造成经济的严重损失（见图 11.1）。三支决策的方法论是社会生活中常用的决策方式，广泛应用于诸多理论领域，如管理科学、社会判断理论和统计学中的假设检验等。

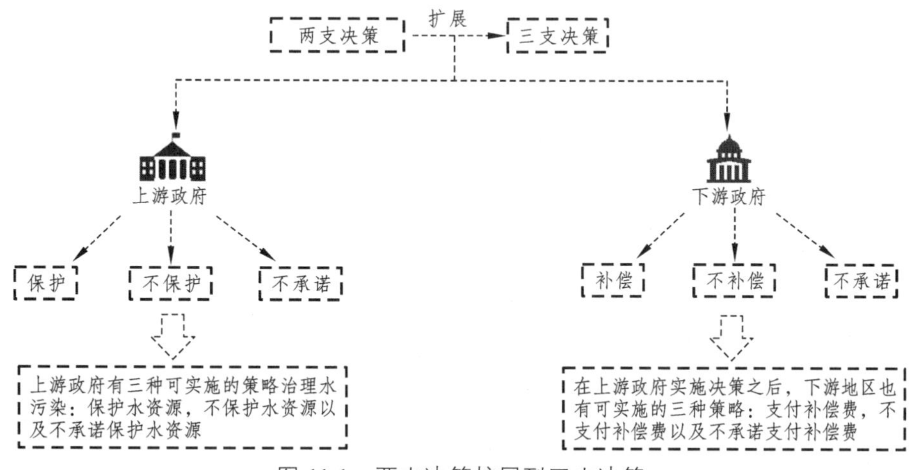

图 11.1　两支决策扩展到三支决策

11.1.3 问题描述

在流域生态补偿系统中，博弈活动中有三个决策者，即上游政府、下游政府和中央政府。如果上游政府保护水资源，必然会影响当地人民的生产生活和区域经济发展速度。如果中央政府或下游政府想让上游政府保护水资源，就需要给上游政府支付一定的生态补偿费。在现实中，上下流域政府之间不可能自然达到纳什均衡，需要借助中央政府来进行监管，需要投入大量的财力，这就会给中央政府带来巨大的经济压力，导致中央政府不可能监督到所有流域的环境污染治理。本章试图通过引入名誉边际收益和名誉边际损失来应对中央政府的监管压力。对于上游政府而言，如果放弃经济发展机会，采取保护策略控制流域污染，会损失一定的治污成本，但它的名誉会变得更好，从而带来相应的名誉边际收益；如果采取不保护策略，不治理流域污染，其名誉会受到影响，这种影响的价值称为名誉边际损失，虽然这样可能会获得一些经济发展机会。与上游政府一样，如果下游政府不补偿上游政府，即采取不补偿策略，下游政府也会有一定的名誉边际损失；如果下游政府采取补偿策略，下游政府将获得一定的名誉边际收益。现有的大部分文献中，上下游政府都只有两种策略。然而，根据现实生活，每个流域政府还可以采取另一种策略：不承诺策略（或称延迟策略），也就是说，在流域生态补偿中引入三支决策理论，上游政府可以采用保护水资源、不承诺保护水资源或者不保护水资源三种策略，下游政府相应地也可以采用支付补偿费、不承诺支付补偿费或不支付补偿费三种策略。

11.2 基于三支决策理论的长江上游流域生态补偿模型

11.2.1 模型假设

本节以长江上游流域为例，基于三支决策理论，构建长江上游流域生态补偿模型。为了分析问题简单，本章作如下假设：

假设 1：假设上游政府（用下标 1 表示）和下游政府（用下标 2 表示）的权力相同。如果上游政府对流域污染采取不保护的策略，上游政府将遭受一定的名誉边际影响，即名誉受损。同样，下游政府如果不支付补偿费用，其名誉也会受损。政府均采取不承诺策略时，两个政府都不会有名誉边际收益和名誉边际损失。

假设 2：假设上游政府和下游政府有三种可选择的策略（分别用 1、2 和 3 表示），各种策略行为见表 11.1。

假设 3：假设在博弈过程中，博弈中的每个参与者都希望获得最大利益。

假设 4：假设参与者在博弈过程中都无法获得最佳策略，他们可以通过在连续博弈中学习和观察，从而改变策略，直到它们达到稳定状态。

表 11.1　各决策者的策略行为

政府	参数值	策略
上游政府	1	保护水资源
	2	不保护水资源
	3	不承诺保护水资源
下游政府	1	支付补偿费
	2	不支付补偿费
	3	不承诺支付补偿费

注：上标 1 为每个参与者的第一个策略，上标 2 为每个参与者的第二个策略，上标 3 表示每个参与者的第三个策略，下标 1 表示上游政府，下标 2 指上游政府。

11.2.2　演化博弈模型

1）变量说明

变量定义如下：

R_1^1：上游政府保护水资源的名誉边际收益；

R_1^2：上游政府不保护水资源的名誉边际损失；

R_2^1：下游政府补偿上游政府的名誉边际收益；

R_2^2：下游政府不补偿上游政府的名誉边际损失；

L^1：整体的生态效益；

L^3：当上游政府选择不承诺策略时的整体生态效益，$0 \leqslant L^3 \leqslant L^1$；

O_2^1：下游政府的正外部收益；

$N_{1,2}^2$：当上游政府采取不保护水资源策略，或下游政府采取不补偿策略时，上游政府和下游政府的负外部收益；

$N_{1,2}^3$：当上游政府和下游政府采取不承诺策略时，上游政府和下游政府的负外部收益，$0 \leqslant N_{1,2}^3 \leqslant N_{1,2}^2$；

l_1^2：上游政府的短期收益，即上游政府不保护水资源而对环境本身产生的收益，$0 \leqslant l_1^2 \leqslant L^3 \leqslant L^1$；

l_2^2：下游政府的基础收益；

l_2^3：上游政府选择不承诺保护水资源时下游政府的基础收益，$0 \leqslant l_2^2 \leqslant l_2^3 \leqslant L^3 \leqslant L^1$；

C_1^2：上游政府的机会成本；

C_1^3：上游政府选择不承诺保护策略时上游政府的机会成本，$C_1^3 \leqslant C_1^2$；

c_1^1：上游政府的直接成本；

c_1^3：上游政府选择不承诺保护策略时上游政府的直接成本，$0 \leqslant c_1^3 \leqslant c_1^1$；

$E_1^{1,1}$：当下游政府选择补偿策略，上游政府选择保护策略时的生态补偿费，即下游政府支付给上游政府的费用；

$E_1^{1,3}$：当下游政府不承诺给予补偿费时的生态补偿费，即上游政府保护水环境的费用；

$E_1^{2,1}$：当上游政府不保护水环境，下游政府承诺给予补偿时的生态补偿费；

$E_1^{2,3}$：当上游政府不保护水环境，下游政府不承诺给予补偿时的生态补偿费；

$E_1^{3,1}$：当下游政府选择补偿策略，上游政府选择不承诺策略时的生态补偿费，即下游政府支付给上游政府的费用；

$E_1^{3,3}$：当上游政府选择不承诺策略，下游政府选择不承诺策略时的生态补偿费，即下游政府支付给上游政府的费用，$0 \leqslant E_1^{2,3} \leqslant E_1^{3,3} \leqslant E_1^{1,3} \leqslant E_1^{2,1} \leqslant E_1^{3,1} \leqslant E_1^{1,1}$。

2）利润分析

考虑上游政府和下游政府的策略，其中所选策略的利润（ $P_k, k=1,2,\cdots,18$ ）情况由下式给出：

（1）当上游政府保护水资源、下游政府支付补偿费时，上游政府的收益为

$$P_1 = L^1 + R_1^1 - C_1^2 - c_1^1 + E_1^{1,1}, \tag{11.1}$$

下游政府的收益为

$$P_2 = l_2^2 + O_2^1 + R_2^1 - E_1^{1,1}. \tag{11.2}$$

（2）当上游政府保护水资源、下游政府不支付补偿费时，上游政府的收益为

$$P_3 = L^1 + R_1^1 - C_1^2 - c_1^1, \tag{11.3}$$

下游政府的收益为

$$P_4 = l_2^2 + O_2^1 - R_2^2. \tag{11.4}$$

（3）当上游政府保护水资源、下游政府不承诺支付补偿费时，上游政府的收益为

$$P_5 = L^1 + R_1^1 - C_1^2 - c_1^1 + E_1^{1,3}, \tag{11.5}$$

下游政府的收益为

$$P_6 = l_2^2 + O_2^1 - E_1^{1,3}. \tag{11.6}$$

（4）当上游政府不保护水资源、下游政府支付补偿费时，上游政府的收益为

$$P_7 = l_1^2 - R_1^2 + C_1^2 + E_1^{1,1} - N_{1,2}^2, \tag{11.7}$$

下游政府的收益为

$$P_8 = l_2^2 + R_2^1 - E_1^{1,1} - N_{1,2}^2. \tag{11.8}$$

（5）当上游政府不保护水资源、下游政府不支付赔偿费时，上游政府的收益为

$$P_9 = l_1^2 - R_1^2 + C_1^2 - N_{1,2}^2, \tag{11.9}$$

下游政府的收益为

$$P_{10} = l_2^2 - R_2^2 - N_{1,2}^2. \tag{11.10}$$

（6）当上游政府不保护水资源、下游政府不承诺支付赔偿费时，上游政府的收益为

$$P_{11} = l_1^2 - R_1^2 - N_{1,2}^2 + C_1^2 + E_1^{2,3}, \tag{11.11}$$

下游政府的收益为

$$P_{12} = l_2^2 - E_1^{2,3} - N_{1,2}^2. \tag{11.12}$$

（7）当上游政府不承诺保护水资源、下游政府支付赔偿费时，上游政府的收益为

$$P_{13} = L^3 + E_1^{3,1} + R_2^1 - N_{1,2}^3, \tag{11.13}$$

下游政府的收益为

$$P_{14} = l_2^3 - E_1^{3,1} + R_2^1 - N_{1,2}^3. \tag{11.14}$$

（8）当上游政府不保护水资源、下游政府不承诺支付补偿费时，上游政府的收益为

$$P_{15} = L^3 - C_1^3 - c_1^3 - N_{1,2}^3, \tag{11.15}$$

下游政府的收益为

$$P_{16} = l_2^3 - N_{1,2}^3. \tag{11.16}$$

（9）当上游政府不承诺保护水资源、下游政府不承诺支付补偿费时，上游政府的收益为

$$P_{17} = L^3 + E_1^{3,3} - C_1^3 - c_1^3 + N_{1,2}^3, \tag{11.17}$$

下游政府的收益为

$$P_{18} = l_2^3 + N_{1,2}^3 - E_1^{3,3}. \quad (11.18)$$

表 11.2 给出了每个参与者的演化博弈收益矩阵。

表 11.2　参与者不同的策略收益矩阵

		下游政府		
		策略 1	策略 2	策略 3
上游政府	策略 1	P_1, P_2	P_3, P_4	P_5, P_6
	策略 2	P_7, P_8	P_9, P_{10}	P_{11}, P_{12}
	策略 3	P_{13}, P_{14}	P_{15}, P_{16}	P_{17}, P_{18}

3）复制动态方程的演化稳定策略

假设 x, y, z_1 和 z_2 表示上游政府选择保护、下游政府选择补偿、上游和下游政府选择不承诺等不同策略的概率，$w_i^j (i = 1,2, j = 1,2,3)$ 表示各地方政府选择不同策略时的期望收益，$\overline{w}_i (i = 1,2)$ 表示各地方政府的平均期望收益。参数描述如表 11.3 所示。

表 11.3　参数描述

变量	含义
x	上游政府选择保护策略的概率
y	下游政府选择补偿策略的概率
z_1	上游政府选择不承诺策略的概率
z_2	下游政府选择不承诺策略的概率
w_1^1	上游政府保护水资源的期望收益
w_1^2	上游政府不保护水资源的期望收益
w_1^3	上游政府不承诺保护水资源的期望收益
$\overline{w}_1$	上游政府的平均期望收益
w_2^1	下游政府支付补偿费的期望收益
w_2^2	下游政府不支付补偿费的期望收益
w_2^3	下游政府不承诺支付补偿费的期望收益
$\overline{w}_2$	下游政府的平均期望收益

根据演化博弈论的框架，我们可以得到不同策略组合下的收益，对上游政府来说，期望收益为

$$w_1^1 = y(L^1 + R_1^1 - C_1^2 - c_1^1 + E_1^{1,1}) + (1-y-z_2)(L^1 + R_1^1 - C_1^2 - c_1^1) + \\ z_2(L^1 + R_1^1 - C_1^2 - c_1^1 + E_1^{1,3}),$$

$$w_1^2 = y(l_1^2 + R_1^2 + C_1^2 + E_1^{1,1} - N_{1,2}^2) + (1-y-z_2)(l_1^2 - R_1^2 + C_1^2 - N_{1,2}^2) + \\ z_2(l_1^2 - R_1^2 + C_1^2 - N_{1,2}^2 + E_1^{2,3}),$$

$$w_1^3 = y(L^3 + E_1^{3,1} - C_1^3 - c_1^3 - N_{1,2}^3) + (1-y-z_2)(L^3 - C_1^3 - c_1^3 - N_{1,2}^3) + \\ z_2(L^3 + E_1^{3,3} - C_1^3 - c_1^3 - N_{1,2}^3),$$

$$\overline{w}_1 = x \cdot w + (1-x-z_1) \cdot w_1^2 + z_1 \cdot w_1^3.$$

上游政府的复制动态方程为

$$F(x) = \frac{\mathrm{d}x}{\mathrm{d}t} = x(w_1^1 - \overline{w}_1) \\ = x(1-x)(L^1 + R_1^1 - 2C_1^2 - c_1^1 - l_1^2 + R_1^2 + N_{1,2}^2 - \\ L^3 + C_1^3 + c_1^3 + N_{1,2}^3 + z_2 \cdot E_1^{1,3} - z_2 \cdot E_1^{2,3} - z_2 \cdot E_1^{3,3} - y \cdot E_1^{3,1}),$$

$$F(z_1) = \frac{\mathrm{d}z_1}{\mathrm{d}t} = z_1(w_1^3 - \overline{w}_1) \\ = z_1(1-z_1)(C_1^1 - R_1^1 - L^1 - l_1^2 + R_1^2 + N_{1,2}^2 + \\ L^3 - C_1^3 - c_1^3 - N_{1,2}^3 - z_2 \cdot E_1^{1,3} - z_2 \cdot E_1^{2,3} - 2y \cdot E_1^{1,1} + z_2 \cdot E_1^{3,3} + y \cdot E_1^{3,1}).$$

对于下游政府，期望收益为

$$w_2^1 = x(l_2^2 + O_2^1 + R_2^1 - E_1^{1,1}) + (1-x-z_1)(l_2^2 + R_2^1 - E_1^{1,1} - N_{1,2}^2) + \\ z_1(l_2^3 - E_1^{3,1} + R_2^1 - N_{1,2}^3),$$

$$w_2^2 = x(l_2^2 + O_2^1 - R_2^2) + (1-x-z_1)(l_2^2 + R_2^2 - N_{1,2}^2) + z_1(l_2^3 - N_{1,2}^3),$$

$$w_2^3 = x(l_2^2 + O_2^1 - E_1^{1,3}) + (1-x-z_1)(l_2^2 - E_1^{2,3} - N_{1,2}^2) + z_1(l_2^3 - N_{1,2}^3 - E_1^{3,3}),$$

$$\overline{w}_2 = y \cdot w_2^1 + (1-z_2-y) \cdot w_2^2 + z_2 \cdot w_2^3.$$

下游政府的复制动态方程为

$$
\begin{aligned}
F(y)=\frac{\mathrm{d}y}{\mathrm{d}t}&=y(w_2^1-\overline{w}_2)\\
&=y(1-y)[R_2^1-l_2^2-E_1^{1,1}+N_{1,2}^2+R_2^2+E_1^{2,3}-x\cdot(O_2^1+N_{1,2}^2-E_1^{1,3}+E_1^{2,3})+\\
&\quad z_1\cdot(l_2^2+E_1^{1,1}-N_{1,2}^2-l_2^3-E_1^{3,1}+N_{1,2}^3-R_2^2-E_1^{2,3}-E_1^{3,3})],
\end{aligned}
$$

$$
\begin{aligned}
F(z_2)=\frac{\mathrm{d}z_2}{\mathrm{d}t}&=z_2(w_2^3-\overline{w}_2)\\
&=z_2(1-z_2)[(E_1^{1,1}-R_2^1-l_2^2+N_{1,2}^2+R_2^2-E_1^{2,3}-x\cdot(O_2^1+N_{1,2}^2+E_1^{1,3}-E_1^{2,3})+\\
&\quad z_1\cdot(l_2^2-E_1^{1,1}-N_{1,2}^2-l_2^3+E_1^{3,1}+N_{1,2}^3-R_2^2+E_1^{2,3}-E_1^{3,3})].
\end{aligned}
$$

基于之前的假设，这些参与者均为有限理性，这意味着他们无法在博弈中找到最佳策略。因此，这些参与者可以随着时间的推移不断改变自身的策略，直到达到一个稳定的状态。

4）演化稳定策略

求解由微分方程组成的复制动力系统，需要设置每个参与者的初始值，记录为 $x(0), y(0), z_1(0)$ 和 $z_2(0)$ 。当复制动态方程等于 0 的时候，可以得到系统的稳定状态，即

$$
\begin{cases}
F(x)=\dfrac{\mathrm{d}x}{\mathrm{d}t}=0,\\
F(z_1)=\dfrac{\mathrm{d}z_1}{\mathrm{d}t}=0,\\
F(y)=\dfrac{\mathrm{d}y}{\mathrm{d}t}=0,\\
F(z_2)=\dfrac{\mathrm{d}z_2}{\mathrm{d}t}=0.
\end{cases}
\tag{11.19}
$$

通过求解方程（11.19），得到 16 个均衡点，它们分别是

$$
\begin{aligned}
&E_1(1,1,1,1), E_2(1,1,1,0), E_3(1,1,0,1), E_4(1,1,0,0),\\
&E_5(1,0,1,0), E_6(1,0,1,1), E_7(1,0,0,1), E_8(1,0,0,0),\\
&E_9(0,1,1,1), E_{10}(0,1,1,0), E_{11}(0,1,0,1), E_{12}(0,1,0,0),\\
&E_{13}(0,0,1,1), E_{14}(0,0,1,0), E_{15}(0,0,0,1), E_{16}(0,0,0,0).
\end{aligned}
$$

从这些均衡点可以确定解的范围，即 $x(0)\in(0,1), y(0)\in(0,1), z(0)\in(0,1)$ 和 $z_2(0)\in(0,1)$。除了 E_1 到 E_{16}，还有动态演化系统的另一个均衡点，即 E_{17}。求解如下方程（11.20），可以得到最后一个均衡点 E_{17}：

$$\begin{cases} L^1+R_1^1-2C_1^2-c_1^1-l_1^2+R_1^2+N_{1,2}^2-L^3+C_1^3+c_1^3+N_{1,2}^3+z_2E_1^{1,3}- \\ z_2E_1^{2,3}-z_2E_1^{3,3}-yE_1^{3,1}=0, \\ C_1^1-R_1^1-L^1-l_1^2+R_1^2+N_{1,2}^2+L^3-C_1^3-c_1^3-N_{1,2}^3-z_2E_1^{1,3}- \\ z_2E_1^{2,3}-2yE_1^{1,1}+z_2E_1^{3,3}+yE_1^{3,1}=0, \\ R_2^1-l_2^1-E_1^{1,1}+N_{1,2}^2+R_2^2+E_1^{2,3}-x(O_2^1+N_{1,2}^2-E_1^{1,3}+E_1^{2,3})+ \\ z_1(l_2^2+E_1^{1,1}-N_{1,2}^3-R_2^2-E_1^{2,3}-E_1^{2,3})=0, \\ -x(O_2^1+N_{1,2}^2-E_1^{1,3}+E_1^{2,3})+z_1(l_2^2+E_1^{1,1}-N_{1,2}^2-l_2^3+E_1^{3,1}+ \\ N_{1,2}^3-R_2^2+E_1^{2,3}-E_1^{3,3})+E_1^{1,1}-R_2^1-l_2^2+N_{1,2}^2+R_2^2-E_1^{2,3}=0. \end{cases} \tag{11.20}$$

通过复制动态方程获得的稳定点必须严格保持纯策略的纳什均衡。由于 E_{17} 是一个混合纳什均衡策略，所以它不是一个稳定点。下面将讨论其余 16 个局部均衡点的稳定性，由于这 16 个局部均衡点不一定是整个系统的稳定均衡点，我们考虑复制动态系统的雅可比矩阵，判断其行列式和迹的正负情况，从而判定这些局部均衡点的稳定性，其雅克比矩阵定义如下：

$$\boldsymbol{B}=\begin{bmatrix} \frac{\partial F(x)}{\partial x} & \frac{\partial F(x)}{\partial y} & \frac{\partial F(x)}{\partial z_1} & \frac{\partial F(x)}{\partial z_2} \\ \frac{\partial F(y)}{\partial x} & \frac{\partial F(y)}{\partial y} & \frac{\partial F(y)}{\partial z_1} & \frac{\partial F(y)}{\partial z_2} \\ \frac{\partial F(z_1)}{\partial x} & \frac{\partial F(z_1)}{\partial y} & \frac{\partial F(z_1)}{\partial z_1} & \frac{\partial F(z_1)}{\partial z_2} \\ \frac{\partial F(z_2)}{\partial x} & \frac{\partial F(z_2)}{\partial y} & \frac{\partial F(z_2)}{\partial z_1} & \frac{\partial F(z_2)}{\partial z_2} \end{bmatrix}. \tag{11.21}$$

当局部均衡点满足：① $\mathrm{tr}\boldsymbol{J}<0$，② $\det\boldsymbol{J}>0$，该点为系统的稳定均衡点。类似地，可以得到对应于这 16 个均衡点的雅可比矩阵 $\boldsymbol{J}_1$ ~ $\boldsymbol{J}_{16}$。

注：由于一些均衡点根本不存在，例如 E_1，其表示上游政府的最终稳定策略是采取保护水资源且承诺保护水资源，下游政府的最终稳定策略是支付补偿

费并且承诺支付补偿费。上述情况显然是矛盾的，一旦选择确定性策略，就不能选择延迟性策略，E_1 中同时包含确定性策略和延迟性策略，因此不符合现实情况。综上所述，我们只需要讨论以下均衡点：

$$E_4(1,1,0,0),\ E_7(1,0,0,1),\ E_{10}(0,1,1,0),\ E_{13}(0,0,1,1).$$

在面临决策时，他们只考虑了每个政府的两种策略。为了使策略更加合理，本章考虑了三种策略，即增加不承诺策略来确保每个政府在面临决策时都可以避免不必要的损失。

接下来，$\boldsymbol{J}_4$，$\boldsymbol{J}_7$，$\boldsymbol{J}_{10}$ 和 $\boldsymbol{J}_{13}$ 由下式给出：

$$\boldsymbol{J}_4=\begin{bmatrix} W_1 & 0 & 0 & 0 \\ 0 & W_2 & 0 & 0 \\ 0 & 0 & W_3 & 0 \\ 0 & 0 & 0 & W_4 \end{bmatrix},\ \boldsymbol{J}_7=\begin{bmatrix} V_1 & 0 & 0 & 0 \\ 0 & V_2 & 0 & 0 \\ 0 & 0 & V_3 & 0 \\ 0 & 0 & 0 & V_4 \end{bmatrix},$$

$$\boldsymbol{J}_{10}=\begin{bmatrix} U_1 & 0 & 0 & 0 \\ 0 & U_2 & 0 & 0 \\ 0 & 0 & U_3 & 0 \\ 0 & 0 & 0 & U_4 \end{bmatrix},\ \boldsymbol{J}_{13}=\begin{bmatrix} T_1 & 0 & 0 & 0 \\ 0 & T_2 & 0 & 0 \\ 0 & 0 & T_3 & 0 \\ 0 & 0 & 0 & T_4 \end{bmatrix}.$$

其中

$$W_1=-L^1-R_1^1+2C_1^2+c_1^1+l_1^2-R_1^2-N_{1,2}^2+L^3-C_1^3-c_1^3-N_{1,2}^3+N_1^{3,1},$$

$$W_2=l_2^2-R_2^1+E_1^{1,1}-R_2^2+O_2^1-E_1^{1,3},$$

$$W_3=L^1+R_1^1-c_1^1+l_1^2-R_1^2-N_{1,2}^2-L^3+C_1^3+c_1^3+N_{1,2}^3+2E_1^{1,1}-E_1^{3,1},$$

$$W_4=l_2^2+R_2^1-E_1^{1,1}+O_2^1-E_1^{1,3},$$

$$V_1=-L^1-R_1^1+2C_1^2+c_1^1+l_1^2-R_1^2-N_{1,2}^2-L^3-C_1^3-c_1^3-N_{1,2}^3-E_1^{1,3}+E_1^{2,3}+E_1^{3,3},$$

$$V_2=-l_2^2+R_2^1-E_1^{1,1}+R_2^2-O_2^1-N_{1,2}^2+E_1^{1,3},$$

$$V_3=-L^1-R_1^1+c_1^1-l_1^2+R_1^2+N_{1,2}^2+L^3-C_1^3-c_1^3-N_{1,2}^3-E_1^{1,3}-E_1^{2,3}+E_1^{3,3},$$

$$V_4=-l_2^2-R_2^1+E_1^{1,1}+R_2^2-O_2^1-E_1^{1,3},$$

$$U_1 = L^1 + R_1^1 - 2C_1^2 - c_1^1 - l_1^2 + R_1^2 + N_{1,2}^2 - L^3 + C_1^3 + c_1^3 + N_{1,2}^3,$$

$$U_2 = -R_2^1 + l_2^3 + E_1^{3,1} - N_{1,2}^3 - E_1^{3,3},$$

$$U_3 = L^1 + R_1^1 - 2C_1^2 - c_1^1 - l_1^2 + R_1^2 + N_{1,2}^2 - L^3 + C_1^3 + c_1^3 + N_{1,2}^3 + 2E_1^{1,1} - E_1^{3,1},$$

$$U_4 = R_2^1 - N_{1,2}^2 + l_2^3 - E_1^{3,1} - N_{1,2}^3 + E_1^{3,3},$$

$$T_1 = L^1 + R_1^1 - 2C_1^2 - c_1^1 - l_1^2 + R_1^2 + N_{1,2}^2 - L^3 + C_1^3 + c_1^3 + N_{1,2}^3 + E_1^{1,3} - E_1^{2,3} - E_1^{3,3},$$

$$T_2 = R_2^1 - l_2^3 - E_1^{3,1} + N_{1,2}^3 + E_1^{3,3},$$

$$T_3 = L^1 + R_1^1 - c_1^1 + l_1^2 - R_1^2 - N_{1,2}^2 - L^3 + C_1^3 + c_1^3 + N_{1,2}^3 + E_1^{1,3} + E_1^{2,3} - E_1^{3,3},$$

$$T_4 = N_{1,2}^2 - R_2^1 - l_2^3 + E_1^{3,1} + N_{1,2}^3 - E_1^{3,3}.$$

根据假设，我们来判断四个均衡 $E_4(1,1,0,0), E_7(1,0,0,1), E_{10}(0,1,1,0)$, $E_{13}(0,0,1,1)$ 的稳定性，可知

$$\mathrm{tr}\boldsymbol{J}_4 < 0, \det \boldsymbol{J}_4 > 0;\ \ \mathrm{tr}\boldsymbol{J}_7 > 0, \det \boldsymbol{J}_7 < 0;$$
$$\mathrm{tr}\boldsymbol{J}_{10} > 0, \det \boldsymbol{J}_{10} > 0;\ \ \mathrm{tr}\boldsymbol{J}_{13} > 0, \det \boldsymbol{J}_{13} > 0.$$

根据李雅普诺夫稳定性准则，只有 E_4 是最优结果，它反映了上游政府保护水资源，下游政府支付补偿费，采用不承诺策略的概率为 0，这种状态也代表了现实的情况。

从上面的分析可以发现，参数的初始值影响整个复制动态系统的最终状态。如果名誉的边际损失值极小，它可能会导致 E_4 不是一个稳定的点。下一节，我们将通过数值模拟分析各种参数对政府决策的影响，结合数值模拟结果给出相应的管理意义，并为中央和地方政府提供改善流域生态环境、优化生态补偿模式的意见和建议。

11.3 数值模拟

为了进一步说明模型中参数对系统稳定性的影响，使用数值模拟分析生态效率、控制成本、机会成本、名誉、生态补偿费用和系统稳定性的概率系数对

政府决策的影响。表 11.4 给出了每个参数的初始值，每个初始值的假设都是基于 11.2.1 节的变量描述，通过数值模拟，可以得到如下决策演化过程，如图 11.2 所示。

表 11.4　数值模拟的参数值

R_1^1	R_1^2	R_2^1	R_2^2	L^1	L^3	O_2^1	$N_{1,2}^2$	$N_{1,2}^3$	l_1^2	l_2^2
5	16	5	16	30	20	8	15	8	15	2
l_2^3	C_1^2	C_1^3	c_1^1	c_1^3	$E_1^{1,1}$	$E_1^{3,1}$	$E_1^{2,1}$	$E_1^{1,3}$	$E_1^{3,3}$	$E_1^{2,3}$
4	10	8	8	6	10	8	5	4	3	2

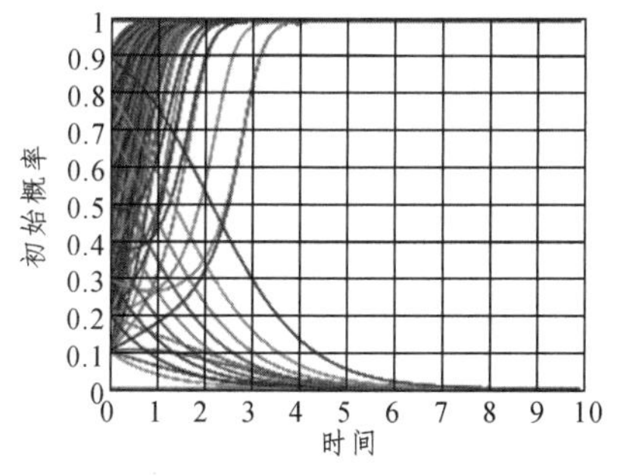

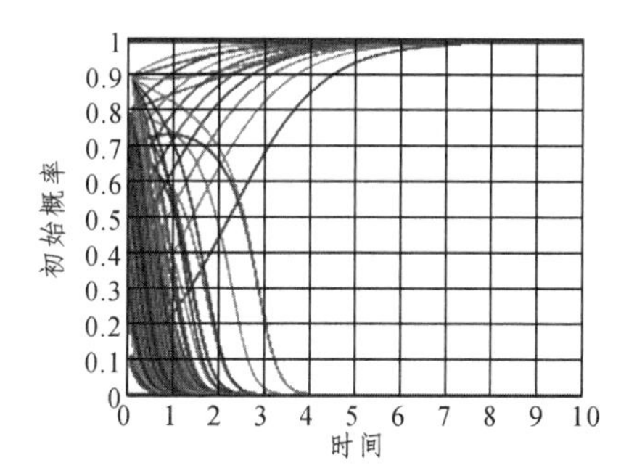

图 11.2　上下游政府的决策演化过程

注：上游政府和下游政府选择不承诺策略的概率都等于 $0(z_1 = z_2 = 0)$ 。很明显， $E_4(1,1,0,0)$ 可能为各参数初始值下的均衡点（见表 11.4）。为了进一步说明它们对复制动态系统的影响，我们将初始概率分为以下三种情况：

第一种情况：代表上游政府、下游政府最初的合作意愿较低，采取不承诺的意愿较低。

$x = 0.1$, $y = 0.1$, $z_1 = 0.1$, $z_2 = 0.1$.

第二种情况：代表初始合作意愿高，但选择不承诺策略的概率较低。

$x = 0.1$, $y = 0.1$, $z_1 = 0.7$, $z_2 = 0.7$.

第三种情况：代表合作意愿较强，不太愿意采取不承诺策略。

$x = 0.7$, $y = 0.7$, $z_1 = 0.1$, $z_2 = 0.1$.

（1）$x=0.1, y=0.1, z_1=0.1, z_2=0.1$，演化博弈的最终结果如图 11.3 所示，说明上游政府和下游政府都稳定在 0。然而，与上游政府相比，下游政府稳定的速度明显快于上游政府，这表明上游政府选择保护水资源的意愿高，下游政府支付补偿费的意愿低，即上下游政府都采取消极策略，既不保护水资源，也不支付生态补偿费用，这一现象说明了政府合作的意愿较低。

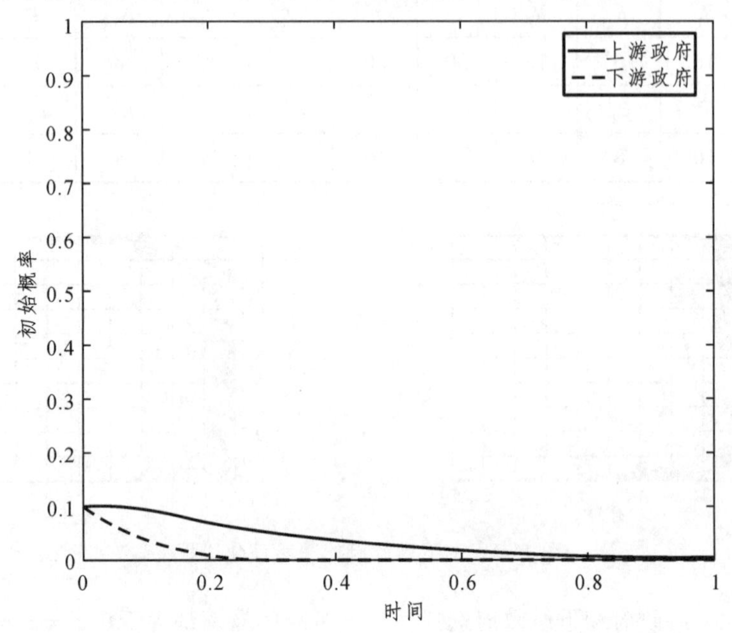

图 11.3　当 $x=0.1, y=0.1, z_1=0.1, z_2=0.1$ 时初始概率的影响

（2）$x=0.1, y=0.1, z_1=0.7, z_2=0.7$，演化博弈的最终结果如图 11.4 所示，显示上游政府稳定在 1，下游政府稳定在 0。在这种情况下，上游政府选择保护水资源，而下游政府选择不支付补偿费。上游政府为了兼顾整个区域的生态效益，在长期的发展情况下，将致力于保护水资源，但需要更长的时间达到稳定。反之，当下游政府最初很有可能选择一个不承诺策略时，它最终会演变成一个消极策略，即不支付生态补偿费。

（3）$x=0.7, y=0.7, z_1=0.1, z_2=0.1$，演化博弈的最终结果如图 11.5 所示，显示上游政府和下游政府都稳定在 1。在这种情况下，上游政府选择保护水资源，而下游政府选择提供补偿成本。特别是，上游政府比下游政府更快地实现稳定。这是因为上游政府选择不承诺策略的可能性非常低，它将尽快选择保护水资源的策略，以保护整个区域的社会利益。与下游政府相比，上游政府也不太可能选择不承诺策略，但享受社会福利的速度较慢，因此选择策略需要更长的时间。

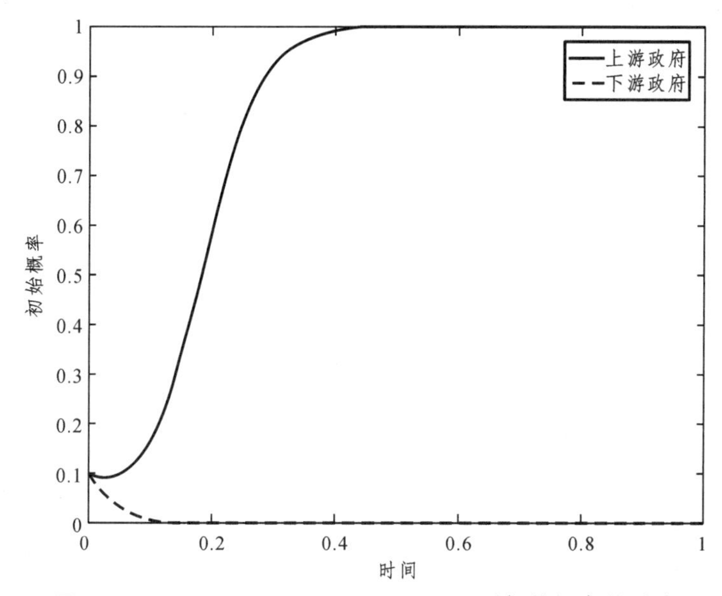

图 11.4　$x=0.1, y=0.1, z_1=0.7, z_2=0.7$ 时初始概率的影响

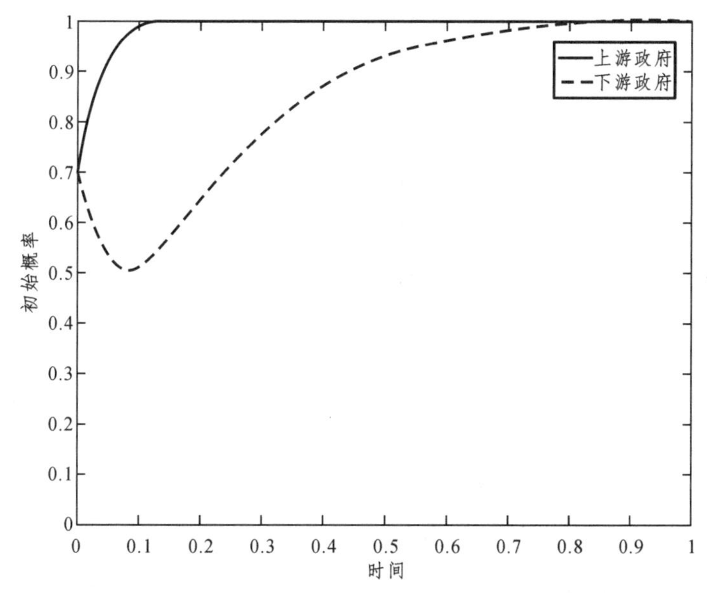

图 11.5　当 $x=0.7, y=0.7, z_1=0.1, z_2=0.1$ 时初始概率的影响

11.3.1 生态效益

为了分析生态效益参数 L^1，L^3，O_1^2，N_1^2，N_1^3，l_1^2，l_2^2和l_2^3对上下游政府决策的影响，运用博弈模型分析特定参数的敏感性时，按照表 11.4 设定其他参数，得到最终结果，如图 11.6 ~ 11.10 所示。

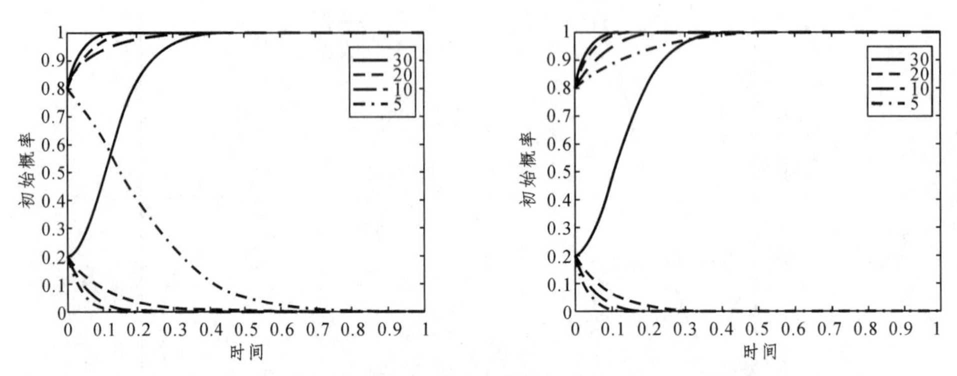

图 11.6 整体生态效益 L^1 对演化博弈中两个参与者的影响

从图 11.6 可以清楚地看出，上下游政府受到 L^1 的影响都很大，当初始概率较高时，提高总体生态效率会缩短上游政府达到稳定状态的时间。在此前提下，上游政府更愿意采取保护策略，下游政府更愿意采取补偿策略。当初始概率较低时，结论则相反。图 11.7 给出了高和低的总生态效益对政府策略结果的影响。

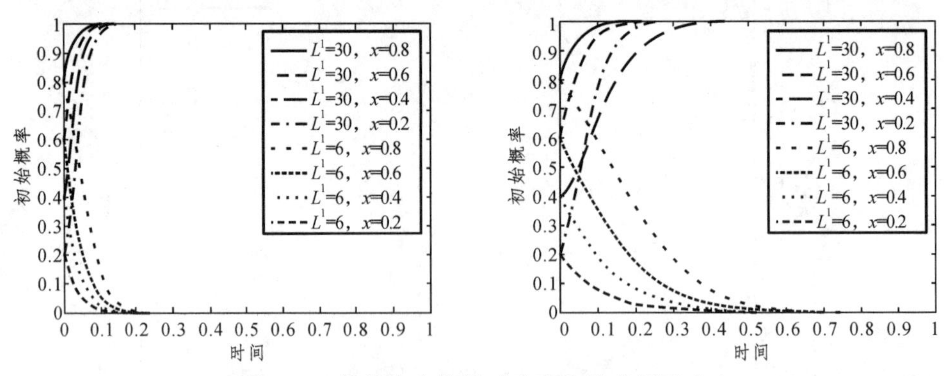

图 11.7 整体生态效益对政府决策者的影响

从图 11.8 可以看出，当下游政府支付补偿费用的初始意愿很高时，正外部收益几乎不会影响他们做出决定的时间。当下游政府支付补偿费用的初始意愿较低时，增加的正外部利益会影响下游政府决定的时间，但不会影响最终稳定状态。

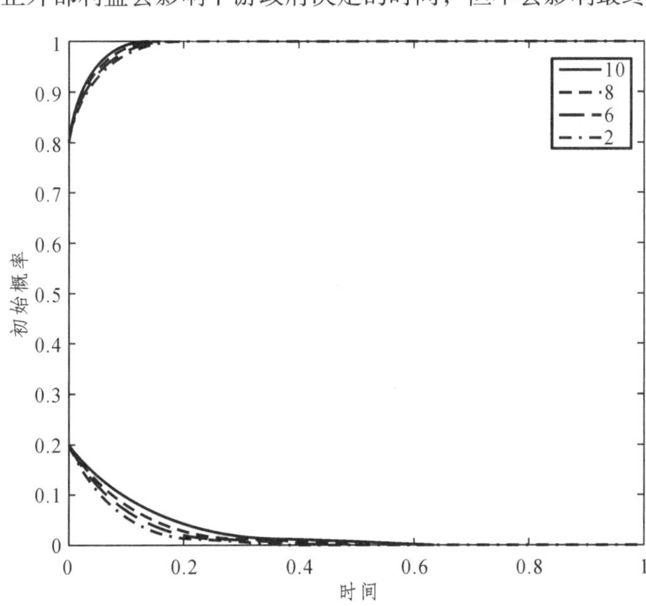

图 11.8　O_1^2 对下游政府的影响

负外部性会严重影响上下游政府的策略选择。无论每个政府的初始意愿是高或者低，它都会对政府产生积极的影响。负外部效益越大，达到稳定的时间就越短（见图 11.9）。一旦上游政府或下游政府开始选择不承诺策略，负外部效益过低将导致每个政府采取消极策略。如图 11.10 所示，只有在负外部效益较高时，上游政府才会采取水资源保护策略，下游政府才会支付补偿。

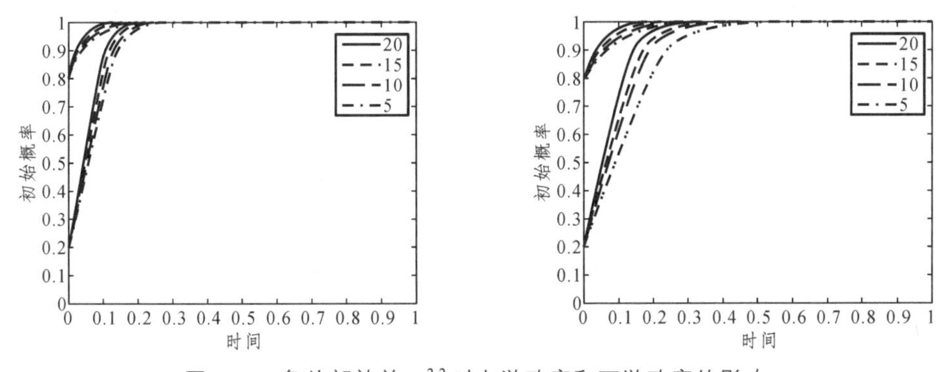

图 11.9　负外部效益 $N_1^{2,2}$ 对上游政府和下游政府的影响

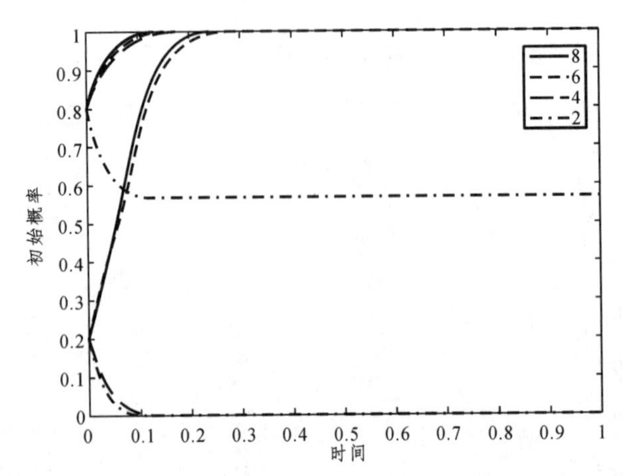

图 11.10 负外部收益 $N_1^{3,2}$ 对上游政府和下游政府的影响

由图 11.11 可以看出，短期利润越高，上游政府和下游政府采取积极策略的意愿就越低。无论初始值是什么概率，都不影响最终决策的结果，一旦上游政府选择不承诺策略，下游政府几乎不会采取补偿策略。

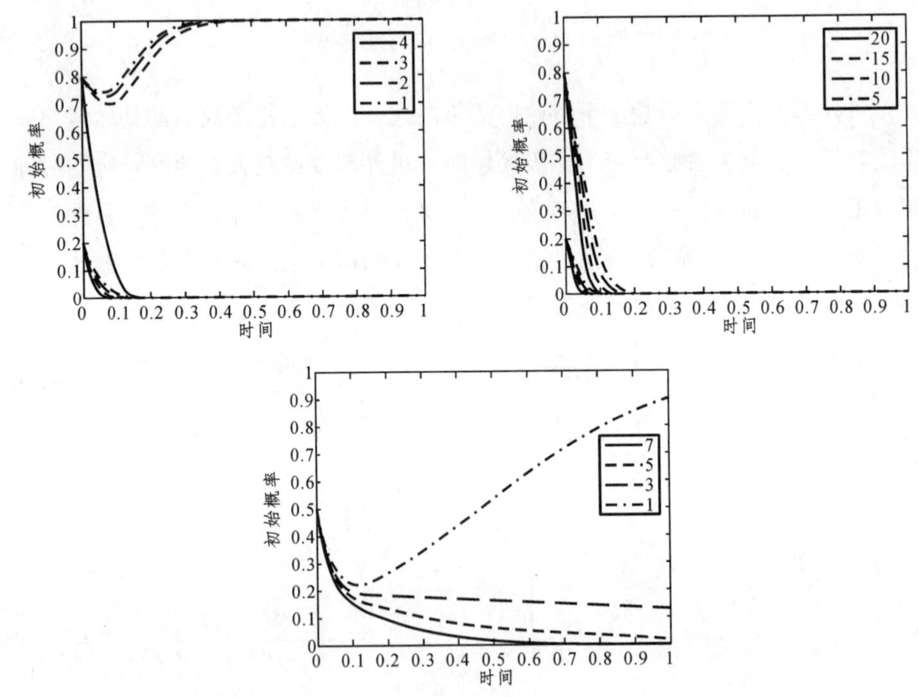

图 11.11 l_1^2，l_2^2 和 l_2^3 对上游政府和下游政府的影响

11.3.2　成　本

在本节中，除上游政府的机会成本（ C_1^2 和 C_1^3 ）外，博弈模型中的参数都是固定的，其值分别为 12、9、6、3 和 11、9、7、3。计算结果如图 11.12 和图 11.13 所示。随着机会和直接成本的增加，上游政府更倾向于选择不保护水资源。相比之下，无论成本变化如何，下游政府的最终策略的结果几乎没有受到影响，只影响选择不承诺策略的可能性。

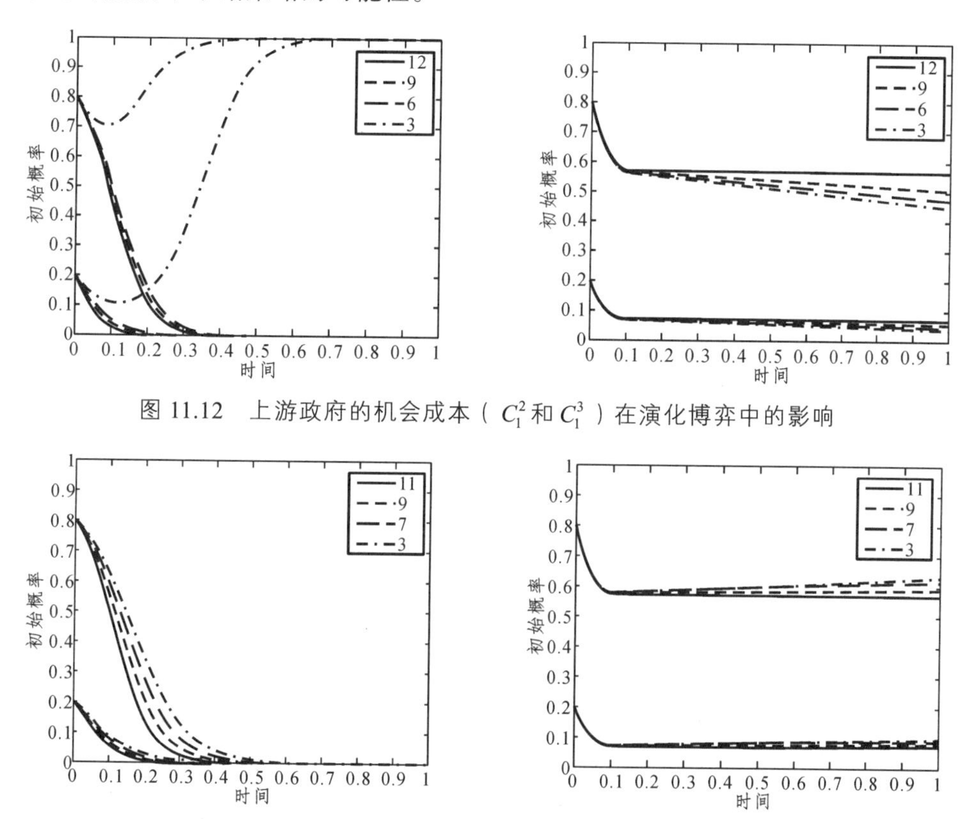

图 11.12　上游政府的机会成本（ C_1^2 和 C_1^3 ）在演化博弈中的影响

图 11.13　上游政府的直接成本（ c_1^1 和 c_1^3 ）在演化博弈中的影响

11.3.3　名　誉

在本节分析中，除名誉系数以外的参数均固定，分析结果如图 11.14 所示。随着名誉得失的不断增加，上游政府最终稳定在 1，与初始概率无关。可以看出，名誉的增加或下降将促进上游政府采取积极策略，且系数值越大，影响越深远。

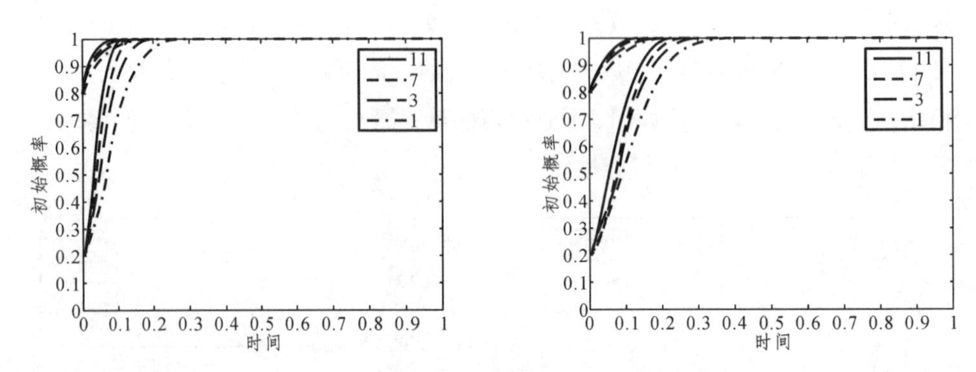

图 11.14 R_1^1 和 R_1^2 对上游政府决策的影响

与上游政府相比，下游政府的最终策略选择几乎完全受初始概率的影响。随着下游政府支付补偿费用意愿的增加，下游政府就越有可能支付生态补偿费，政府名誉的增加或下降会轻微影响最终的策略选择（见图 11.15）。

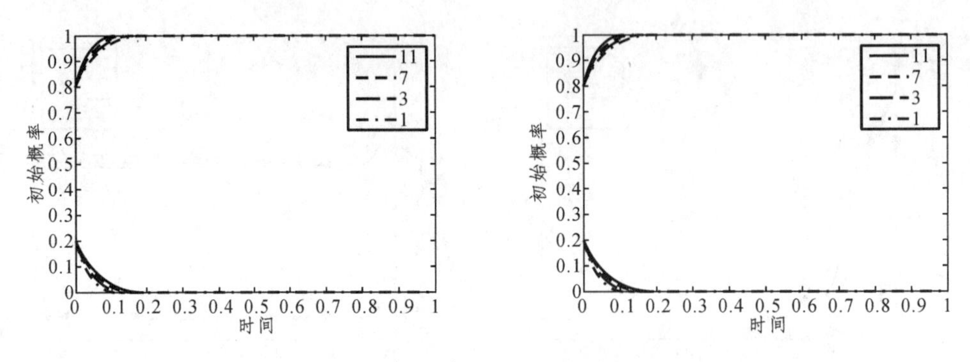

图 11.15 R_1^1 和 R_1^2 对下游政府决策的影响

11.3.4 生态补偿费

为了分析生态补偿费对上游政府和下游政府的敏感性，从图 11.16 可知，随着生态补偿费的增加，上游政府越容易稳定在 1，换句话说，下游政府支付补偿费将促进上游政府保护水资源。

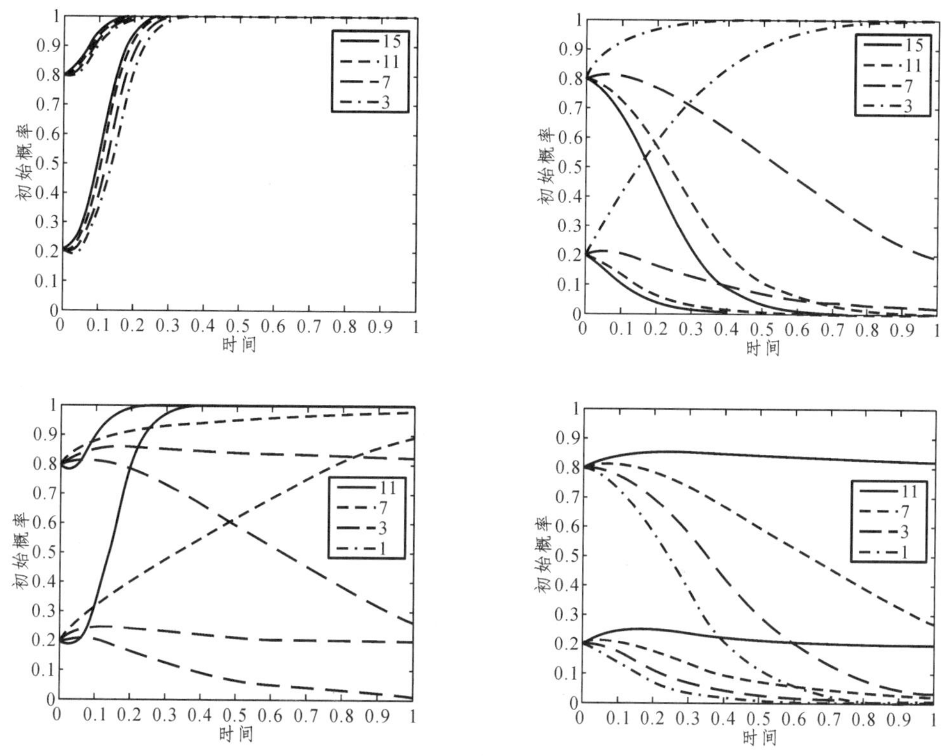

图 11.16　生态补偿费对政府决策的影响

相反，下游政府对补偿费很敏感，随着支付更多的补偿费，其补偿意愿下降。在不承诺的情况下，当补偿费较低时，上游政府可以选择不保护水资源，下游政府将倾向于选择不支付生态补偿费。

国内外关于流域生态补偿系统的研究已有多年，大部分文献都是关于上游政府和下游政府决策过程之间的博弈，基于三支决策的流域生态补偿方面研究尚无。我们构建一个基于三支决策的演化博弈模型，它有助于分析流域生态补偿系统中存在的问题。目前研究名誉边际收益对各政府决策影响的文献也很少，本章研究这个问题，对解决生态补偿问题有重要作用。本章的主要结论如下：

（1）上游政府和下游政府的初始概率将直接影响最终的稳定状态。值得注意的是，政府选择不承诺策略的概率很高时，上游政府最终稳定到 1，但需要很长时间才能稳定。相反，当上下游政府选择不承诺策略的概率较低时，下游政府最终会稳定到 0，且与上游政府相比，其到达稳定的速度较快，即当双方政府不太愿意采取承诺策略时，下游政府更倾向于采取消极策略，不会支付生态补偿费用。

（2）当名誉的边际损失极低时，上下游政府都会选择负面策略，即上游政府不保护水资源，下游政府不向上游政府支付生态补偿。

（3）机会成本和直接成本都对上游政府有重大影响，但对下游政府的影响不大。

（4）过度的生态补偿将导致下游政府最终稳定到 0，将促进上游政府最终稳定到 1，这时候整个地区的社会效益并不是最大的。

（5）生态效益的改善将促使上游政府保护水资源，并促使下游政府支付生态补偿费。

根据上述结论，本研究提出了改善流域生态补偿的建议：

（1）尽量降低下游政府不履行承诺的可能性，上游政府选择保护水资源时，应当强制下游政府支付一定数额的生态补偿费。

（2）中央政府应当给予明确的奖励和处罚。例如，当上游政府选择保护水资源，下游政府合理支付生态补偿费时，中央政府应该给予相应的财政支持，这将有效地提高地方政府对环境处理的积极性。

（3）中央政府应当采取宏观调控措施，合理控制生态补偿费，制定有效的奖励制度和处罚制度。

第 12 章
基于微分博弈的长江上游流域政企间生态补偿研究

第 11 章研究了基于三支决策理论的长江上游流域生态补偿。这一章，研究长江上游流域政企间生态补偿的微分博弈模型。

水污染治理与保护一直被视为国内外学者的研究重点。在我国，跨界水污染引起的环境纠纷问题主要通过引入流域生态补偿的方式来解决。流域生态补偿要辅以政府的介入才会更有效，使流域生态保护问题的外部性具有内部化的特点。近三十年来，许多国内外学者应用微分博弈和最优控制方法研究该问题。Ploeg 和 Zeeuw 利用微分博弈模型研究国际跨界污染控制，讨论了马尔科夫策略下的合作和非合作的纳什均衡问题。高鑫等运用演化博弈论的方法，分析了南水北调东线工程中上游政府、下游政府和中央政府之间的相互作用，特别是对生态效益如何在上游和下游政府之间分配进行了分析。鲁祖亮研究了一类三峡库区跨界污染问题，利用最优控制理论研究了该问题的最优排放路径与最优污染减排策略。徐松鹤和韩传峰利用微分博弈模型研究生态补偿对流域上下游政府治污努力的影响，通过对有生态补偿、无生态补偿和有中央干预三种情形中上下游政府的博弈均衡解进行对比，讨论流域生态补偿的主要作用，认为优化流域生态补偿首先应当完善横向和纵向相互补充的财政转移支付机制，建立有约束力的流域生态补偿激励机制。姜珂等引入生态补偿准则，构建流域跨界污染问题的微分博弈模型，并采用流域福利净现值最大化的最优控制理论，探讨了 Stackelberg 博弈下流域环境质量总体的最优反馈平衡点。刘丽华等将最优排放路径和最优污染减排策略融入污染问题的微分博弈模型之中，并利用最优控制理论对污染问题的微分博弈模型进行了研究。曹国华等基于流域生态补偿理论，建立了企业和政府利润最大化的微分博弈模型，利用极大值原理获得最优动态策略，并研究了影子价格对企业和政府控制变量的影响。本章将研究长江上游流域政企间生态补偿的微分博弈模型，分析影子价格对各因素的影响，并进行实证分析，特别是，在类似的文献中，一般假设需求函数为一次函数，本章将需求函数改成二次函数，处理过程更加复杂，应用范围将更加广泛，这是本章的亮点。

12.1　政企间流域生态补偿的微分博弈模型

12.1.1　基本假设

本节所考虑的动态微分博弈满足以下假设：

假设 1：地方政府和地方企业都试图实现自身利润的最大化。为了便于模型的建立，分析政府收益时，不考虑政治稳定、社会福祉等其他因素，只把经济收益作为地方政府的最终目的。

假设 2：地方企业的生产能力有限，生产规模是有上限的。

假设 3：地方企业的生产条件和科技创新水平等在很长一段时间内保持不变。

假设 4：地方的需求函数在较长时期内也保持不变。

假设 5：折现因子是一个外生常数。

假设 6：当地只有一个企业，没有竞争，只生产一种产品，且生产过程会产生污染，并将污染物排放到该区域的河流中。

12.1.2　污染物的动态变化

假设某地区地方政府管辖下的当地企业只生产一种产品，$f(t)$ 表示 t 时刻河流中污染物的存量，取决于当地企业生产产品的产量和当地政府为治理河流污染所付出的努力程度（简称为政府的执行力度）以及河流自身的自净水平，且随着时间的递推，污染物存量也是一个动态变化的过程，设此过程中污染物存量的变化率可以用如下的微分方程表示：

$$\frac{\mathrm{d}f(t)}{\mathrm{d}(t)}=\omega Q(t)-2\delta z(t)[f(t)]^{\frac{1}{2}}-\sigma f(t),\quad f(0)=f_0,\tag{12.1}$$

其中 ω 表示当地企业每生产一个单位产品所排入河流的污染量；$Q(t)$ 表示 t 时刻产品的产量；$z(t)$ 代表政府对污染治理的执行力度，是无量纲变量，由于该变量受到政府本身治污能力等因素的制约，因此 $z(t)\in[0,Z]$；$2\delta z(t)[f(t)]^{\frac{1}{2}}$ 是指政府污染治理的执行力度为 $z(t)$ 时，河流中每个单位时间降低的污染量；σ 表示河流污染物在自然环境下的自净程度。

12.1.3　地方政府与企业收益最大化

1）地方企业收益最大化

假设当地企业是污染源且在 t 时刻企业产品的需求函数如下：

$$P(t)=a-\frac{b}{3}Q^2(t),\tag{12.2}$$

其中 $P(t)(\geqslant 0)$ 表示 t 时刻的价格，a 和 b 均为大于零的常数，受生产设备等因素的制约，$Q(t)(\geqslant 0)$ 最大的生产量为 $Q_{\max}$，是一个常量。地方企业在任意时刻 t 的收益函数为

$$R_1(t)=\left(a-\frac{b}{3}Q^2(t)\right)Q(t)-\frac{1}{2}cQ^2(t)-s(t)Q(t),\tag{12.3}$$

其中 $c(c>0)$ 是常数，$\frac{1}{2}cQ^2(t)$ 代表企业生产该产品的成本；$s(t)$ 表示政府在 t 时刻向企业的每单位产品征收的税额，也就是税率。

对于地方企业而言，考虑如下目标函数：

$$\max_{Q(t)} J_1=\int_0^T R_1(t)\mathrm{e}^{-rt}\mathrm{d}t-k_1(f(T)-A)\mathrm{e}^{-rT}\ ,\tag{12.4}$$

其中 r 表示折现系数，k_1 是奖罚系数，A 表示该地区的环境容量。博弈结束，

当 $f(T)-A>0$ 时，则当地政府对企业进行处罚，罚款金额为 $k_1(f(T)-A)$；反之，当 $f(T)-A<0$ 时，当地政府对企业进行奖励，奖金为 $k_1(f(T)-A)$。

当地政府规定税率为 $s(t)$ 时，当地企业针对政府的税率进行自身产量 $Q(t)$ 的最优决策，即考虑如下最优控制问题模型：

$$\begin{cases}\max\limits_{Q(t)} J_1=\int_0^T\left[\left(a-\frac{b}{3}Q^2(t)\right)Q(t)-\frac{1}{2}cQ^2(t)-s(t)Q(t)\right]\mathrm{e}^{-rt}\mathrm{d}t-k_1(f(T)-A)\mathrm{e}^{-rT},\\ \frac{\mathrm{d}f(t)}{\mathrm{d}t}=\omega Q(t)-2\delta z(t)(f(t))^{\frac{1}{2}}-\sigma f(t),\\ f(0)=f_0,\\ 0\leqslant Q(t)\leqslant Q_{\max}.\end{cases} \tag{12.5}$$

构造对应的哈密尔顿函数：

$$\begin{aligned}H_1=&(a-bQ^2(t))Q(t)-\frac{1}{2}cQ^2(t)-s(t)Q(t)+\\&\lambda_1[\omega Q(t)-2\delta z(t)(f(t))^{\frac{1}{2}}-\sigma f(t)],\end{aligned} \tag{12.6}$$

伴随方程为

$$\begin{cases}\dot{\lambda}_1=r\lambda_1-\frac{\partial H_1}{\partial f}=r\lambda_1+\lambda_1\left[\frac{1}{2}\beta(z(t)+I(t))(x(t))^{-\frac{1}{2}}+\sigma\right],\\ \lambda_1(T)=-k_1,\end{cases} \tag{12.7}$$

其中 λ_1 代表地方企业的影子价格，表示每单位污染的变化对企业收入的影响。

根据最大值原理，为获得企业收益最大化时的 $Q(t)$，可以将问题转化为求解哈密尔顿函数 H_1 的最优化问题，即

$$\begin{aligned}\max_{Q(t)} H_1=&\left(a-\frac{b}{3}Q^2(t)\right)Q(t)-\frac{1}{2}cQ^2(t)-s(t)Q(t)+\\&\lambda_1[\omega Q(t)-\delta z(t)(f(t))^{\frac{1}{2}}-\sigma f(t)],\end{aligned} \tag{12.8}$$

由表达式（12.8）可知，需要满足 $\frac{\partial H_1}{\partial Q}=0$，即

$$bQ^2(t)+cQ(t)+s(t)-a-\lambda_1\omega=0, \tag{12.9}$$

可得

$$Q^*(t)=\frac{-c\pm\sqrt{c^2-4b(s(t)-a-\lambda_1\omega)}}{2b}, \tag{12.10}$$

由于 a,b,c 均大于零，所以 $s(t)-a-\lambda_1\omega<0$，即 $s(t)<a+\lambda_1\omega$ 时，有

$$Q^*(t)=\frac{-c+\sqrt{c^2-4b(s(t)-a-\lambda_1\omega)}}{2b}. \tag{12.11}$$

2）地方政府收益最大化

由于地方政府和地方企业是 Stackelberg 微分博弈问题中的博弈双方，博弈的最终目的是双方都能达到帕累托最优。不论政府还是企业，都是“有进有出”。产品的产量是企业的决策变量，受到政府税率的影响；税率和对污染治理的执行力度这两个变量都是政府的决策变量。政府制定的税率不是一成不变的，也不是税率越高，政府的收益就越大，它要针对某个较长时间段对企业进行分析，进而选择不同的税率和对污染的执行力度。

为了简化模型，分析政府收益时，不考虑社会福祉等其他因素，只把经济收益作为政府的最终目的，则地方政府在 t 时刻的收益 $R_2(t)$ 表示为

$$R_2(t)=s(t)Q(t)-\frac{1}{2}m\cdot z^2(t)-n\cdot f(t), \tag{12.12}$$

其中 $g(t)=\frac{1}{2}m\cdot z^2(t)$ 是一个二次函数形式，代表政府污染治理的执行力度为 $z(t)$ 时所支出的成本，$g'(t)=m\cdot z(t)$ 为其边际函数，由于 $z(t)\in[0,Z]$，说明政府污染治理的成本对于变量执行力度 $z(t)$ 是单调递增的，$n\cdot f(t)$ 表示当污染存量为 $f(t)$ 时由环境污染造成的损失成本，m,n 均为非负数。政府的环境损失成本是政府决策时考虑的关键值，如果环境损失成本不大，当地政府可能会不考虑环境污染，只考虑经济效益，做出严重错误的决策。

对当地政府而言，考虑的目标函数如下：

$$\max_{z(t),s(t)} J_2=\int_0^T\left(s(t)Q(t)-\frac{1}{2}m\cdot z^2(t)-n\cdot f(t)\right)\mathrm{e}^{-rt}\mathrm{d}t-k_2(f(t)-A)\mathrm{e}^{-rT}, \tag{12.13}$$

其中 k_2 是奖罚系数，$k_1 > k_2$。当企业在当地政府给定税率 $s(t)$ 后，确定自身的最优需求量为 $Q^*(t)$，那么当地政府就需要目标泛函来确定新的 $s^*(t), z^*(t)$。当地政府的最优控制问题如下：

$$\begin{cases} \max\limits_{z(t),s(t)} J_2 = \int_0^T \left(s(t)Q(t) - \frac{1}{2} m \cdot z^2(t) - n \cdot f(t) \right) \mathrm{e}^{-rt} \mathrm{d}t - k_2 (f(T) - A) \mathrm{e}^{-rT}, \\ \frac{\mathrm{d}f(t)}{\mathrm{d}t} = \omega Q(t) - 2\delta z(t)(f(t))^{\frac{1}{2}} - \sigma f(t), \\ f(0) = f_0, \\ 0 \leqslant Q(t) \leqslant Q_{\max}, \\ 0 \leqslant s(t) \leqslant a + \lambda_1 \omega. \end{cases} \tag{12.14}$$

最优控制问题（12.14）对应的哈密尔顿函数如下：

$$\begin{aligned} H_2 &= s(t)Q^*(t) - \frac{1}{2} m \cdot z^2(t) - n \cdot f(t) + \lambda_2 \left[\omega Q^*(t) - 2\delta z(t)(f(t))^{\frac{1}{2}} - \sigma f(t) \right] \\ &= (s(t) + \lambda_2 \omega) Q^*(t) - \frac{1}{2} m \cdot z^2(t) - n \cdot f(t) - \lambda_2 \left[2\delta z(t)(f(t))^{\frac{1}{2}} + \sigma f(t) \right], \end{aligned} \tag{12.15}$$

其伴随方程为

$$\begin{cases} \dot{\lambda}_2 = r\lambda_2 - \frac{\partial H_2}{\partial f} = r\lambda_2 + n + \lambda_2 \left[\gamma z(t)(f(t))^{-\frac{1}{2}} + \sigma \right], \\ \lambda_2(T) = -k_2. \end{cases} \tag{12.16}$$

其中 λ_2 代表地方政府的影子价格，表示每单位污染的变化对政府收入的影响。

根据最大值原理，为获得企业收益最大化时的 $Q(t)$，可以将问题转化为求解哈密尔顿函数 H_2 的最优化问题，即

$$\max_{z(t),s(t)} H_2 = (s(t) + \lambda_2 \omega) Q^*(t) - \frac{1}{2} m \cdot z^2(t) - n \cdot f(t) - \lambda_2 \left[2\delta z(t)(f(t))^{\frac{1}{2}} + \sigma f(t) \right]. \tag{12.17}$$

依据最大值原理，可知 $s(t), z(t)$ 需要满足的一阶条件：

$$\begin{cases} \dfrac{\partial H_2}{\partial s} = 0, \\ \dfrac{\partial H_2}{\partial z} = 0, \end{cases}$$

注意到 $Q^*(t)$ 中含有 $s(t)$，则有

$$\frac{-c+\sqrt{c^2-4b(s(t)-a-\lambda_1\omega)}}{2b} - \frac{s(t)+\lambda_2\omega}{\sqrt{c^2-4b(s(t)-a-\lambda_1\omega)}} = 0, \tag{12.18}$$

$$z^*(t) = -\frac{2\lambda_2\delta(f(t))^{\frac{1}{2}}}{m}.$$

利用式（12.18）可知

$$\frac{-c\sqrt{c^2-4b(s(t)-a-\lambda_1\omega)}+c^2-4b(s(t)-a-\lambda_1\omega)-2b(s(t)+\lambda_2\omega)}{2b\sqrt{c^2-4b(s(t)-a-\lambda_1\omega)}} = 0, \tag{12.19}$$

即只需式（12.19）中的分母为 0，得

$$-c\sqrt{c^2-4b(s(t)-a-\lambda_1\omega)}+c^2-4b(s(t)-a-\lambda_1\omega)-2b(s(t)+\lambda_2\omega) = 0. \tag{12.20}$$

令 $y = \sqrt{c^2-4b(s(t)-a-\lambda_1\omega)}(>c)$，则

$$s(t) = \frac{c^2-y^2}{4b} + a + \lambda_1\omega,$$

这时表达式（12.20）等价于

$$\frac{3}{2}y^2 - cy - \frac{c^2+4b(a+\lambda_1\omega+\lambda_2\omega)}{2} = 0,$$

亦即

$$y = \frac{c+\sqrt{c^2+3[c^2+4b(a+\lambda_1\omega+\lambda_2\omega)]}}{3} = \sqrt{c^2-4b(s^*(t)-a-\lambda_1\omega)}.$$

由此，得到最优税率 $s^*(t)$：

$$s^*(t)=\frac{2c^2+12(a+\lambda_1\omega)-6b\lambda_2\omega-c\sqrt{c^2+3[c^2+4b(a+\lambda_1\omega+\lambda_2\omega)]}}{18b}. \quad (12.21)$$

将式（12.19）代入式（12.7）和式（12.16），可以求出 $\dot{\lambda}_1,\dot{\lambda}_2$，即

$$\begin{cases}\dot{\lambda}_1=\lambda_1\left[(r+\sigma)-\dfrac{2\delta^2\lambda_2}{m}\right],\\ \lambda_1(T)=-k_1,\\ \dot{\lambda}_2=\lambda_2(r+\sigma)+n-\dfrac{2\delta^2\lambda_2}{m},\\ \lambda_2(T)=-k_2.\end{cases} \quad (12.22)$$

12.2　影子价格分析

12.2.1　影子价格对政府税率 $s^*(t)$ 的影响

为了分析影子价格对政府税率 $s^*(t)$ 的影响，分别对 λ_1 和 λ_2 求导，可得

$$\begin{aligned}\frac{\partial s^*(t)}{\partial\lambda_1(t)}&=\frac{1}{18b}\left\{12b\omega-c\cdot\frac{12bw}{2\sqrt{c^2+3[c^2+4b(a+\lambda_1\omega+\lambda_2\omega)]}}\right\}\\&=\frac{2\omega}{3}-\frac{c\omega}{3\sqrt{c^2+3[c^2+4b(a+\lambda_1\omega+\lambda_2\omega)]}}\\&=\frac{2\sqrt{c^2+3[c^2+4b(a+\lambda_1\omega+\lambda_2\omega)]}-c}{3\sqrt{c^2+3[c^2+4b(a+\lambda_1\omega+\lambda_2\omega)]}}\cdot\omega\\&>0,\end{aligned} \quad (12.23)$$

和

$$\begin{aligned}\frac{\partial s^*(t)}{\partial\lambda_2(t)}&=\frac{1}{18b}\left\{-6b\omega-c\cdot\frac{12bw}{2\sqrt{c^2+3[c^2+4b(a+\lambda_1\omega+\lambda_2\omega)]}}\right\}\\&=-\frac{\omega}{3}-\frac{c\omega}{3\sqrt{c^2+3[c^2+4b(a+\lambda_1\omega+\lambda_2\omega)]}}\\&=-\frac{\sqrt{c^2+3[c^2+4b(a+\lambda_1\omega+\lambda_2\omega)]}+c}{3\sqrt{c^2+3[c^2+4b(a+\lambda_1\omega+\lambda_2\omega)]}}\cdot\omega\\&<0.\end{aligned} \quad (12.24)$$

12.2.2　影子价格对政府污染治理的执行力度 $z^*(t)$ 的影响

类似地，将政府污染治理的执行力度 $z^*(t)$ 分别对 λ_1 和 λ_2 求导，可得

$$\frac{\partial z^*(t)}{\partial \lambda_1(t)}=0, \tag{12.25}$$

$$\frac{\partial z^*(t)}{\partial \lambda_1(t)}=-\frac{2\delta}{m}\cdot(f(t))^{\frac{1}{2}}<0. \tag{12.26}$$

12.2.3　影子价格对企业产量 $Q^*(t)$ 的影响

让企业产量 $Q^*(t)$ 分别对 λ_1 和 λ_2 求导，可得

$$\begin{aligned}
\frac{\partial Q^*(t)}{\partial \lambda_1(t)}&=\frac{1}{2b}\cdot\frac{-4b\left(\dfrac{\partial s(t)}{\partial \lambda_1(t)}-\omega\right)}{2\sqrt{c^2-4b(s(t)-a-\lambda_1\omega)}}\\
&=-\frac{\left\{\dfrac{2\sqrt{c^2+3[c^2+4b(a+\lambda_1\omega+\lambda_2\omega)]}-c}{3\sqrt{c^2+3[c^2+4b(a+\lambda_1\omega+\lambda_2\omega)]}}-1\right\}\cdot\omega}{2\sqrt{c^2-4b(s(t)-a-\lambda_1\omega)}}\\
&=-\left\{\frac{2\sqrt{c^2+3[c^2+4b(a+\lambda_1\omega+\lambda_2\omega)]}-c-3\sqrt{c^2+3[c^2+4b(a+\lambda_1\omega+\lambda_2\omega)]}}{3\sqrt{c^2+3[c^2+4b(a+\lambda_1\omega+\lambda_2\omega)]}\cdot\sqrt{c^2-4b(s(t)-a-\lambda_1\omega)}}-1\right\}\cdot\omega\\
&=\frac{\sqrt{c^2+3[c^2+4b(a+\lambda_1\omega+\lambda_2\omega)]}+c}{3\sqrt{c^2+3[c^2+4b(a+\lambda_1\omega+\lambda_2\omega)]}\cdot\sqrt{c^2-4b(s(t)-a-\lambda_1\omega)}}\cdot\omega\\
&>0,
\end{aligned} \tag{12.27}$$

和

$$\begin{aligned}
\frac{\partial Q^*(t)}{\partial \lambda_2(t)}&=\frac{1}{2b}\cdot\frac{-4b\dfrac{\partial s(t)}{\partial \lambda_2(t)}}{2\sqrt{c^2-4b(s(t)-a-\lambda_1\omega)}}\\
&=-\frac{-\dfrac{\sqrt{c^2+3[c^2+4b(a+\lambda_1\omega+\lambda_2\omega)]}+c}{3\sqrt{c^2+3[c^2+4b(a+\lambda_1\omega+\lambda_2\omega)]}}\cdot\omega}{\sqrt{c^2-4b(s(t)-a-\lambda_1\omega)}}\\
&=\frac{\sqrt{c^2+3[c^2+4b(a+\lambda_1\omega+\lambda_2\omega)]}+c}{3\sqrt{c^2+3[c^2+4b(a+\lambda_1\omega+\lambda_2\omega)]}\cdot\sqrt{c^2-4b(s(t)-a-\lambda_1\omega)}}\cdot\omega\\
&>0.
\end{aligned} \tag{12.28}$$

12.2.4 影子价格的经济含义分析

根据式（12.23）~ 式（12.28）的结果，得出如下结论：

（1）当地政府的税率 $s^*(t)$ 和地方企业的产量 $Q^*(t)$ 与影子价格 λ_1 具有一致的增减性，且地方政府的执行力度 $z^*(t)$ 与影子价格 λ_1 无关，也就是说，当影子价格 λ_1 增加时，地方企业的产量会提高，说明地方企业会忽视环境污染，不进行环境保护，通过增加产量来追求更高的利润，此时当地政府将通过提高税率来对企业进行惩罚式约束。

（2）地方政府的税率 $s^*(t)$ 和执行力度 $z^*(t)$ 与影子价格 λ_2 的增减性是相反的，地方企业产量 $Q^*(t)$ 的单调性和影子价格 λ_2 是相同的，也就是说，当影子价格 λ_2 上升时，企业的产量会大幅增加，但是当地政府为了得到更高的收益，可能不严格执行环境污染治理的责任，使得环境更加恶化。

12.3 实证分析

本节对长江上游流域政企间流域生态补偿进行实证分析，选取研究区域为长江上游流域的重庆市，通过设定部分参数对重庆市的政企间流域生态补偿进行实证分析，并对前期获得的结果加以验证。本节将首先利用 Matlab 软件绘制出影子价格 λ_1, λ_2 的运行轨迹；然后利用 Mathematica 软件模拟出企业与政府的 3 个控制变量的轨迹图像。根据重庆市政府的规定，税率的变动在 0.01 ~ 0.03 的范围内，对于超过污染排放量标准的处罚系数为 1.2 ~ 14，因此我们选取税率为 0.02，处罚系数 $k_1 = 6.3, k_2 = 1.26$。本节中其他参数设置如下：

$$a = 100,\ b = 2,\ c = 0.1,\ m = 5,\ n = 4.9,$$
$$\omega = 0.5,\ \delta = 0.2,\ \sigma = 0.25,\ r = 0.05,\ T = 5\,.$$

利用公式

$$\begin{cases} \dot{\lambda}_1 = \lambda_1 \left(r + \sigma - \dfrac{2\delta^2 \lambda_2}{m} \right), \\ \lambda_1(T) = -k_1, \\ \dot{\lambda}_2 = \lambda_2 (r + \sigma) + n - \dfrac{2\delta^2 \lambda_2}{m}, \\ \lambda_2(T) = -k_2. \end{cases}$$

可以得到重庆市地方企业和当地政府的影子价格轨迹，如图 12.1 和图 12.2 所示。

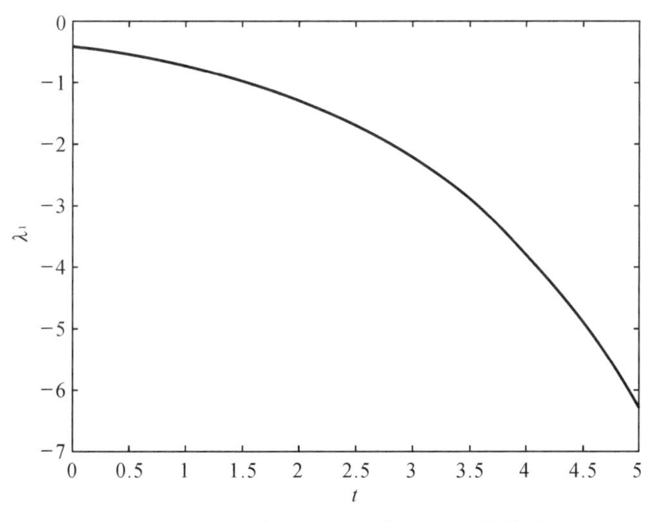

图 12.1　地方企业影子价格 λ_1 的变化轨迹

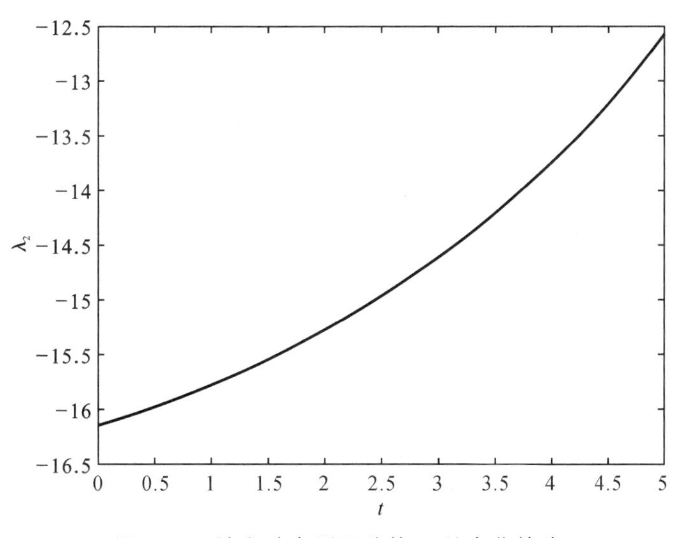

图 12.2　地方政府影子价格 λ_2 的变化轨迹

进一步，利用公式

$$Q^*(t)=\frac{-c+\sqrt{c^2-4b(s(t)-a-\lambda_1\omega)}}{2b},$$

$$s^*(t)=\frac{2c^2+12(a+\lambda_1\omega)-6b\lambda_2\omega-c\sqrt{c^2+3[c^2+4b(a+\lambda_1\omega+\lambda_2\omega)]}}{18b},$$

可以得到重庆市地方企业产量和当地政府的税率轨迹图,如图 12.3 和图 12.4 所示。

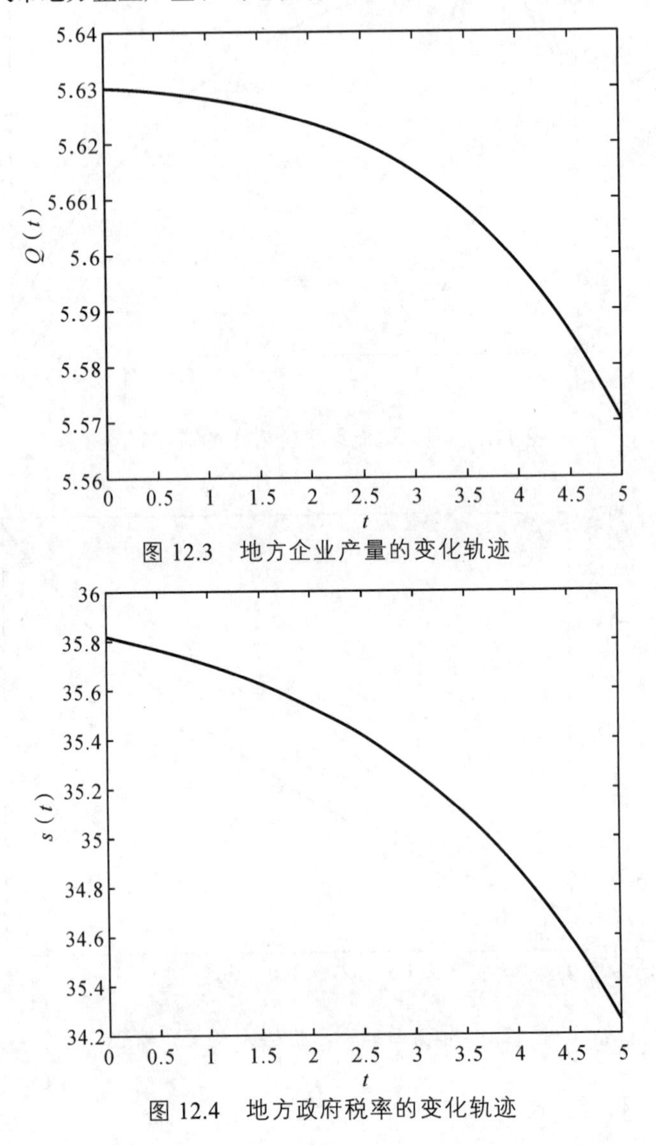

图 12.3　地方企业产量的变化轨迹

图 12.4　地方政府税率的变化轨迹

利用公式

$$z^*(t) = -\frac{2\lambda_2\delta(f(t))^{\frac{1}{2}}}{m},$$

可以得到当地政府污染治理执行力度的轨迹图，如图 12.5 所示。

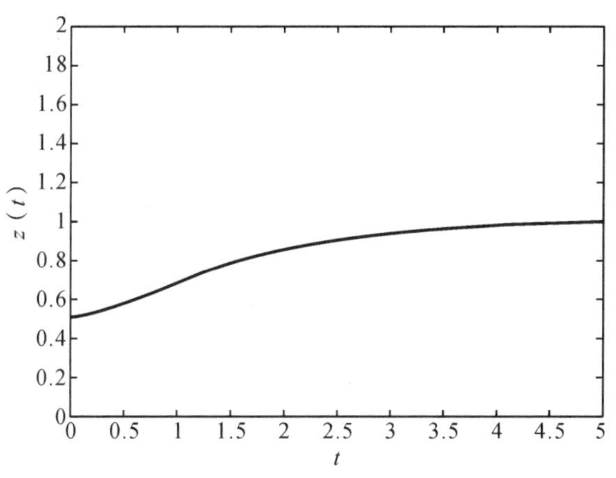

图 12.5　政府污染治理的执行力度的变化轨迹

本章以地方企业的二次需求函数为基础，构建了流域生态补偿系统中地方政府与地方企业之间在寻求各自利益最大化的动态微分博弈模型，给出了研究流域生态补偿的影响因素，通过政企间的微分博弈，运用最大值原理得到了最优动态策略，并基于实际数据设定参数实证分析了影子价格及控制变量的变化轨迹。将 3 个控制变量最优解分别对影子价格求偏导数，分析得出影子价格对控制变量和企业产出的影响。

第13章 企业污染治理战略联盟的随机演化博弈研究

第12章研究了长江上游流域政企间生态补偿。这一章，研究企业污染治理战略联盟的随机演化博弈。

为了解释污染治理需要相关各方之间的合作，本章研究了3家企业战略联盟中企业污染治理的随机演化博弈模型。通过应用随机演化博弈理论，建立了企业之间污染治理的战略联盟模型，在博弈模型中加入影响决策的随机因素，对联盟中企业污染治理策略的演变过程进行了分析，得到了最终的稳定策略，并对不同情况下企业的演化路径进行了数值模拟，给出数值算例验证理论结果，提出了相关的意见和建议。

13.1 基本理论

13.1.1 企业污染治理的战略联盟

因为环境污染具有显著的普遍性，企业一般难以单独完成环境污染治理，即使他们单独进行污染治理，污染治理的成本与收益之比也很难达到最优，因此企业之间开展联盟合作非常有必要。Finus首先给出了企业污染治理战略联盟的概念。污染治理的战略联盟是表示两家以上的企业为实现特定的污染治理目标，获得最优的污染治理成本而建立的战略合作关系。污染治理的战略联盟需要模糊各方的界限，各公司之间协同合作，采取一致的措施和行动，达成战略联盟的污染治理目标。虽然联盟企业在污染治理方面进行合作，但是在污染治理协议外的其他领域中保持着企业管理的独立性公司，仍然存在竞争关系。

13.1.2　演化博弈理论

演化博弈理论结合博弈论和动态演化分析方法，考虑在经济稳定平衡的条件下，具有有限理性的经济主体对有利的策略进行持续的学习和模仿，最终得到演化稳定的策略。复制动态方程是一个典型的动态微分方程，它描述了种群中使用特定策略的比例，具体形式如下：

$$F(x)=\frac{\mathrm{d}x}{\mathrm{d}t}=x(U_S-\overline{U}),$$

其中 x 是博弈参与者采取策略 S 的比例，U_S 是博弈参与者采取策略 S 的预期收益，$\overline{U}$ 是博弈参与者的平均预期收益，$\frac{\mathrm{d}x}{\mathrm{d}t}$ 是指参与者采取策略 S 的比例随时间的变化率。

13.2　企业污染治理战略联盟的演化博弈模型

13.2.1　模型假设

为了简化模型，对模型进行如下假设：

假设 1：环境污染削减技术研究和相关治污设备投资会产生一定的溢出效应，也就是说，企业污染治理战略联盟内部会因为共同享有污染技术的使用权而受益。

假设 2：假设企业污染治理战略联盟是有限理性的，也就是说，污染治理联盟的总污染削减费用不会超过每个企业投入污染削减费用之和。

假设 3：假设企业自身是理性的，即参与污染治理战略联盟的企业分担的污染治理费用不会大于单独治污时的费用。

13.2.2　基本符号描述

模型的符号定义如下：

π_i：企业 i 正常运营的收益（$i=A,B,C$）。

π：在企业污染治理战略联盟模式下，联盟内部共同协作参与污染削减行为，降低了污染治理成本，因此获得的污染治理相关收益。

r_i：企业间的共享收益系数（$i = A,B,C$）。

C_i：污染治理战略联盟内部各个企业自身的成本，主要包括环境污染治理的努力成本和正常经营的成本（$i = A,B,C$）。

u,v,w：分别表示企业 A,B,C 参与企业污染治理战略联盟时，进行环境污染治理的技术创新和治污设备改造的创新性成本系数。

a,b,c：分别为企业 A,B,C 的努力系数。

$C(a)$：企业 A 参加污染治理战略联盟的成本，$C(a) = C_A + \frac{1}{2}ua^2$。

$C(b)$：企业 B 参加污染治理战略联盟的成本，$C(b) = C_B + \frac{1}{2}vb^2$。

$C(c)$：企业 C 参加污染治理战略联盟的成本，$C(c) = C_C + \frac{1}{2}wc^2$。

$\pi(a)$：参与污染治理战略联盟时企业 A 的收益，$\pi(a) = \pi_A + r_A\pi - C_A - \frac{1}{2}ua^2$。

$\pi(b)$：参与污染治理战略联盟时企业 B 的收益，$\pi(b) = \pi_B + r_B\pi - C_B - \frac{1}{2}vb^2$。

$\pi(c)$：参与污染治理战略联盟时企业 C 的收益，$\pi(c) = \pi_C + r_C\pi - C_C - \frac{1}{2}wc^2$。

对企业 A,B,C 来说，当战略联盟协同治理污染的效益为正时，企业会加入战略联盟，假设只要企业一加入污染治理联盟，立即会有 $r_A\pi - C(a) \geqslant 0$（或 $r_B\pi - C(b) \geqslant 0$，$r_C\pi - C(c) \geqslant 0$）的收益。建立战略联盟需要 3 家企业的共同努力，如果其中两家企业不加入联盟或者中途退出联盟，虽然另一家企业加入联盟，但是这家企业不会在联盟内获得污染治理的好处，也就是说，如果只有企业 A 加入，而其他两家企业不加入，则企业 A 的收入也仅为 $\pi_A - C(a)$，其他情况类似。

13.2.3 复制动态分析

根据模型假设，博弈各方的策略集都是{加入、退出}。采用行为策略的概率如下：当博弈开始时，企业 A 选择加入战略联盟的概率是 x，退出的概率是 $1-x$，企业 B 选择加入战略联盟的概率是 y，退出的概率是 $1-y$，企业 C 选择加入战略联盟的概率是 z，退出的概率是 $1-z$。因此，环境污染控制战略联盟的三方进化博弈的策略组合和收益如下：

表 13.1　参与者策略的组合和效益

策略组合	企业 A	企业 B	企业 C
（加入，加入，加入）	$\pi_A + r_A\pi - C(a)$	$\pi_B + r_B\pi - C(b)$	$\pi_C + r_C\pi - C(c)$
（加入，加入，退出）	$\pi_A + r_A\pi - C(a)$	$\pi_B + r_B\pi - C(b)$	$\pi_C - C_C$
（加入，退出，加入）	$\pi_A + r_A\pi - C(a)$	$\pi_B - C_B$	$\pi_C + r_C\pi - C(c)$
（加入，退出，退出）	$\pi_A - C(a)$	$\pi_B - C_B$	$\pi_C - C_C$
（退出，加入，加入）	$\pi_A - C_A$	$\pi_B + r_B\pi - C(b)$	$\pi_C + r_C\pi - C(c)$
（退出，加入，退出）	$\pi_A - C_A$	$\pi_B - C(b)$	$\pi_C - C_C$
（退出，退出，加入）	$\pi_A - C_A$	$\pi_B - C_B$	$\pi_C - C(c)$
（退出，退出，退出）	$\pi_A - C_A$	$\pi_B - C_B$	$\pi_C - C_C$

1）企业 A 的复制动态方程

根据表 13.1，假设企业 A 选择加入和退出策略的预期收益为 f_{Aj} 和 f_{Aw}，平均预期收益为 $\overline{f}_A$，则

$$\begin{aligned} f_{Aj} &= yz(\pi_A + r_A\pi - C(a)) + y(1-z)(\pi_A + r_A\pi - C(a)) + \\ &\quad (1-y)z(\pi_A + r_A\pi - C(a)) + (1-y)(1-z)(\pi_A - C(a)) \\ &= \pi_A - C(a) + (y+z-yz)r_A\pi, \end{aligned} \tag{13.1}$$

$$\begin{aligned} f_{Aw} &= yz(\pi_A - C_A) + y(1-z)(\pi_A - C_A) + (1-y)z(\pi_A - C_A) + \\ &\quad (1-y)(1-z)(\pi_A - C_A) \\ &= \pi_A - C_A. \end{aligned} \tag{13.2}$$

这时企业 A 所产生的平均预期收益为

$$\overline{f}_A = xf_{Aj} + (1-x)f_{Aw}, \tag{13.3}$$

企业 A 选择加入战略联盟的复制动态方程如下：

$$\begin{aligned} F(x) &= \frac{\mathrm{d}x}{\mathrm{d}t} = x(f_{Aj} - \overline{f}_A) \\ &= x(1-x)[C_A - C(a) + (y+z-yz)r_A\pi], \end{aligned} \tag{13.4}$$

根据微分方程的稳定性定理，企业 A 选择加入策略必须满足以下条件：$\left.\frac{\mathrm{d}F(x)}{\mathrm{d}x}\right|_{x=x_0}<0$。

接下来，对企业 A 的演化策略的稳定性进行如下分析：

（1）当 $z=\frac{C(a)-C_A-y\pi r_A}{\pi r_A-y\pi r_A}$，$F(x)\equiv 0$，任何水平 $x\in[0,1]$ 处于稳定状态，稳定策略不随着时间的推移而确定，如图 13.1（a）所示。

（2）当 $z\neq\frac{C(a)-C_A-y\pi r_A}{\pi r_A-y\pi r_A}$，令 $F(x)=0$，因此 $x=0$ 和 $x=1$ 是企业 A 的两个稳定点，下面分两种情形讨论。

$F(x)$ 关于 x 的偏导数为 $\frac{\mathrm{d}F(x)}{\mathrm{d}x}=(1-2x)[C_A-C(a)+(y+z-yz)r_A\pi]$，对不同情况的分析如下：

① 当 $z>\frac{C(a)-C_A-y\pi r_A}{\pi r_A-y\pi r_A}$，$\left.\frac{\mathrm{d}F(x)}{\mathrm{d}x}\right|_{x=0}>0$，$\left.\frac{\mathrm{d}F(x)}{\mathrm{d}x}\right|_{x=1}<0$，这时 $x=1$ 可以确定是演化稳定的策略，如图 13.1（b）所示。

② 当 $z<\frac{C(a)-C_A-y\pi r_A}{\pi r_A-y\pi r_A}$，$\left.\frac{\mathrm{d}F(x)}{\mathrm{d}x}\right|_{x=0}<0$，$\left.\frac{\mathrm{d}F(x)}{dx}\right|_{x=1}>0$，这时 $x=0$ 可以确定是演化稳定的策略，如图 13.1（c）所示。

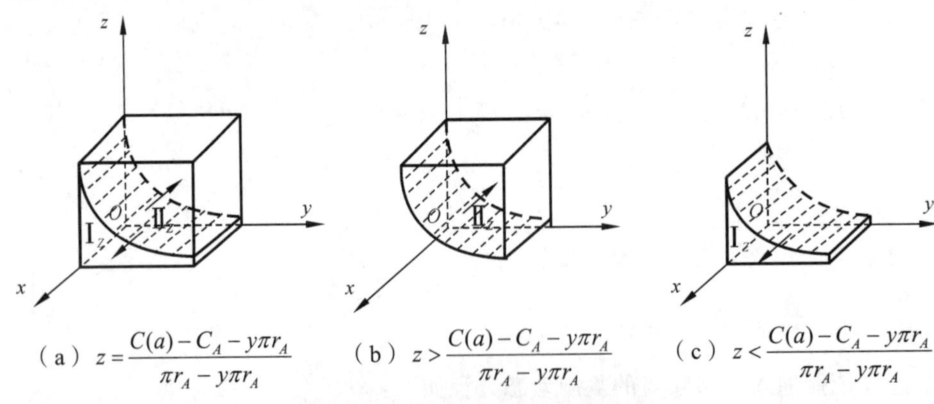

图 13.1　企业 A 的演化稳定策略

命题 1　企业 A 加入联盟的概率随着企业 B 和企业 C 加入联盟的概率的增加而增加，反之亦然。

证明　利用企业 A 选择加入策略的动态模型得到偏导数，从而得到企业 A 加入的概率 x 与企业 C 加入的概率 z 之间的相关函数如下：

$$x=\begin{cases}1, & z>\dfrac{C(a)-C_A-y\pi r_A}{\pi r_A-y\pi r_A},\\ [0,1], & z=\dfrac{C(a)-C_A-y\pi r_A}{\pi r_A-y\pi r_A},\\ 0, & z=\dfrac{C(a)-C_A-y\pi r_A}{\pi r_A-y\pi r_A}.\end{cases} \tag{13.5}$$

当 $z>\dfrac{C(a)-C_A-y\pi r_A}{\pi r_A-y\pi r_A}$ 时，$x=1$ 是一个演化稳定策略。企业 C 选择加入策略的动机高于某一值时，企业 A 更倾向于加入并获得更多的利益，所选择的策略稳定在 1。当 $z<\dfrac{C(a)-C_A-y\pi r_A}{\pi r_A-y\pi r_A}$ 时，$x=0$ 是一个演化稳定策略。企业 C 选择加入策略的动机低于某一值时，企业 A 更倾向于退出联盟来节省一些努力成本，所选择的策略稳定在 0。

类似地，得到了企业 A 加入联盟的概率 x 与企业 B 加入的概率 y 之间的相关函数。类似于上述过程，可以分析与企业 B 的关系。

总之，当企业加入污染治理战略联盟时，利润大于零，只要其中一方有加入战略联盟的动机，其他双方也有加入战略联盟的动机。

2）企业 B 的复制动态方程

根据表 13.1，假设企业 B 选择加入和退出策略的预期收益为 f_{Bj} 和 f_{Bw}，平均预期收益为 $\overline{f}_B$，则

$$\begin{aligned}f_{Bj}&=xz(\pi_B+r_B\pi-C(b))+x(1-z)(\pi_B+r_B\pi-C(b))+\\&\quad(1-x)z(\pi_B+r_B\pi-C(b))+(1-x)(1-z)(\pi_B-C(b))\\&=\pi_B-C(b)+(x+z-xz)r_B\pi,\end{aligned} \tag{13.6}$$

$$\begin{aligned}f_{Bw}&=xz(\pi_B-C_B)+x(1-z)(\pi_B-C_B)+\\&\quad(1-x)z(\pi_B-C_B)+(1-x)(1-z)(\pi_B-C_B)\\&=\pi_B-C_B.\end{aligned} \tag{13.7}$$

因此，企业 B 的平均预期收益可表示为

$$\overline{f}_B = yf_{Bj} + (1-y)f_{Bw}, \tag{13.8}$$

企业 B 选择加入联盟的复制动态方程如下：

$$\begin{aligned} F(y) &= \frac{\mathrm{d}y}{\mathrm{d}t} = y(f_{Bj} - \overline{f}_B) \\ &= y(1-y)[C_B - C(b) + (x+z-xz)r_B\pi]. \end{aligned} \tag{13.9}$$

根据微分方程的稳定性定理，对企业 B 的演化策略的稳定性进行如下分析：

（1）当 $x = \dfrac{C(b) - C_B - z\pi r_B}{\pi r_B - z\pi r_B}$，$F(y) \equiv 0$，任何水平 $y \in [0,1]$ 处于稳定状态。稳定策略不能随着时间的推移而确定，如图 13.2（a）所示。

（2）当 $x \neq \dfrac{C(b) - C_B - z\pi r_B}{\pi r_B - z\pi r_B}$，令 $F(y) = 0$，这时 $y = 0$ 和 $y = 1$ 是企业 B 的两个稳定点，下面分两种情形讨论。

$F(y)$ 关于 y 的偏导数为 $\dfrac{\mathrm{d}F(y)}{dy} = (1-2y)[C_B - C(b) + (x+z-xz)r_B\pi]$，对不同情况的分析如下：

① 当 $x > \dfrac{C(b) - C_B - z\pi r_B}{\pi r_B - z\pi r_B}$，$\left.\dfrac{\mathrm{d}F(y)}{\mathrm{d}y}\right|_{y=0} > 0$，$\left.\dfrac{\mathrm{d}F(y)}{\mathrm{d}y}\right|_{y=1} < 0$，这时 $y = 1$ 是一个演化稳定性策略，如图 13.2（b）所示。

② 当 $x < \dfrac{C(b) - C_B - z\pi r_B}{\pi r_B - z\pi r_B}$，$\left.\dfrac{\mathrm{d}F(y)}{\mathrm{d}y}\right|_{y=0} < 0$，$\left.\dfrac{\mathrm{d}F(y)}{\mathrm{d}y}\right|_{y=1} > 0$，这时 $y = 0$ 是一个演化稳定性策略，如图 13.2（c）所示。

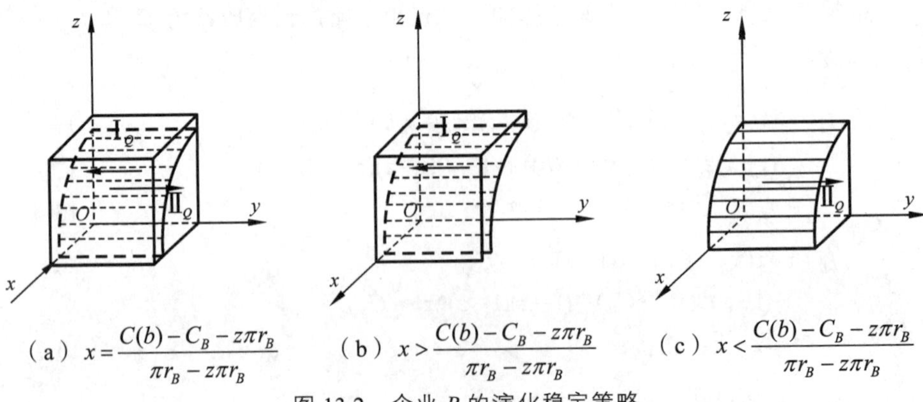

（a）$x = \dfrac{C(b) - C_B - z\pi r_B}{\pi r_B - z\pi r_B}$　（b）$x > \dfrac{C(b) - C_B - z\pi r_B}{\pi r_B - z\pi r_B}$　（c）$x < \dfrac{C(b) - C_B - z\pi r_B}{\pi r_B - z\pi r_B}$

图 13.2　企业 B 的演化稳定策略

命题 2　企业 B 加入联盟的概率随着企业 A 和企业 C 加入联盟的概率的增加而增加，反之亦然。

证明类似命题 1.

3）企业 C 的复制动态方程

根据表 13.1，假设企业 C 选择加入和退出策略的预期收益为 f_{Cj} 和 f_{Cw}，平均预期收益为 $\overline{f}_C$，则

$$\begin{aligned} f_{Cj} &= xy(\pi_C + r_C\pi - C(c)) + x(1-y)(\pi_C + r_C\pi - C(c)) + \\ &\quad (1-x)y(\pi_C + r_C\pi - C(c)) + (1-x)(1-y)(\pi_C - C(c)) \\ &= \pi_C - C(c) + (x+y-xy)r_C\pi, \end{aligned} \tag{13.10}$$

$$\begin{aligned} f_{Cw} &= xy(\pi_C - C_C) + x(1-y)(\pi_C - C_C) + \\ &\quad (1-x)y(\pi_C - C_C) + (1-x)(1-y)(\pi_C - C_C) \\ &= \pi_C - C_C. \end{aligned} \tag{13.11}$$

这时企业 C 的平均预期收益可表示为

$$\overline{f}_C = zf_{Cj} + (1-z)f_{Cw}, \tag{13.12}$$

企业 C 选择加入联盟的复制动态方程如下：

$$\begin{aligned} F(z) &= \frac{\mathrm{d}z}{\mathrm{d}t} = z(f_{Cj} - \overline{f}_C) \\ &= z(1-z)[C_C - C(c) + (x+y-xy)r_C\pi]. \end{aligned} \tag{13.13}$$

根据微分方程的稳定性定理，对企业 C 的演化策略的稳定性进行如下分析：

（1）当 $x = \dfrac{C(c) - C_C - y\pi r_C}{\pi r_C - y\pi r_C}$，$F(z) \equiv 0$，任何水平 $z \in [0,1]$ 处于稳定状态。稳定策略不能随着时间的推移而确定，如图 13.3（a）所示。

（2）当 $x \neq \dfrac{C(c) - C_C - y\pi r_C}{\pi r_C - y\pi r_C}$ 时，令 $F(z) = 0$，这时 $z = 0$ 和 $z = 1$ 是企业 C 的两个稳定点，下面分两种情形进行讨论。

$F(\mathrm{z})$ 关于 z 的偏导数为 $\dfrac{\mathrm{d}F(z)}{\mathrm{d}z} = (1-2z)[C_C - C(c) + (x+y-xy)r_C\pi]$，对不同情况的分析如下：

① 当 $x > \dfrac{C(c) - C_C - y\pi r_C}{\pi r_C - y\pi r_C}$，$\left.\dfrac{\mathrm{d}F(z)}{\mathrm{d}z}\right|_{z=0} > 0$，$\left.\dfrac{\mathrm{d}F(z)}{\mathrm{d}z}\right|_{z=1} < 0$，这时 $z = 1$ 是一个演化稳定性策略，如图 13.3（b）所示。

② 当 $x < \dfrac{C(c) - C_C - y\pi r_C}{\pi r_C - y\pi r_C}$，$\left.\dfrac{\mathrm{d}F(z)}{\mathrm{d}z}\right|_{z=0} < 0$，$\left.\dfrac{\mathrm{d}F(z)}{\mathrm{d}z}\right|_{z=1} > 0$，这时 $z = 0$ 是一个演化稳定性策略，如图 13.3（c）所示。

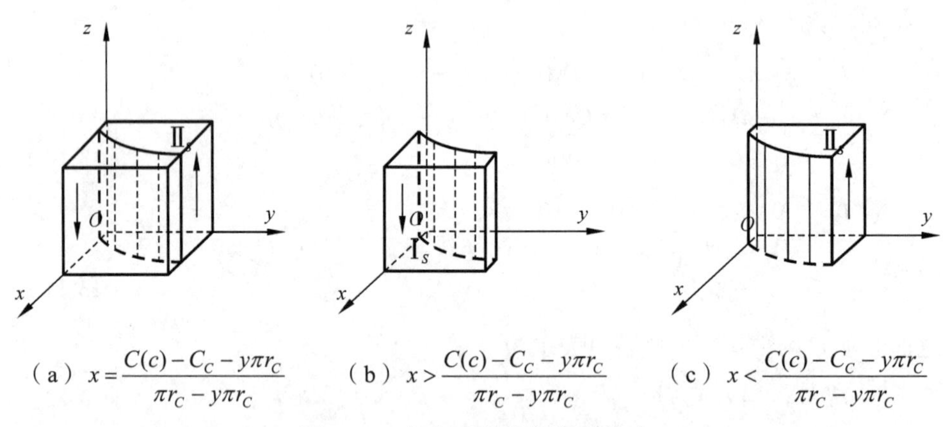

（a）$x = \dfrac{C(c) - C_C - y\pi r_C}{\pi r_C - y\pi r_C}$　（b）$x > \dfrac{C(c) - C_C - y\pi r_C}{\pi r_C - y\pi r_C}$　（c）$x < \dfrac{C(c) - C_C - y\pi r_C}{\pi r_C - y\pi r_C}$

图 13.3　企业 C 的演化稳定策略

命题 3　企业 C 加入联盟的概率随着企业 A 和企业 B 加入联盟的概率的增加而增加，反之亦然。

证明类似命题 1。

13.2.4　演化稳定策略分析

通过利用雅可比矩阵的定义，可以对企业 A,B,C 的策略组合进行稳定性分析，令 $F(x),F(y),F(z)$ 关于 x,y,z 分别求偏导数，可得如下雅可比矩阵：

$$J = \begin{pmatrix} \dfrac{\partial F(x)}{\partial x} & \dfrac{\partial F(x)}{\partial y} & \dfrac{\partial F(x)}{\partial z} \\ \dfrac{\partial F(y)}{\partial x} & \dfrac{\partial F(y)}{\partial y} & \dfrac{\partial F(y)}{\partial z} \\ \dfrac{\partial F(z)}{\partial x} & \dfrac{\partial F(z)}{\partial y} & \dfrac{\partial F(z)}{\partial z} \end{pmatrix}$$

$$
=\begin{pmatrix}
(1-2x)\left(\alpha\pi r_A-\frac{1}{2}ua^2\right) & x(1-x)(\pi r_A-z\pi r_A) & x(1-x)(\pi r_A-y\pi r_A) \\
y(1-y)(\pi r_B-z\pi r_B) & (1-2y)\left(\beta\pi r_B-\frac{1}{2}vb^2\right) & y(1-y)(\pi r_B-x\pi r_B) \\
z(1-z)(\pi r_C-y\pi r_C) & z(1-z)(\pi r_C-x\pi r_C) & (1-2z)\left(\gamma\pi r_C-\frac{1}{2}wc^2\right)
\end{pmatrix},
$$

其中 $\alpha=y+z-yz$， $\beta=x+z-xz$， $\gamma=x+y-xy$.

当 $F(x)=0,F(y)=0,F(z)=0$ 时，结果表明该演化系统的博弈达到相对稳定的均衡状态，即为演化稳定策略。可以得到博弈主体企业 A,B,C 的局部均衡点，局部均衡稳定点是均衡解，这里共有 8 个均衡点。根据 Lyapunov 第一法则，演化稳定策略对应雅可比矩阵的特征根一定小于 0。这 8 个均衡点的稳定情况如表 13.2 所示。

表 13.2　各局部均衡点的稳定情况

均衡点	特征根			稳定情况
	λ_1	λ_1	λ_1	
(0，0，0)	$-\frac{1}{2}ua^2$	$-\frac{1}{2}vb^2$	$C_C-C_B-\frac{1}{2}wc^2$	条件 1
(0，0，1)	$\pi r_A-\frac{1}{2}ua^2$	$\pi r_B-\frac{1}{2}vb^2$	$C_B-C_C+\frac{1}{2}wc^2$	不稳定
(0，1，0)	$\pi r_A-\frac{1}{2}ua^2$	$-\frac{1}{2}vb^2$	$C_C-C_B-\frac{1}{2}wc^2+\pi r_C$	不稳定
(1，0，0)	$\pi r_B-\frac{1}{2}vb^2$	$\frac{1}{2}ua^2$	$C_C-C_B-\frac{1}{2}wc^2+\pi r_C$	不稳定
(1，1，0)	$\frac{1}{2}ua^2-\pi r_A$	$\frac{1}{2}vb^2-\pi r_B$	$C_C-C_B-\frac{1}{2}wc^2+\pi r_C$	条件 2
(1，0，1)	$\frac{1}{2}ua^2-\pi r_A$	$\pi r_B-\frac{1}{2}vb^2$	$C_B-C_C+\frac{1}{2}wc^2-\pi r_C$	不稳定
(0，1，1)	$\pi r_A-\frac{1}{2}ua^2$	$\frac{1}{2}vb^2-\pi r_B$	$C_B-C_C+\frac{1}{2}wc^2-\pi r_C$	不稳定
(1，1，1)	$\frac{1}{2}ua^2-\pi r_A$	$\frac{1}{2}vb^2-\pi r_B$	$C_B-C_C+\frac{1}{2}wc^2-\pi r_C$	条件 3

根据表 13.2，一些根的正负是不能确定的，那么我们就需要进行讨论，由于这些参数的不确定性，这将导致不同的结果，分析结果如表 13.3 所示。

表 13.3 演化稳定策略的渐进稳定条件

演化稳定策略	渐进稳定条件	条件
（0，0，0）	$C_C - C_B - \frac{1}{2}wc^2$	1
（1，1，0）	$C_C - C_B - \frac{1}{2}wc^2 + \pi r_C$	2
（1，1，1）	$C_B - C_C + \frac{1}{2}wc^2 - \pi r_C$	3

以上均衡状态分析表明，在 8 个局部均衡点中，只有（0，0，0）、（1，1，0）、（1，1，1）点是稳定点，即演化稳定策略，相应的策略是（退出、退出、退出）、（加入、加入、退出）、（加入、加入、加入）。从表 13.3 可以看出，可能没有企业参与联盟，可能有一些企业参与联盟，也可能所有的企业参与联盟，这与实际情况是一致的。

接下来，需要讨论它们的不确定性参数，这将导致不同的结果。设 $\pi_1 = C_C - C_B - \frac{1}{2}wc^2$，$\pi_2 = C_C - C_B - \frac{1}{2}wc^2 + \pi r_C$，$\pi_3 = C_B - C_C + \frac{1}{2}wc^2 - \pi r_C$，根据李雅普诺夫第一法则，有如下三种可能性。

情形 1（$\pi_1 > 0, \pi_2 > 0, \pi_3 < 0$）：这种情形下，局部均衡稳定点是（1，1，1），其相应的演化稳定策略为（加入、加入、加入），即 A,B,C 三个企业都加入联盟。

情形 2（$\pi_1 < 0, \pi_2 > 0, \pi_3 < 0$）：这种情形下，局部均衡稳定点是（1，1，1）和（0，0，0），其相应的演化稳定战略是（退出、退出、退出）和（加入、加入、加入），即 A,B,C 三个企业都加入联盟或者都不加入联盟，这样就有两个稳定的点，这与现实不一致，所以舍弃。

情形 3（$\pi_1 < 0, \pi_2 < 0, \pi_3 > 0$）：这种情形下，局部均衡稳定点为（0，0，0）和（1，1，0），其相应的演化稳定策略是（退出、退出、退出）和（加入、加入、退出），即企业 A,B,C 全部加入联盟，或者企业 A,B 加入联盟，这样就有两个稳定的点，这与现实不一致，所以舍弃。

从上述分析可知，情形 2 和情形 3 有两个演化稳定策略，与实际情况不一致，因此排除，最终的演化稳定策略为（1，1，1）。

简而言之，当条件满足 $C_C - C_B - \frac{1}{2}wc^2 > 0$，$C_C - C_B - \frac{1}{2}wc^2 + \pi r_C > 0$，$C_B - C_C + \frac{1}{2}wc^2 - \pi r_C < 0$ 时，（1，1，1）是均衡稳定点，也是最优均衡稳定点。由于系统外部环境的不确定性和复杂性，决策者进行决策时会受到不同类型的随机因素的干扰，这时策略（1，1，1）是否还稳定？如果系统保持稳定，其条件如何？为解决这些问题，我们下一节将讨论随机干扰因子对稳定性的影响。

13.3　随机演化博弈模型的稳定性

在决策过程中，决策者将面临一系列内部和外部因素的不确定性。因此，确定性的演化博弈模型在一定程度上不能反映决策者的真实状态。为避免这个缺点，在确定性系统中加入高斯白噪声来描述系统受到的随机干扰。

13.3.1　随机演化博弈模型

由于在式（13.4）、式（13.9）、式（13.13）中的 $1-x, 1-y, 1-z$ 均为非负值，所以对策略演化均衡结果没有影响。为了方便讨论，我们可以将式（13.4）、式（13.9）、式（13.13）改写为如下动态系统：

$$\mathrm{d}x(t) = x(t)\left(y(t)r_A\pi + z(t)r_A\pi - y(t)z(t)r_A\pi - \frac{1}{2}ua^2\right)\mathrm{d}t, \tag{13.14}$$

$$\mathrm{d}y(t) = y(t)\left(x(t)r_B\pi + z(t)r_B\pi - x(t)z(t)r_B\pi - \frac{1}{2}vb^2\right)\mathrm{d}t, \tag{13.15}$$

$$\mathrm{d}z(t) = z(t)\left(x(t)r_C\pi + y(t)r_C\pi - x(t)y(t)r_C\pi - \frac{1}{2}wc^2\right)\mathrm{d}t, \tag{13.16}$$

考虑具有高白噪声的随机动力系统如下：

$$\mathrm{d}x(t) = x(t)\left(y(t)r_A\pi + z(t)r_A\pi - y(t)z(t)r_A\pi - \frac{1}{2}ua^2\right)\mathrm{d}t + \sigma x(t)\mathrm{d}\omega(t), \tag{13.17}$$

$$\mathrm{d}y(t) = y(t)\left(x(t)r_B\pi + z(t)r_B\pi - x(t)z(t)r_B\pi - \frac{1}{2}vb^2\right)\mathrm{d}t + \sigma y(t)\mathrm{d}\omega(t), \tag{13.18}$$

$$\mathrm{d}z(t)=z(t)\left(x(t)r_C\pi+y(t)r_C\pi-x(t)y(t)r_C\pi-\frac{1}{2}wc^2\right)\mathrm{d}t+\sigma z(t)\mathrm{d}\omega(t), \quad (13.19)$$

其中 σ 是随机干扰强度，$\omega(t)$ 是一维的标准布朗运动，$\mathrm{d}\omega(t)$ 表示高斯白噪声，服从正态分布 $\mathrm{d}\omega(t)\sim N(0,\Delta t)$，于是方程（13.17）~（13.19）描述了随机干扰下企业的战略变化过程。为了讨论随机扰动因子对稳定性的影响，引入随机微分方程零解稳定性的概念。

定义 1 假设 $p>0$，$\forall x_0\in[0,1]$，x_0 表示任意给定的随机变量，$x(t,x_0)$ 是方程（13.17）的某一个解且有负的 p 阶矩 Lyapunov 指数，换句话说，如果 $\overline{\lim\limits_{t\to\infty}}t^{-1}\ln E|x(t,x_0)|^p<0$，$\forall x_0\in[0,1]$，这时方程（13.17）的零解是 p 阶矩指数稳定的；如果 $\overline{\lim\limits_{t\to\infty}}t^{-1}\ln E|x(t,x_0)|^p>0$，$\forall x_0\in[0,1]$，$x_0\neq 0$，这时方程（13.17）的零解是 p 阶矩指数不稳定的。

引理 1 对于随机微分方程

$$\mathrm{d}x(t)=f(t,x(t))\mathrm{d}t+g(t,x(t))\mathrm{d}t+\mathrm{d}\omega(t), \qquad x(t_0)=x_0, \quad (13.20)$$

则有正常数 c_1,c_2 和光滑函数 $V(t,x)$，使下式成立：

$$c_1|x|^p\leqslant V(t,x)\leqslant c_2|x|^p. \quad (13.21)$$

（1）如果有正常数 γ，使得 $LV(t,x)\leqslant -\gamma V(t,x)$，这时方程的零解是 p 阶矩指数稳定的且 $E|x(t,x_0)|^p\leqslant (c_2/c_1)|x_0|^p\,\mathrm{e}^{rt}$.

（2）如果有正常数 γ，使得 $LV(t,x)\geqslant -\gamma V(t,x)$，这时方程的零解是 p 阶矩指数不稳定的且 $E|x(t,x_0)|^p\geqslant (c_2/c_1)|x_0|^p\,\mathrm{e}^{rt}$，其中 $LV(t,x)=V_t(t,x)+V_x(t,x)f(t,x)+\frac{1}{2}g^2(t,x)V_{xx}(t,x)$.

13.3.2 稳定性分析

命题 4 对于随机微分方程（13.17），存在光滑函数 $V(t,x)=x(t)$ 和 $c_1=c_2=1,p=1,\gamma=1$，有

（1）当 $y(t)+z(t)-y(t)z(t)=0,\frac{1}{2}ua^2\geqslant 1$，或者 $0<y(t)+z(t)-y(t)z(t)\leqslant\frac{1+C_A}{r_A\pi}$，$(y(t)+z(t)-y(t)z(t))\pi r_A+1\leqslant\frac{1}{2}ua^2$ 时，方程（13.17）零解的期望矩指数是稳定的；

（2）当 $y(t)+z(t)-y(t)z(t)=0,\frac{1}{2}ua^2\leqslant 1$，或者 $y(t)+z(t)-y(t)z(t)\geqslant\frac{1+C_A}{r_A\pi}$，$(y(t)+z(t)-y(t)z(t))\pi r_A+1\geqslant\frac{1}{2}ua^2$ 时，方程（13.17）零解的期望矩指数是不稳定的。

证明　考虑随机微分方程（13.17），取光滑函数 $V(t,x)=x(t)$，则存在 $c_1=c_2=1,\ p=1,\gamma=1$ 满足引理 1 中式（13.21），且有

$$LV(t,x)=f(t,x)=x(t)\left(y(t)r_A\pi+z(t)r_A\pi-y(t)z(t)r_A\pi-\frac{1}{2}ua^2\right),$$

由引理 1 可知，如果存在 $\gamma=1$，满足 $LV(t,x)\leqslant -V(t,x)$，则方程零解的期望矩指数是稳定的，故有

$$LV(t,x)=f(t,x)=x(t)\left(y(t)r_A\pi+z(t)r_A\pi-y(t)z(t)r_A\pi-\frac{1}{2}ua^2\right)\leqslant x(t),$$

从而可得

$$x(t)\left(y(t)r_A\pi+z(t)r_A\pi-y(t)z(t)r_A\pi-\frac{1}{2}ua^2+1\right)\leqslant 0.$$

由于 $x(t)\in[0,1]$，所以

$$y(t)r_A\pi+z(t)r_A\pi-y(t)z(t)r_A\pi-\frac{1}{2}ua^2+1\leqslant 0,$$

同时 $r_A\pi-C_A-\frac{1}{2}ua^2\geqslant 0$，因此下面分两种情形进行详细的讨论：当 $y(t)+z(t)-y(t)z(t)=0,\ \frac{1}{2}ua^2\leqslant 1$ 时，可以得到 $LV(t,x)\leqslant-\gamma V(t,x)$；当 $0<y(t)+z(t)-y(t)z(t)\leqslant\frac{1+C_A}{r_A\pi},\ (y(t)+z(t)-y(t)z(t))\pi r_A+1\leqslant\frac{1}{2}ua^2$ 时，类似可以得到 $LV(t,x)\leqslant-\gamma V(t,x)$，因此方程（13.17）零解的 p 阶矩指数是稳定的。

由引理 1 可知，如果存在 $\gamma=1$，满足 $LV(t,x)\geqslant V(t,x)$，则方程的零解的期望矩指数是稳定的，故有

$$LV(t,x)=f(t,x)=x(t)\left(y(t)r_A\pi+z(t)r_A\pi-y(t)z(t)r_A\pi-\frac{1}{2}ua^2\right)\geqslant x(t),$$

从而可得

$$x(t)\left(y(t)r_A\pi+z(t)r_A\pi-y(t)z(t)r_A\pi-\frac{1}{2}ua^2+1\right)\geqslant 0.$$

由于 $x(t)\in[0,1]$，所以

$$y(t)r_A\pi+z(t)r_A\pi-y(t)z(t)r_A\pi-\frac{1}{2}ua^2-1\geqslant 0.$$

相似地，当 $y(t)+z(t)-y(t)z(t)=0,\frac{1}{2}ua^2\leqslant 1$ 时，可以得到 $LV(t,x)\geqslant V(t,x)$；当 $0<y(t)+z(t)-y(t)z(t)\leqslant\frac{1+C_A}{r_A\pi}$，$(y(t)+z(t)-y(t)z(t))\pi r_A+1\leqslant\frac{1}{2}ua^2$ 时，可以得到 $LV(t,x)\geqslant V(t,x)$，因此方程（13.17）零解的 p 阶矩指数是不稳定的。

命题 5　对于随机微分方程（13.18），存在光滑函数 $V(t,y)=y(t)$ 和 $c_1=c_2=1,p=1,\gamma=1$，有

（1）当 $x(t)+z(t)-x(t)z(t)=0,\frac{1}{2}vb^2\geqslant 1$，或者 $0<x(t)+z(t)-x(t)z(t)\leqslant\frac{1+C_B}{r_B\pi}$，$(x(t)+z(t)-x(t)z(t))\pi r_B+1\leqslant\frac{1}{2}vb^2$ 时，方程（13.18）零解的期望矩指数是稳定的；

（2）当 $x(t)+z(t)-x(t)z(t)=0,\frac{1}{2}vb^2\leqslant 1$，或者 $x(t)+z(t)-x(t)z(t)\geqslant\frac{1+C_B}{r_B\pi}$，$(x(t)+z(t)-x(t)z(t))\pi r_A+1\geqslant\frac{1}{2}ua^2$ 时，方程零解（13.18）的期望矩指数是不稳定的。

证明类似命题 4。

命题 6　对于随机微分方程（13.19），存在光滑函数 $V(t,y)=z(t)$ 和 $c_1=c_2=1,p=1,\gamma=1$，有

（1）当 $x(t)+y(t)-x(t)y(t)=0,\frac{1}{2}wc^2\geqslant 1$，或者 $0<x(t)+y(t)-x(t)y(t)\leqslant\frac{1+C_C}{r_C\pi}$，$(x(t)+y(t)-x(t)y(t))\pi r_C+1\leqslant\frac{1}{2}wc^2$ 时，方程零解的期望矩指数是稳定的；

（2）当 $x(t)+y(t)-x(t)y(t)=0,\frac{1}{2}wc^2\leqslant 1$，或者 $x(t)+y(t)-x(t)y(t)\geqslant\frac{1+C_C}{r_C\pi}$，$(x(t)+y(t)-x(t)y(t))\pi r_C+1\geqslant\frac{1}{2}wc^2$ 时，方程零解的期望矩指数是不稳定的。

证明类似命题 4。

从命题 4、命题 5 和命题 6 可以看出，如果参数满足命题 4、命题 5 和命题 6 中的零解稳定性条件（1）和（2），则由式（13.17）~（13.19）组成的均衡点（1，1，1）是指数稳定的，即（1，1，1）是随机干扰下的演化稳定策略。

13.4　数值模拟

13.4.1　演化路径分析

在三方博弈中，为了更直观地描述上述微分方程的演化过程，从而模拟不同参数情况下的动态演化过程，本节主要利用 Matlab 软件模拟企业在不同参数值下的演化路径，分析其演化过程。

我们对各参数进行赋值，如表 13.4 所示。通过计算，我们发现各参数的赋值均满足方程（13.17）~（13.19）的稳定性条件。

表 13.4　各参数的赋值

π	r_A	r_B	r_C	C_A	C_B	C_C	u	v	w	π_A	π_B	π_C	a	b	c
30	$\frac{1}{6}$	$\frac{1}{3}$	$\frac{1}{2}$	4	5	6	0.6	0.7	0.8	4	6	8	2	3	4

数值模拟结果如图 13.4 所示，它动态展示了企业加入战略联盟的演变过程。随机干扰强度的值分别为 0、0.5、1 和 2。

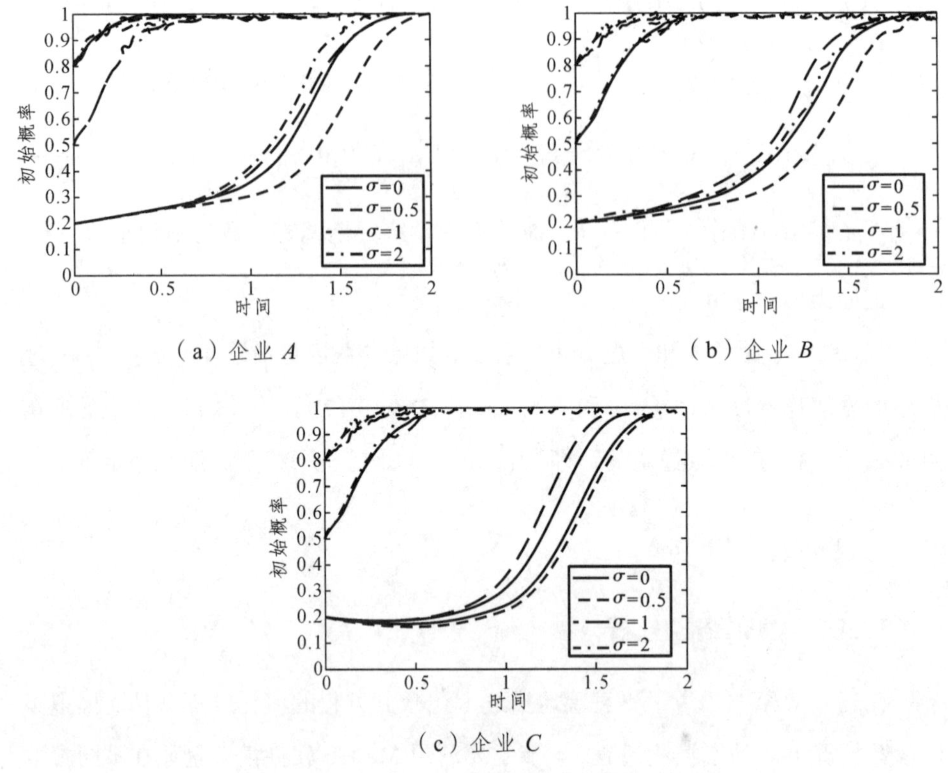

（a）企业 A （b）企业 B

（c）企业 C

图 13.4 企业加入策略联盟的演化过程

从图 13.4 可以看出，由于决策者可能在知识结构、文化层次、技术创新等方面存在不同，在随机干扰因素的影响下，企业的策略会出现一定的波动。当各种决策环境不明确时，最终的策略行为也会出现一定的波动性，经过一段时间的波动后，策略将趋于稳定，这与客观事实也是一致的。图 13.4 还表明，随机扰动的强度越大，决策者的策略波动也会越大。在干扰强度的不同情况下，决策者向均衡稳定策略发展到加入联盟的速度大致相同，说明决策者意识到加入联盟可以有效控制污染，获得更高的效益，无论最初的策略是什么，最终的战略都是加入污染治理策略联盟。

我们重新对前面假设的参数进行赋值，如表 13.5 所示。通过计算，参数赋的值均满足方程（13.17）~（13.19）的稳定性条件。

表 13.5　各参数的赋值

π	r_A	r_B	r_C	C_A	C_B	C_C	u	v	w	π_A	π_B	π_C	a	b	c
24	$\frac{1}{6}$	$\frac{1}{3}$	$\frac{1}{2}$	4	5	6	0.6	0.7	0.8	4	6	8	2	3	4

数值模拟结果如图 13.5 所示，说明了企业退出战略联盟的演变过程。随机干扰强度的值分别为 0、0.5、1 和 2。

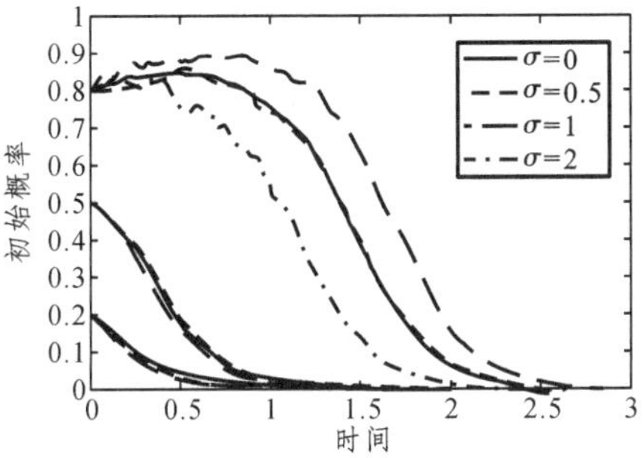

（a）企业 A

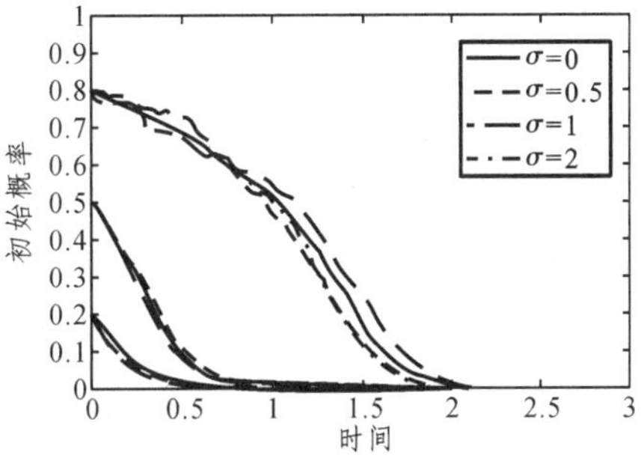

（b）企业 B

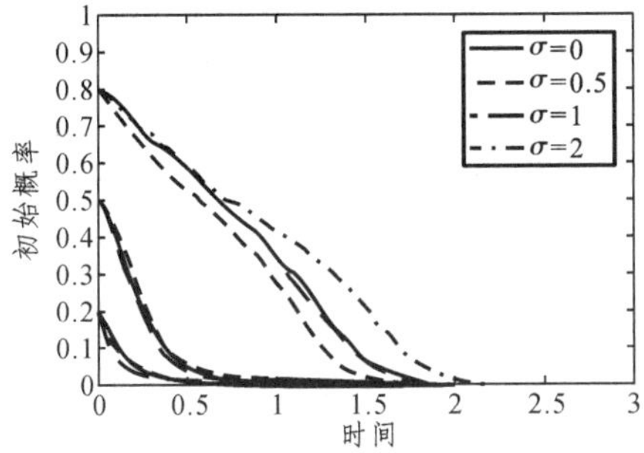

（c）企业 C

图 13.5　企业退出战略联盟的演化过程

从图 13.5 可以看出，当加入联盟的收益低于单独进行污染治理的收益时，无论最初的策略是什么，最终策略都是退出污染治理战略联盟，单独进行污染治理。

本节考虑了具有随机扰动和无随机扰动的演化博弈模型，研究发现具有随机扰动的演化曲线在没有随机扰动的演化曲线周围波动，说明具有随机扰动的演化博弈更为实际。同时，具有随机扰动的演化博弈模型的稳定性条件优于无随机扰动演化博弈模型的稳定性条件，这表明它可以克服现实生活中某些干扰因素的影响。

13.4.2　参数变化对演化过程的影响

从上面的分析可以看出，参与者的演化博弈路径最终达到的状态与初始状态和企业的支付矩阵是密切相关的。因此，博弈双方支付矩阵一些参数的变化会影响系统向不同方向的收敛，这些参数通过收益或成本的变化来影响企业演化过程中的博弈行为。

1）初始概率

为了探究初始概率对复制动态系统的总体影响，我们随机模拟了企业的初始概率，使其在（0，1）内变化，并设置了其他参数的赋值，如表 13.6 所示。

表 13.6　不同初始概率下各参数的赋值

π	r_A	r_B	r_C	C_A	C_B	C_C	u	v	w	π_A	π_B	π_C	a	b	c
30	$\frac{1}{6}$	$\frac{1}{3}$	$\frac{1}{2}$	4	5	6	0.6	0.7	0.8	4	6	8	2	3	4

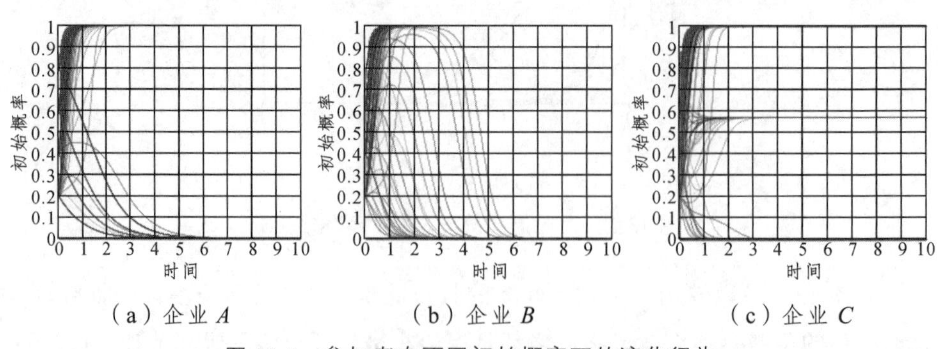

（a）企业 A　　（b）企业 B　　（c）企业 C

图 13.6　参与者在不同初始概率下的演化行为

通过数值模拟，我们可以得到三方演化博弈的总体情况，如图 13.6 所示，说明初始概率会影响最终的稳定状态。为了进一步说明它们对复制动态系统的影响，我们将初始概率分为三组：第一组的企业初始合作意愿较低；第二组的企业初始合作意愿较高；第三组的企业初始合作意愿居中。结果如图 13.7 所示。

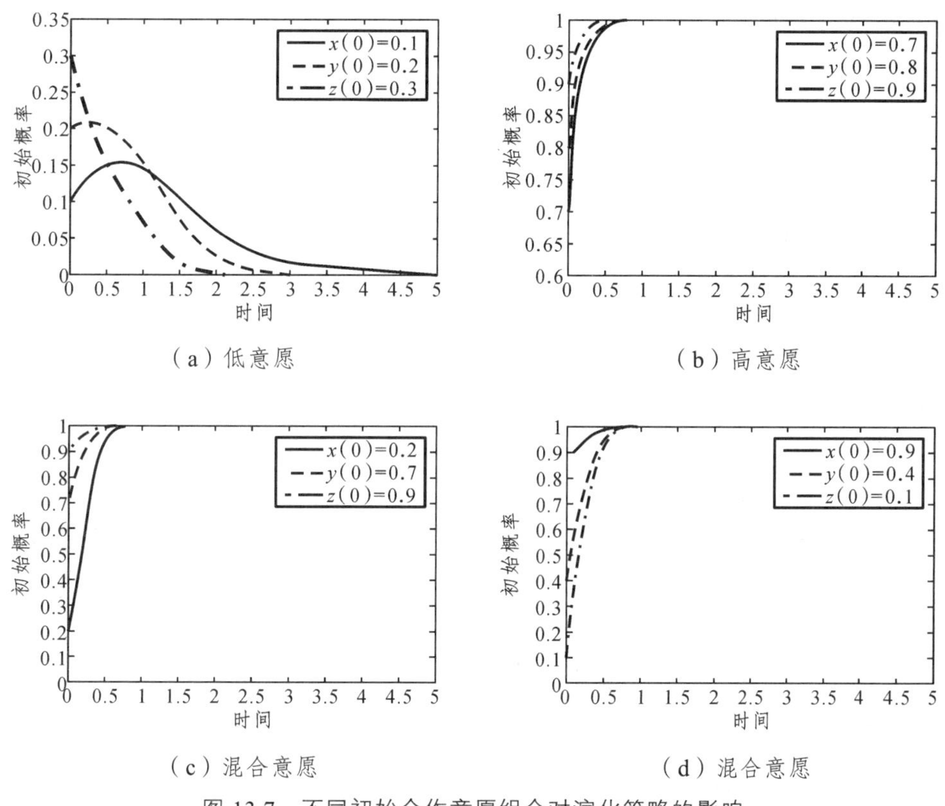

（a）低意愿　（b）高意愿

（c）混合意愿　（d）混合意愿

图 13.7　不同初始合作意愿组合对演化策略的影响

根据图 13.7，当 $x(0)=0.1, y(0)=0.2, z(0)=0.3$ 时，三方演化博弈的最终结果如图 13.7（a）所示，系统稳定在 $(0,0,0)$。这意味着企业不想形成一个污染治理的战略联盟，而是希望单独进行污染治理。同时，企业 C 是最快达到稳定状态的，其次是企业 B，企业 A，速度是依次递减的。当 $x(0)=0.7, y(0)=0.8, z(0)=0.9$ 时，三方演化博弈的最终结果如图 13.7（b）所示，$(1,1,1)$ 是这种情况的均衡稳定点。这意味着企业愿意形成污染治理战略联盟。当 $x(0)=0.2, y(0)=0.7, z(0)=0.9$ 或 $x(0)=0.9, y(0)=0.4, z(0)=0.1$ 时，三方演化博弈的最终结果如图 13.7（c）和（d）所示，$(1,1,1)$ 是这种情况下的均衡稳定点。可以发现，如果某一方高度愿意组建一个污染治理的战略联盟，其他两方也将选择加入该联盟。这些结果进一步说明了初始概率会影响最终的稳定状态，当企业的初始概率较高时，将稳定在状态 1，而当企业初始概率较低时，将稳定在状态 0。

2）共享收益系数

为了分析共享收益系数的敏感性，博弈模型中除共享收益系数 (r_A, r_B, r_C) 外，其余的参数都是固定的，每个固定参数的赋值如表 13.7 所示，数值模拟结果如图 13.8 所示。

表 13.7 各参数的赋值 $\left(r_1:\frac{1}{2},\frac{1}{3},\frac{1}{6},\ r_2:\frac{1}{3},\frac{1}{3},\frac{1}{3},\ r_3:\frac{1}{6},\frac{1}{3},\frac{1}{2}\right)$

参数	π	C_A	C_B	C_C	u	v	w	π_A	π_B	π_C	a	b	c
数值	30	4	5	6	0.6	0.7	0.8	4	6	8	2	3	4

注：r_1 为 r_A，r_2 为 r_B，r_3 为 r_C。

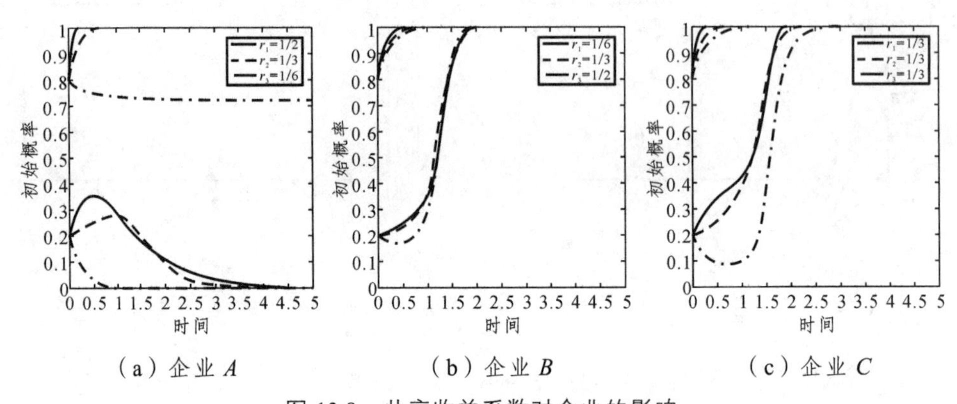

（a）企业 A　　（b）企业 B　　（c）企业 C

图 13.8 共享收益系数对企业的影响

从图 13.8 可以看出，企业 A 受共享收益系数的影响很大，而企业 B 和企业 C 受共享收益系数的影响很小。根据图 13.8（a），当企业初始概率为 0.8 时，机会成本降低将导致企业 A 的稳定状态不稳定。结果表明，尽管企业 A 最初的意愿较高，但随着共享收益系数的降低，企业 A 形成污染治理战略联盟的意愿也会降低。相反，当企业初始概率为 0.2 时，降低共享收益系数将加速企业 A 不加入联盟的意愿，对企业 B、C 则没有明显的影响。

3）创新成本系数

为了分析创新成本系数的敏感性，除创新成本系数 v,u,w 外，博弈模型中的参数值都是固定的，固定参数的赋值如表 13.8 所示，数值模拟结果如图 13.9 所示。

表 13.8　各参数的赋值 (u : 0.2,0.6,1.0, v : 0.4,0.7,1.0, w : 0.4,0.8,1.0)

参数	π	r_A	r_B	r_C	C_A	C_B	C_C	π_A	π_B	π_C	a	b	c
数值	30	$\frac{1}{6}$	$\frac{1}{3}$	$\frac{1}{2}$	4	5	6	4	6	8	2	3	4

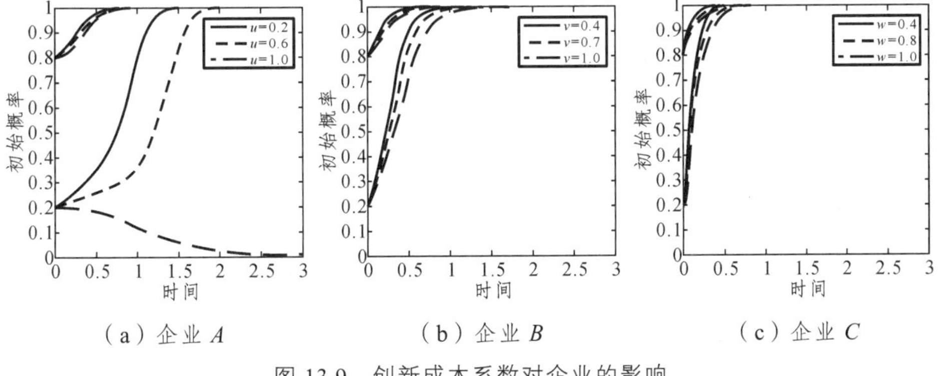

（a）企业 A　（b）企业 B　（c）企业 C

图 13.9　创新成本系数对企业的影响

从图 13.9 可以看出，企业 A 受创新成本系数的影响很大，而企业 B 和企业 C 受创新成本系数的影响很小。从图 13.9（a）来看，当企业初始概率为 0.8 时，企业 A 最初形成联盟的意愿很高，此时不会受到影响。相反，当企业初始概率为 0.2 时，企业 A 会受到创新成本系数的影响。这说明企业 A 形成污染治理战略联盟的意愿将随着创新成本系数的增加而降低。因为企业 A 组建联盟的意愿很低，但创新努力的成本系数很高，所以它最终选择退出联盟，这对愿意组建联盟的公司没有任何好处，对企业 B 、C 没有明显的影响。

4）努力系数

为了分析努力系数的敏感度，除努力系数 (a,b,c) 外，博弈模型中的参数都是固定的，固定参数的赋值见表 13.9，数值模拟结果如图 13.10 所示。

表 13.9 各参数的赋值 ($a:1,2,3,\ b:1,3,5,\ c:3,4,5$)

参数	π	r_A	r_B	r_C	C_A	C_B	C_C	u	v	w	π_A	π_B	π_C
数值	30	$\frac{1}{6}$	$\frac{1}{3}$	$\frac{1}{2}$	4	5	6	0.6	0.7	0.8	4	6	8

从图 13.10 可以发现，努力系数对企业的最终策略没有影响，但它会减慢到达稳定状态的速度，这主要是因为努力需要时间来实现目标。当企业初始概率为 0.8 时，各个企业均稳定在 1，随着努力系数的增加，稳定速度逐渐变慢。在几个企业中，企业 B 对努力系数最为敏感。当初始概率为 0.4 时，企业对努力系数的敏感性与以前相同。

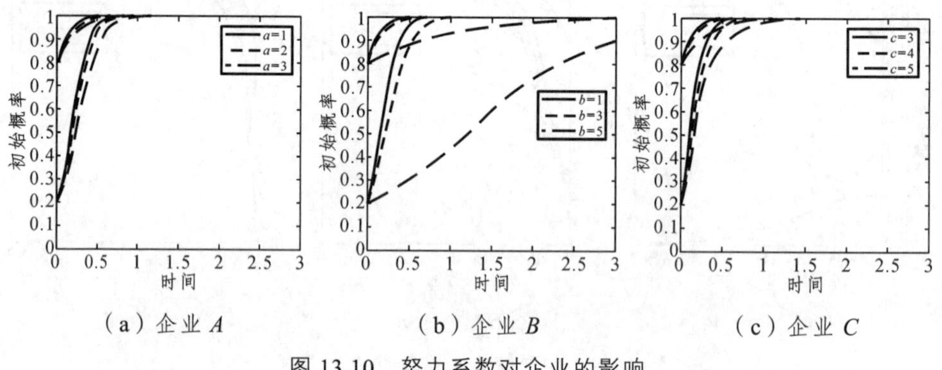

(a) 企业 A　(b) 企业 B　(c) 企业 C

图 13.10 努力系数对企业的影响

为了解决企业污染治理问题，企业污染治理战略联盟是有效的途径之一。根据数值模拟结果，初始概率将直接影响各个企业的最终稳定状态。初始概率的设置代表了不同企业的不同偏好。本节除分别讨论了不同企业的初始合作概率对研究结果的影响外，还讨论了共享收益系数、创新成本系数、努力系数等其他影响因素对结果的影响。

本章建立了企业污染治理的三方演化博弈模型，通过分析复制动态方程和演化稳定策略，研究了污染治理战略联盟的机制，并探讨了各个参数对污染治理战略联盟的影响。研究还表明，当企业实施污染治理战略联盟时，他们的联盟也存在一些缺点，如本章假设这三家企业是信息对称的，但实际情况中信息往往不对称等。

污染治理战略联盟为了使联盟发挥更好的效益，可以共享污染治理信息，充分利用资本和技术的溢出效应，实现污染治理的规模效应。要充分调动企业加入治理战略联盟的积极性，我们可以采取如下策略：

（1）有必要在污染治理战略联盟内建立有效的奖惩机制，在战略联盟内部协同合作的过程中，各个参与者难免会出现争议，这时就需要构建一种合适的奖惩机制来解决争议。

（2）政府应建立和完善外部协调管理机制。污染治理战略联盟的内部机制有时候很难解决内部参与者出现的各类问题，这时就需要政府出面来进行协调，所以政府有必要构建和完善战略联盟的外部协调管理机制，有效处理联盟的各类实际问题。

（3）全社会需要形成一个有效的社会监督机制来监督污染环境的行为。每个公民都是社会环境的主要享有者，如果环境受到污染，公民的切身利益就会受到损害，所以每个公民都有义务保护环境，当政府和企业不能充分监督环境污染的时候，公民就应该发挥相应的监督作用，督促企业去治理污染。

第 14 章

总结与展望

14.1　总　结

本书基于长江上游流域的相关污染数据，研究了长江上游流域碳排放跨界污染问题和基于干中学的碳排放跨界污染问题，构建了无政府监管和政府监管的水资源管理的演化博弈模型，研究了流域水污染治理的成本分摊和区域联盟问题，建立了基于排污权交易和三支决策理论的流域生态补偿，构建了流域政企间生态补偿，分析了企业污染治理战略联盟的随机演化博弈。

本书深度融合微分博弈理论、干中学理论、三支决策理论、演化博弈理论、多重线性扩展方法等理论方法求解跨界污染和生态补偿问题，实现了几类问题的数值模拟和实证分析，具有潜在的学术价值和应用价值，对其他类似实际问题的解决也具有重要的借鉴意义；采用理论分析与数值模拟相结合、模式构建与机制设计相结合、实证分析与对策研究相结合等研究方法，突破单一研究方法的局限性，形成了较为系统的研究方法，较有特色和新意，同时，开展管理学、计算数学和环境工程的交叉研究也将促进多学科交叉融合。

本书结合长江上游流域的区域特色,发挥省级科研平台的资源和数据优势，开展协同创新，建立基于排放权交易机制和干中学理论的跨界污染问题模型，有利于我们更加深刻地理解长江上游流域跨界污染机理；在研究长江上游流域生态补偿时，引入生态效益、名誉边际效益和损失，而在其他的跨界污染和生态补偿相关文献中，没有使用过政府的生态效益、名誉边际效益和名誉边际损失的概念，这是本书的一个重要理论创新；在研究环境决策背后的生态补偿时，用微分博弈对行政区内污染控制主体进行连续时间下的决策分析，能够同时考虑到参与者面对环境政策的理性反应，较为真实地模拟参与者的行为，可以为政府决策提供参考。

14.2　重要观点

长江上游流域水资源监管部门应该实施严格的监管，采取奖惩并举的激励机制，有效抑制水资源生产商采取过量取水策略的势头，提高群体效益；中央政府应当采取宏观调控措施，合理设计生态补偿费、奖励制度和处罚制度，当上游政府选择保护水资源、下游政府合理支付生态补偿费时，中央政府应该给予相应的财政支持，这将有效地提高地方政府对污染治理的积极性；长江上游流域长期实行分散的水资源管理模式，水资源的保护和利用处于分割状态，导致管理效率低下，给地区生态环境带来了不利影响，建立水资源保护与利用的长效机制，协调内部各方的利益关系，将有助于实现水资源的统一管理，从而改善地区水资源环境；为了有效治理长江上游流域污染，需严格制定排污税，对排污量较多的地区，收取较高的排污费，同时合理分配初始配额，对于排污量较少的地区，应该发放较少的初始配额，这样才能奖惩分明，合理优化水污染问题，维护长江流域的生态平衡，促进经济的可持续发展；污染治理战略联盟的内部机制有时候很难解决内部参与者出现的各类复杂问题，政府有必要构建和完善战略联盟的外部协调管理机制，有效处理联盟的各类复杂实际问题。

14.3　工作展望

接下来，我们将致力于研究基于三支决策理论的流域水资源管理问题和跨界污染问题，并将随机演化博弈理论应用于解决这两类问题，实现问题的数值模拟；将机器学习、深度学习、神经网络的相关理论应用于求解跨界污染问题和生态补偿，找出解决这两类问题的最优算法。

参考文献

[1] J S Shortle, J W Dunn. The relative efficiency of agricultural source water pollution control policies[J]. American Journal of Agricultural Economics, 2010（68）: 668-677.

[2] F Huang, X Wang, L Lou. Spatial variation and source apportionment of water pollution in Qiantang River（China）using statistical techniques[J]. Water Research, 2010（44）: 1562-1572.

[3] L Bao, K A Maruya, S A Snyder. China's water pollution by persistent organicpollutants-ScienceDirect[J]. Environmental Pollution, 2012（163）: 100-108.

[4] S M Gorelick, B Evans, I Remson. Identifying sources of groundwater pollution: An optimization approach[J]. Water Resources Research, 1983, 19（3）: 779-790.

[5] D J Rozell, S J Reaven. Water pollution risk associated with natural gas extraction from the marcellus shale[J]. Risk Analysis, 2012, 32（8）: 1382-1393.

[6] L Liu, Z Bing, X Bi. Reforming china's multi-level environmental governance: Lessons from the 11th five-year plan[J]. Environmental Science and Policy, 2012（21）: 106-111.

[7] M F Hung, D Shaw. A trading-ratio system for trading water pollution discharge permits[J]. Journal of Environmental Economics and Management, 2005（49）: 83-102.

[8] S Jamshidi, M H Niksokhan, M Ardestani. Enhancement of surface water quality using trading discharge permits and artificial aeration[J]. Environmental Earth Sciences, 2015, 74 (9): 6613-6623.

[9] T Tietenberg. Market failure in incentive-based regulation: the case of emissions trading[J]. Journal of Environmental Economics and Management, 1991 (21): 17-31.

[10] Y Chang, N Wang. Environmental regulations and emissions trading in China[J]. Energy Policy, 2010 (38): 3356-3364.

[11] R G Cong, Y M Wei. Potential impact of (CET) carbon emissions trading on China's power sector: a perspective from different allowance allocation options[J]. Energy, 2010, 35 (9): 3921-3931.

[12] B Lin, Z Jia. Impact of quota decline scheme of emission trading in China: A dynamic recursive CGE model[J]. Energy, 2018 (149): 190-203.

[13] L Zetterberg, M Wrake. Short-run allocation of emissions allowances and long-term goals for climate policy[J]. AMBIO: A Journal of the Human Environment, 2012 (41): 23-32.

[14] S Kumar, S Managi. Sulfur dioxide allowances: trading and technological progress[J]. Ecological Economics, 2010, 69 (3): 623-631.

[15] S Ren, D Liu, B Li. Does emissions trading affect labor demand? Evidence from the mining and manufacturing industries in China[J]. Journal of Environmental Management, 2019 (254): 231-242.

[16] P Burtraw, E Mansur. Environmental effects of SO^2 trading and banking[J]. Environmental Science and Technology, 1999, 33 (20): 3489-3494.

[17] J Corburn. Emissions trading and environmental justice: distributive fairness and the USA's Acid Rain Programme[J]. Environmental Conservation, 2001, 28 (4): 323-332.

[18] J Kroes, R Subramanian, R Subramanyam. Operational compliance levers, environmental performance and firm performance under cap and trade regulation[J]. Manufacturing and Service Operations Management, 2012 (14): 186-201.

[19] J M Dukea, H X Liu. A method for predicting participation in a performance-based water quality trading program[J]. Ecological Economics, 2020（177）: 186-196.

[20] K E Havens, C L Schelske. The importance of considering biological processes when setting total maximum daily loads（TMDL）for phosphorus in shallow lakes and reservoirs[J]. Environmental Pollution, 2001, 113（1）: 1-9.

[21] C Brink, H R Vollebergh, V D W Edwin. Carbon pricing in the EU: evaluation of different EUETS reform options[J]. Energy Policy, 2016（97）: 603-617.

[22] J Köhler. Including aviation emissions in the EU-ETS: much ado about nothing? [J]. A review, Transport Policy, 2010（17）: 38-46.

[23] L Talmadge, A Tubis, G R Long. Modeling otoacoustic emission and hearing threshold fine structures[J]. Journal of the Acoustical Society of America, 1998, 104（3）: 1517-1543.

[24] K Jiang, Y Daming, L Zhen. A differential game approach to dynamic optimal control strategies for watershed pollution across regional boundaries under eco-compensation criterion[J]. Ecological Indicators, 2019（105）: 229-241.

[25] G Hantush. A probabilistic approach for analysis of uncertainty in the evaluation of watershed management practices[J]. Journal of Hydrology, 2007（333）: 459-471.

[26] P Marchal, L R Little, O Thebaud. Quota allocation in mixed fisheries: a bioeconomic modelling approach applied to the channel flatfish fisheries[J]. Ices Journal of Marine Science, 2011（7）: 1580-1591.

[27] Y J Zhang, J F Hao. Carbon emission quota allocation among China's industrial sectors based on the equity and efficiency principles[J]. Annals of Operations Research, 2017（255）: 117-140.

[28] S Wang, Y Takeda, K Sakaguchi. China tightens supervision of pork market to curb spread of pig disease[J]. Corrosion, 2006, 62（8）: 651-656.

[29] N Yu, H Gu, Y Wei. Suitable DNA Barcoding for identification and supervision of piper kadsura in Chinese medicine markets[J]. Molecules，2016，21（9）：12-21.

[30] Y Konishi，J S Coggins，B. Wang. Water-quality trading：can we get the prices of pollution right?[J]. Water Resources Research，2015，51（5）：3126-3144.

[31] L E Petes，A J Brown，C R Knight. Impacts of upstream drought and water withdrawals on the health and survival of downstream estuarine oyster populations[J]. Ecology and Evolution，2012，2（7）：355-368.

[32] P Roca，J A Cuesta，A Sánchez. Evolutionary game theory：temporal and spatial effects beyond replicator dynamics[J]. Physics of Life Reviews，2009，6（4）：208-249.

[33] R Cressman，J Apaloo. Evolutionary game theory[J]. Handbook of Dynamic Game Theory，2016.

[34] B D Exelle，E Lecoutere，B V Campenhout. Equity-efficiency trade-offs in irrigation water sharing：evidence from a Field Lab in Rural Tanzania[J]. World Development，2012，40（12）：2537-2551.

[35] P Duersch，J Oechssler，B C Schipper. Pure strategy equilibria in symmetric two-player zero-sum games[J]. International Journal of Game Theory，2012，41（3）：553-564.

[36] Y Mylopoulos，E Eleftheriadou. Game theoretical approach to conflict resolution in transboundary water resources management[J]. Journal of Water Resources Planing and Management，2008（134）：466-473.

[37] D Friedman. Evolutionary game in economics[J]. Econometrica，1991，59（3）：637-666.

[38] D Friedman. On economic applications of evolutionary game theory[J]. Journal of Evolutionary Economics，1998，8（1）：15-43.

[39] H Gintis. Game Theory Evolving[M]. Princeton：Princeton University Press，2000.

[40] C Gopalakrishnan，J Levy，K W LI. Water allocation among multiple

stakeholders:conflict analysis of the waiahole water project[J]. International Journal of Water Resources Development，2005，21（2）：283-295.

[41] M A Giordano，A T Wolf. Incorporating equity into international water agreements[J]. Social Justice Research，2001，14（4）：349-366.

[42] G Guo，Y Niu. Practice and pondering on water governance and stewardship in yellow river basin[J]. International Yellow River Forum，2012.

[43] K W. Hipel, L Fang, L Wang. Fair water resources allocation with application to the south saskatchewan river basin[J]. Canadian Water Resources Journal，2013，38（1）：47-60.

[44] M Karamouz，A Moridi，R Kerachian，et al. Conflict resolution in water allocation considering the water quality issues[J]. World Water and Environmental Resources Congress，2005.

[45] A Loaiciga. Analytic game-theoretic approach to ground-water extraction[J]. Journal of Hydrology Amsterdam，2004（297）：22-33.

[46] M Li，Q Fu，V P Singh. An interval multi-objective programming model for irrigation water allocation under uncertainty[J]. Agricultural Water Management，2017（196）：24-36.

[47] L Liu，C Feng，H Zhang. Game analysis and simulation of the river basin sustainable development strategy integrating water emission trading[J]. Sustainability，2015（41）：4952-4972.

[48] S Lu，X Wu，H Sun，et al. The multi-user evolutionary game simulation in water quality-based water source system[J]. Environmental Geochemistry and Health，2019，42（4）：863-879.

[49] M Zarghami，H Mianabadi，et al. A new bankruptcy method for conflict resolution in water resources allocation[J]. Journal of Environmental Management，2014（144）：152-159.

[50] K Nandalal, K W Hipel. Strategic decision support for resolving conflict over water sharing among sountries along the Syr Darya River in the aral sea basin[J]. Journal of Water Resources Planning and Management，2007，133（4）：289-299.

[51] P P Moghaddam，A A Elmdoust，A Kerachian. A heuristic evolutionary game theoretic methodology for conjunctive use of surface and groundwater resources[J]. Water Resources Management，2015，29（11）：3905-3918.

[52] M Rowland. A framework for resolving the transboundary water allocation conflict conundrum[M]. Cambridge：Harvard University Press，2005.

[53] M Sechi，R Zucca. Water resource allocation in critical scarcity conditions：A bankruptcy game approach，Water Resources Management，2015，29（2）：541-555.

[54] J Tian，S Guo，D Liu. A fair approach for multi-objective water resources allocation，Water Resources Management，2019，33（10）：3633-3653.

[55] P D Taylor，L B Jonker. Evolutionarily stable strategies and game dynamics[J]. Mathematical Biosciences，1978（40）：145-156.

[56] S Y Qiu，Q Chang. Interpretations of “water” image in Chinese modern town novels[J]. Journal of Shanxi Normal University，2012.

[57] S H Tijs，T S Driessen. Game theory and cost allocation problems[J]. Management Science，1986（32）：1015-1028.

[58] G Bergantinos，M Gomezrua，N Llorca. A cost allocation rule for k-hop minimum cost spanning tree problems[J]. Operations Research Letters，2012（40）：52-55.

[59] R R Chen，S Yin. The equivalence of uniform and shapley value-based cost allocations in a specific came[J]. Operations Research Letters，2010，38（6）：539-544.

[60] M G Fiestras-Janeiro，I García-Jurado，A Meca. A new cost allocation rule for inventory transportation systems[J]. Operations Research Letters，2013，41（5）：449-453.

[61] K Ray，M Goldmanis. Efficient cost allocation[J]. Social Science Electronic Publishing，2007，58（7）：1341-1356.

[62] T Ding，Y Chen，H Wu. Centralized fixed cost and resource allocation considering technology heterogeneity：a DEA approach[J]. Annals of Operations Research，2018（268）：497-511.

[63] H Keiding. Environmental effects of consumption：an approach using DEA and cost sharing[J]. Social Science Electronic Publishing，2002，11（9）：558-560.

[64] X Si，L Liang，G Jia. Proportional sharing and DEA in allocating the fixed cost[J]. Applied Mathematics and Computation，2013，219（12）：6580-6590.

[65] W D Cook，J Zhu. Allocation of shared costs among decision making units：a DEA approach[J]. Computers and Operations Research，2005，32（8）：2171-2178.

[66] W D Cook，M Kress. Characterizing an equitable allocation of shared costs：a DEA approach[J]. European Journal of Operational Research，1999，119（3）：652-661.

[67] J Barnea. A note on a new method of cost allocation for combined power and water desalination plants[J]. Water Resources Research，1965（1）：143-145.

[68] R P Lejano，C A Davos. Cost allocation of multiagency water resource projects：game theoretic approaches and case study[J]. Water Resources Research，1995，31（5）：1387-1394.

[69] L Krus，P Bronisz. Cooperative game solution concepts to a cost allocation problem[J]. European Journal of Operational Research，2000，122（2）：258-271.

[70] J Timmer，M Chessa，R J Boucherie. Cooperation and game-theoretic cost allocation in stochastic inventory models with continuous review[J]. European Journal of Operational Research，2013，231（3）：567-576.

[71] R J Weber. Probabilistic values for games[M]. Cambridge：Cambridge University Press，1988.

[72] P Dubey，N R J Weber. Value theory without efficiency[J]. Mathematics of Operations Research，1981，6（1）：122-128.

[73] L S Shapley. A value for n-person games[J]. Contributions to the Theory of Games，1953.

[74] J F B Iii. Weighted voting doesn't work：a mathematical analysis[J]. Rutgers Law Review，1965（19）：317-343.

[75] O Guillermo. Multilinear extensions of games[J]. Management Science, 1972（18）：64-79.

[76] R Amer，J M Giménez. Modification of semivalues for games with coalition structures[J]. Theory and Decision，2003，54（3）：185-205.

[77] R P Lejano，C A Davos. Cost allocation of multiagency water resource projects：game theoretic approaches and case study[J]. Water Resources Research，1995，31（5）：1387-1394.

[78] J M Alonso-Meijide，M G Fiestras-Janeiro. Modification of the banzhaf value for games with a coalition structure[J]. Annals of Operations Research，2002（109）：213-227.

[79] A Lima, J Contreras, A Padilha-Feltrin. A cooperative game theory analysis for transmission loss allocation[J]. Electric Power Systems Research，2008，78（2）：264-275.

[80] D P F Van，Z A J De. International aspects of pollution control[J]. Environmental and Resource Economics，1992（2）：117-139.

[81] X Gao，J Shen，W He. An evolutionary game analysis of governments' decision-making behaviors and factors influencing watershed ecological compensation in China[J]. Journal of Environmental Management，2019（251）：109592.

[82] 鲁祖亮，李林，黄飞. 三峡库区带有干中学的跨界污染问题研究[J]. 湘潭大学学报，2019，41（1）：72-81.

[83] 鲁祖亮，王干湘，杨雨倩，等. 多区域碳排放跨界污染问题研究[J]. 数学的实践与认识，2020，50（22）：3-12.

[84] 徐松鹤，韩传峰. 基于微分博弈的流域生态补偿机制研究[J]. 中国管理科学，2019，27（8）：199-207.

[85] Cai, Z Lu, J Yang, et al. Optimal decision for multi-pollutants problem under ecological compensation mechanism and learning by doing[J]. Journal of Cleaner Production，2022（359）：1-16.

[86] K Jiang，D You，Z Li. A differential game approach to dynamic optimal control strategies for watershed pollution across regional boundaries under eco-compensation criterion[J]. Ecological Indicators，2019（105）：229-241.

[87] Z Lu，X Wu，F Cai，et al. An empirical study for real options of water management in the Three Gorges Reservoir Area[J]. Sustainability，2021，13（20）：1-16.

[88] Z Lu，L Li，L Cao. Numerical modelling of cooperative and noncooperative three transboundary pollution problems under learning by doing in Three Gorges Reservoir Area[J]. Mathematical Modelling and Analysis，2020，25（1）：130-145.

[89] Z Lu，Y Feng，S Zhang. An empirical study for transboundary pollution of Three Gorges Reservoir Area with emission permits trading[J]. Neural Processing Letters，2018（48）：1089-1104.

[90] Z Lu，F Huang，Y Zhao，et al. Multi-area transboundary pollution problems under learning by doing in Yangtze River Delta Region，China[J]. Mathematical Methods in the Applied Sciences，2020（2）：1-23.

[91] Z Lu，X Wu，S Zhang，et al. A study of ecological compensation in watersheds based on the three-way decisions theory[J]. Journal of Cleaner Production，2022（7）：133-166.

[92] S Jorgensen，G Zaccour. Incentive equilibrium strategies and welfare allocation in a dynamic game of pollution control[J]. Automatica，2001（37）（1）：29-36.

[93] Z Chen，R Xu，Y Yi. A differential game of ecological compensation criterion for transboundary pollution abatement under learning by doing[J]. Discrete Dynamics in Nature and Society，2020.

[94] 曹国华，蒋丹璐. 流域跨区污染生态补偿机制分析，生态经济，2009（11）：160-164.

[95] C Wei，C C Luo. A differential game design of watershed pollution management under ecological compensation criterion[J]. Journal of Cleaner Production，2020，274（20）：1-6.

[96] C Zhou，H Xie，X Zhang. Does fiscal policy promote third-party environmental pollution control in China?[J]. an evolutionary game theoretical approach. Sustainability，2019，11（16）：4421- 4434.

[97] L Li，W Yang. Total factor efficiency study on China's industrial coal input and waste water control with dual target variables[J]. Sustainability，2018，10（7）：2121-2134.

[98] R Cressman，J Apaloo. Evolutionary game theory[J]. Handbook of Dynamic Game Theory，2018.

[99] W K Y David，A P Leon. A cooperative stochastic differential game of transboundary industrial pollution[J]. Automatica，2008，44（6）：1532-1544.

[100] S Jorgensen. A dynamic game of waste management[J]. Journal of Economic Dynamics and Control，2010，34（2）：258-265.

[101] X Huang，P He，W Zhang. A cooperative differential game of transboundary industrial pollution between two regions[J]. Journal of Cleaner Production，2016（120）：43-52.

[102] J A List，C F Mason. Optimal institutional arrangements for transboun dary pollutants in a second-best world：evidence from a differential game with asymmetric players[J]. Ssrn Electronic Journal，2000（42）：277-296.

[103] B Michele，Z Georges，Z Mehdi. A differential game of joint implementation of environmental projects[J]. Automatica，2005（41）：1737-1749.

[104] K G Begg，T Jackson，S Parkinson. Beyond joint implementation designing flexibility into global climate policy[J]. Energy Policy，2001（29）：17-27.

[105] X Miao，X Zhou，H Wu. A cooperative differential game model based on transmission rate in wireless network[J]. Operation Research Letters，2010（38）：292-295.

[106] F Linda. Trade's dynamic solutions to transboundary pollution[J]. Environmental Economics and Management，2002（43）：386-411.

[107] J Steffen，Z Georges. Incentive equilibrium strategies and welfare allo cation in a dynamic game of pollution control[J]. Automatica，2001（37）：29-36.

[108] S Zara，A Dinar，F Patrone. Cooperative game theory and its application to natural，environmental，and water resource issues：2[J]. Application to Natural and Environmental Resources，2006.

[109] P D Taylor，L B Konker. Evolution stable strategies and game dynamics[J]. Mathematical Biosciences，1987（40）：146-155.

[110] L Petroran，G Zaccour. Time-consistent shapley value allocation of pollution costreduction[J]. Economic Dynamics and Control，2003（27）：381-398.

[111] A Yanase. Global environment and dynamic games of environmental policy in an international duopoly[J]. Journal of Economics，2009（97）：121-140.

[112] M Breton，G Martín-Herŕan，G. Zaccour. Equilibrium investment strategies in foreign environmental projects[J]. Journal of Optimization Theory and Applications，2006（130）：23-40.

[113] 王文利，程天毓. 碳交易背景下供应链运营决策的演化博弈分析[J]. 系统工程理论与实践，2021，41（5）：1272-1281.

[114] 刘丽华，黄晓宇. 基于最优化方法与合作博弈理论的排污成本分配模型，环境，2015（S1）：22-25.